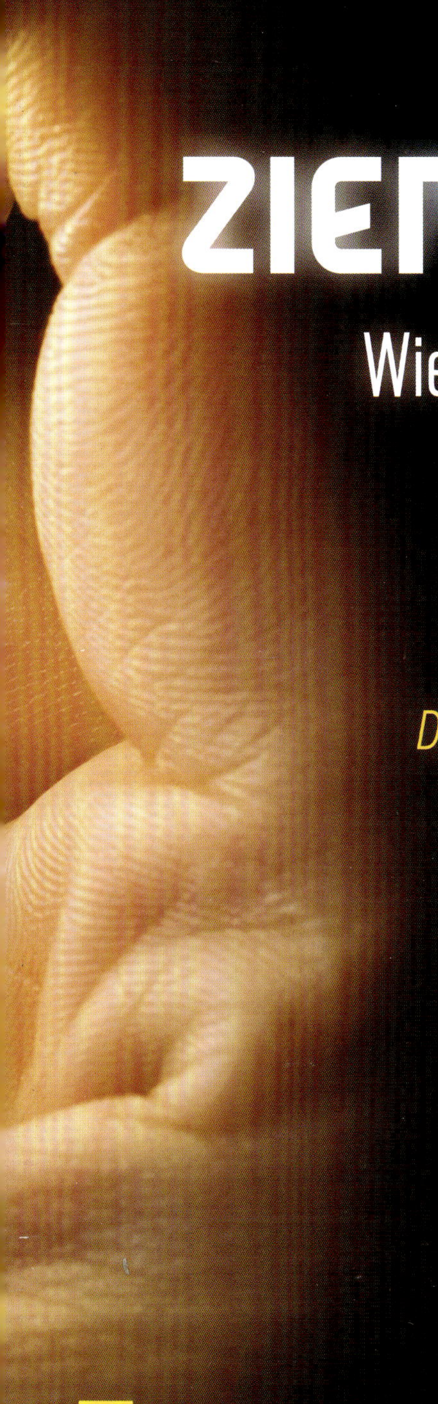

ZIEMLICH GENIAL

Wie Erfindungen die Welt verändern

JAMES TREFIL

Mit einem Vorwort von
Destin Sandlin von Smarter Every Day

NATIONAL GEOGRAPHIC

INHALT

Vorwort / 7
Über dieses Buch / 8

Naturwissenschaften / 10 — 1

2 — Biowissenschaften / 78

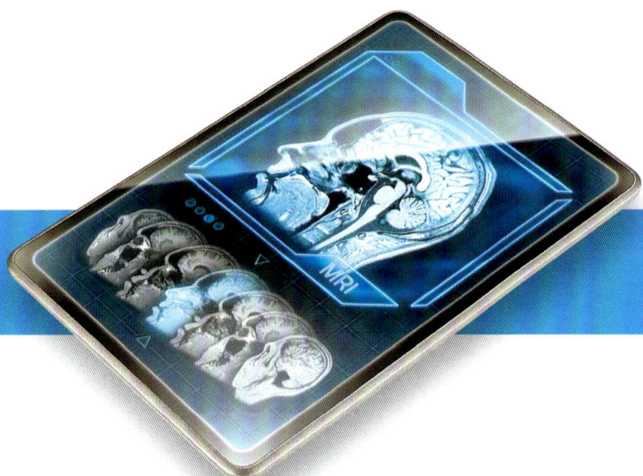

Medizin / 122 — 3

Planetologie & Astronomie / 164 **4**

5 Technik / 212

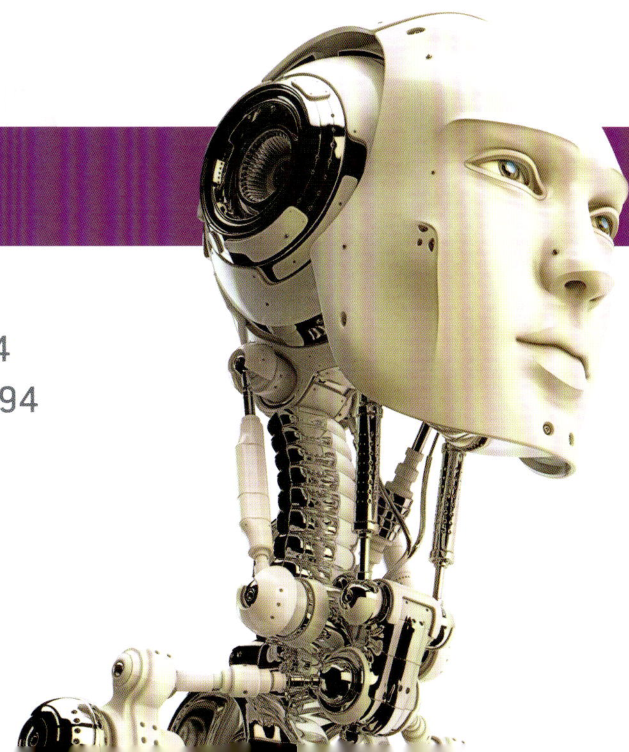

Die Autoren / 294
Bildnachweis / 294
Register / 297

VORWORT

von Destin Sandlin, Gründer der Youtube-Videoserie *Smarter Every Day*

Oben: Jedes Lebewesen, auch der Mensch, besteht aus Zellen. Diese Schnittansicht zeigt, wie komplex bereits eine einzige Zelle aufgebaut ist.

Die Suche nach Lösungen macht uns zu dem, was wir als Menschen sind. Ob es ein Kind ist, das Steine nach einer im Baum hängenden Frisbeescheibe wirft, oder der Ingenieur, der Rettungssysteme für die Internationale Raumstation entwickelt: Es ist Teil der menschlichen Natur, Fragen zu beantworten und Probleme zu lösen. Manchmal entstehen Erfindungen aus Neugier oder aus der Haltung heraus, das Bestehende nicht einfach hinzunehmen. Dahinter kann unser natürlicher Impuls stecken, die Dinge besser verstehen zu wollen, oder der Wille, etwas effizienter zu machen. Erfindungen können aber auch einfach unserem Wunsch entspringen, Geheimnisse zu lüften, um die wahre Schönheit dahinter zu entdecken.

Hinter Erfindungen steht das menschliche Bestreben, das anzunehmen, was die Welt uns bietet, und es zu verändern. Dieser Hang zur Veränderung ist keine neue Angewohnheit. Schon bevor es die Schrift gab – übrigens eine unserer besten Erfindungen –, stellten sich unsere Vorfahren Herausforderungen und nutzten die begrenzten Möglichkeiten, die ihnen zur Verfügung standen, um Lösungen zu finden. Was sie gelernt hatten, gaben sie an nachfolgende Generationen weiter, sodass jeder Erfinder niemals wirklich ganz von vorne anfängt, sondern auf den Schultern all jener steht, die vor ihm kamen. Das ist vielleicht der faszinierendste Aspekt der Menschheitsgeschichte. Die bewährtesten und meistgenutzten Werkzeuge der heutigen Generation waren einmal die noch unerprobten Lösungen der Probleme vorhergehender Generationen.

Man könnte annehmen, dass unser langer gemeinsamer Weg vor allem von den Taten der Reichen und Mächtigen geprägt wurde, doch beim genaueren Hinsehen zeigt sich, dass die Geschichte tatsächlich von Männern und Frauen gestaltet wurde, die nie ihre kindliche Neugier abgelegt und sich das Staunen bewahrt hatten. Menschen dieses Schlages werden von einem unstillbaren Wissensdrang und von Entdeckerfreude angetrieben. Über Jahrtausende haben sich Erfinder, von denen manche heute berühmt, die meisten jedoch unbekannt sind, geduldig mit einer Unzahl von Fragen und Problemen beschäftigt und dabei das Gerüst der Welt gezimmert, die wir heute kennen. Die Schönheit dieses Gerüsts liegt auch darin, dass es nicht von einigen wenigen Auserwählten geschaffen wurde, vielmehr ist es etwas, das wir zusammen errichtet haben – *wir, die Erfinder*.

Ich sage »wir«, weil ich glaube, dass die gleiche menschliche Neugier und der Wissensdurst, der die großen Erfinder der Vergangenheit antrieb, auch Sie und mich dazu bewegt, dieses Buch aufzuschlagen. Sie halten es in der Hand, weil auch Sie sich nicht scheuen, die Dinge zu verändern, die Sie vorfinden. Wenn Sie diese Einstellung teilen, werden die Texte, die Sie nun lesen, Sie anregen und inspirieren. Sie werden Ihnen die Gelegenheit geben, die Gedanken und Methoden jener Riesen kennenzulernen, auf deren Schultern wir stehen. Das Buch gibt Einblicke in die Motivation derjenigen, welche die Dinge, die einmal *waren*, zu denen machten, die heute *sind* – und es wirft einen gelegentlichen Blick auf das, was einmal *sein wird*.

Denken Sie daran: Die Texte erzählen nicht nur von brillanten Ideen und klugen Problemlösungen, sondern auch die zutiefst optimistische Geschichte über das, was wir gemeinsam haben, was uns zu Menschen macht – und darüber, was geschieht, wenn *Sie*, der Erfinder, in Topform sind.

ÜBER DIESES BUCH

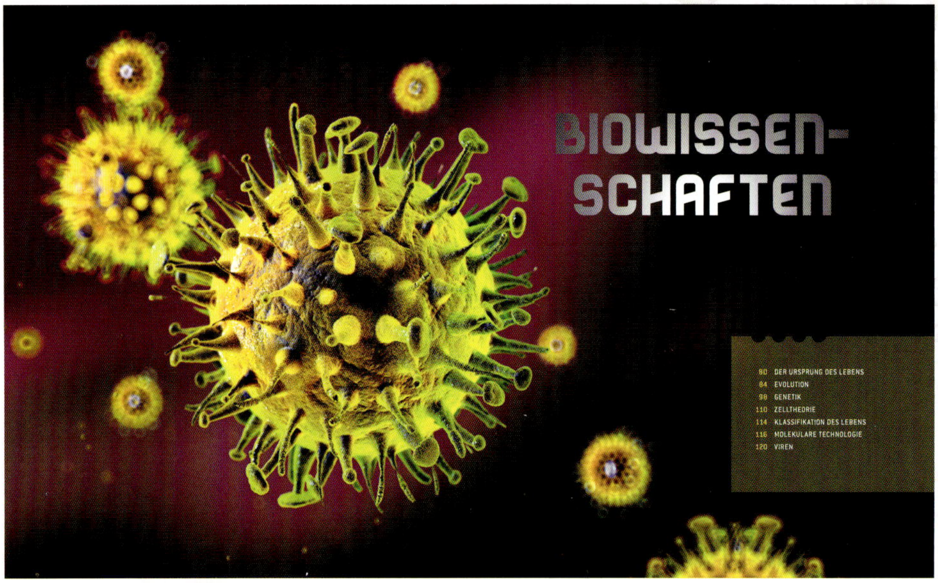

❶ Kapitel
Die einzelnen Kapitel behandeln die wissenschaftlichen Grundlagen miteinander verwandter Themenfelder und die daraus resultierenden Entdeckungen und deren Anwendungsmöglichkeiten.

❷ Unterkapitel
Innerhalb der Kapitel wird in chronologischer Reihenfolge erläutert, wie sich die Erforschung einzelner Themenfelder entwickelt hat.

Die Inhalte des Buches werden Ihnen in folgenden Stufen präsentiert: Zuerst einmal sind da die fünf Hauptkapitel, die sich eingehend mit jeweils miteinander verwandten Wissensgebieten und den damit verbundenen Entdeckungen und Erfindungen befassen. Die Kapitel wiederum sind in Unterabschnitte unterteilt, in denen die geschichtliche Entwicklung einzelner Aspekte des Hauptthemas detaillierter dargestellt werden. Weiterhin wird in jedem Unterkapitel durch eingestreute Abschnitte mit interessanten Fakten und wissenschaftlichen Eckdaten die Forschungsgeschichte erzählt. Schließlich wird jedes Unterkapitel von einer Seite abgerundet, auf der unter dem Titel »Am Horizont« Entwicklungen vorgestellt werden, mit denen wir in naher Zukunft rechnen können.

❸ Erfindungen

In kompakten, informativen Abschnitten werden die Eckdaten wissenschaftlicher und technischer Durchbrüche vorgestellt: wer, wo, wann und wie.

❹ Am Horizont

Unter dieser Überschrift werden wissenschaftliche und technische Lösungen präsentiert, die derzeit entwickelt werden und mit deren Umsetzung in naher Zukunft zu rechnen ist.

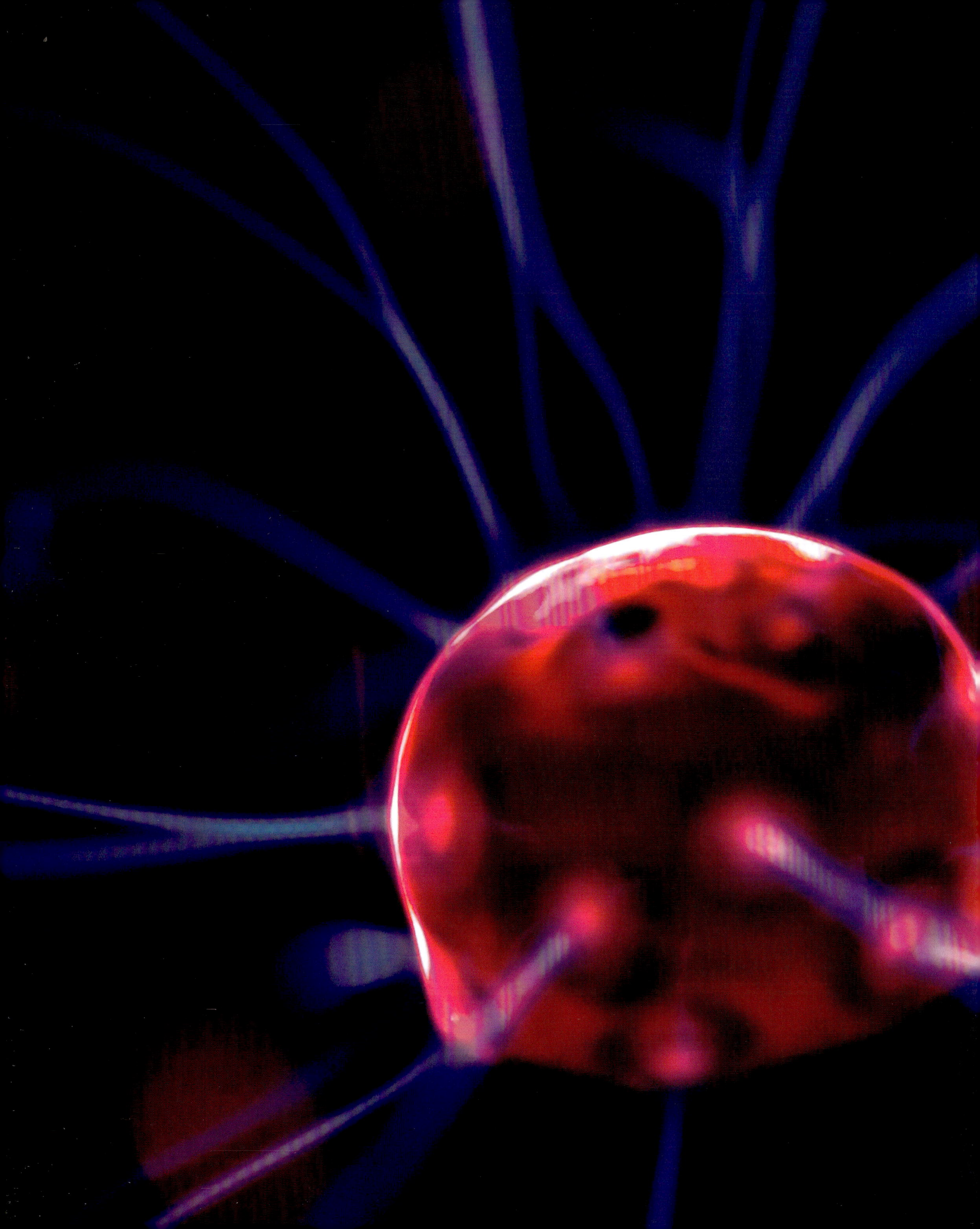

NATUR-
WISSENSCHAFTEN

12 DIE STRUKTUR DER MATERIE
24 KERNPHYSIK
30 CHEMIE
38 MATERIALEIGENSCHAFTEN
48 WELLEN & OPTIK
56 ELEKTRIZITÄT & MAGNETISMUS
66 RELATIVITÄT
72 QUANTENMECHANIK

DIE STRUKTUR DER MATERIE

Links: Demokrit wird oft der »lachende Philosoph« genannt, was auf diesem Gemälde von Antoine Coypel aus dem Jahr 1692 eindrücklich dargestellt ist.

▷ um 400 v. Chr.

Was ist, und was ist nicht?

Das griechische Atom

Die einfachsten Fragen sind oft am schwierigsten zu beantworten, und die Frage nach den grundlegenden Bestandteilen des Kosmos fällt sicherlich in diese Kategorie. Für die Griechen handelte es sich dabei jedoch noch nicht um eine im modernen Sinn naturwissenschaftliche Frage, sondern um eine philosophische Suche nach der Natur des Seins. Die griechische Atomlehre entstand als eine Art philosophischer Kompromiss zweier widerstreitender Denkrichtungen.

Auf der einen Seite standen Philosophen wie Parmenides (um 515 v. Chr.) und später Platon (um 428–348 v. Chr.). Ihr Grundgedanke war, dass das Seiende vollendet und unveränderlich sein müsse. Parmenides argumentierte, dass es unmöglich sei, dass »Dinge, die sind, nicht sind«. In anderen Worten: Das wahre Seiende kann sich nicht verändern, denn ansonsten entstünde etwas, das »nicht war« aus etwas, das »war«. Auf der anderen Seite stand eine Gruppe von Philosophen, welche die Ansicht vertraten, Veränderung sei das Grundprinzip des Kosmos – nichts sei statisch und gleichbleibend. Der bekannteste unter ihnen war Heraklit von Ephesos (um 540–um 480 v. Chr.)

Der berühmteste »Atomist« war Demokrit von Abdera (um 460–um 370 v. Chr.). Er argumentierte in etwa so: Nähme man das schärfste Messer der Welt und begänne, damit Materie – ein Stück Käse beispielsweise – zu zerschneiden, könnte man das Stück halbieren, wieder halbieren und so weiter. Irgendwann gäbe es aber nichts mehr, das weiter zu teilen wäre. Das war das »Atom« (wörtlich »das Unteilbare«). Der Kosmos bestünde aus Atomen und dem leeren Raum dazwischen. Damit gab es etwas, das ewig gleichbleibend war – die Atome –, und etwas, das sich immer veränderte – das Verhältnis zwischen den Atomen. Von dieser Theorie ist heute nur eines übrig geblieben: das Wort »Atom«. □

Heraklit fasste seine Sicht der unaufhörlichen Veränderung des Kosmos mit dem Epigramm zusammen: »Niemand steigt zweimal in denselben Fluss.«

Woraus besteht die Welt? Diese Frage beschäftigt Wissenschaftler und Philosophen seit Jahrtausenden.

1808

Winzige Stücke Nichts

Die moderne Atomtheorie

Ab dem Mittelalter sammelten als Alchemisten bezeichnete Männer eine beeindruckende Fülle von Wissen über das an, was wir heute chemische Reaktionen nennen. Dies gipfelte in den Arbeiten des französischen Chemikers Antoine-Laurent Lavoisier (1743–1794). Um die Wende zum 19. Jahrhundert waren bereits einige wichtige Grundsätze bekannt. Man wusste, dass viele Stoffe durch chemische Prozesse zerlegt werden konnten, einige aber nicht. Letztere, die eine grundlegende Rolle in der Natur spielen mussten, wurden als Elemente bezeichnet. Außerdem schien das Gewichtsverhältnis von Elementen in einem bestimmten Stoff immer gleich zu sein. Wasser etwa bestand immer aus acht Teilen Sauerstoff und einem Teil Wasserstoff.

Im Jahr 1808 veröffentlichte der britische Wissenschaftler John Dalton (1766–1844) ein Buch mit dem Titel *A New System Of Chemical Philosophy* (Ein neues System der chemischen Philosophie), in dem er dieses gesammelte Wissen darlegte und den Grundstein für die moderne Atomtheorie legte. Seine Hypothese war einfach: Alle Materie ist aus Atomen zusammengesetzt, alle Atome eines bestimmten Elements ähneln sich, unterscheiden sich aber von den Atomen anderer chemischer Elemente. Unterschiedliche Stoffe bestehen aus der Vereinigung von Atomen in unterschiedlichen Verhältnissen.

Wie bereits bei Demokrit waren Dalton zufolge Atome unteilbar, man könnte sie sich als winzige Kugeln vorstellen. Obwohl dieser Teil seiner Theorie keinen Bestand haben sollte, wurde die Theorie selbst die Grundlage unserer modernen Sicht des Universums.

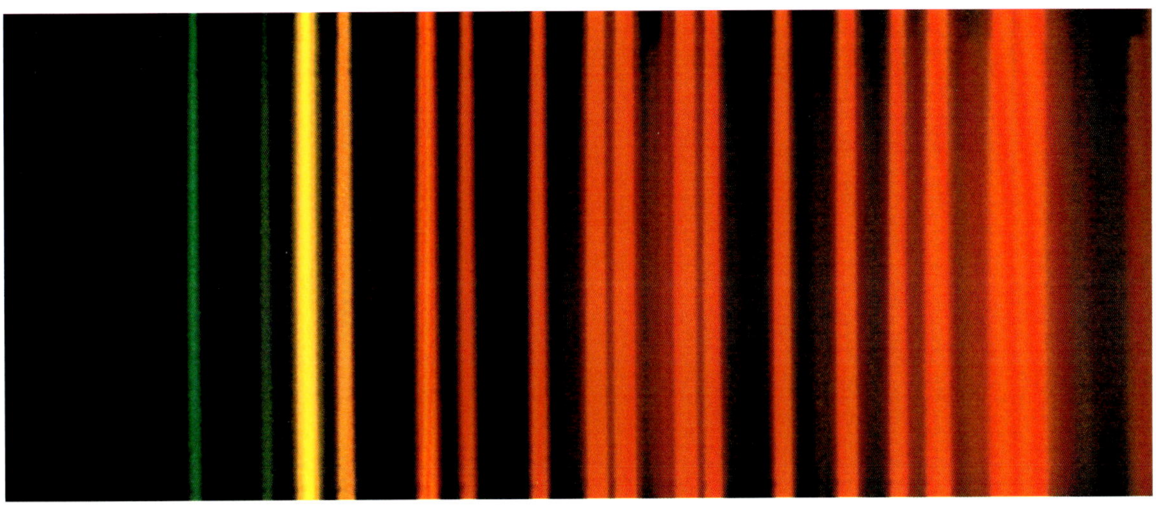

Oben: Das von Neonatomen erzeugte Lichtspektrum

1859

Wissen aus der Entfernung

Spektroskopie

Seit Mitte des 19. Jahrhunderts ist bekannt, dass unterschiedliche Stoffe Licht in jeweils unterschiedlichen spezifischen Farbkombinationen aussenden, wenn sie erhitzt werden. Nach dem Atommodell von Niels Bohr ist die Energie und somit die Farbe des von einem Atom ausgesandten Lichts von den festen Bahnen der den Atomkern umkreisenden Elektronen abhängig, und diese sind bei unterschiedlichen Atomen unterschiedlich. Um dieses Konzept zur Identifizierung von Stoffen zu nutzen, wurde die Spektroskopie entwickelt. Heute wird sie unter anderem angewandt, um die chemische Zusammensetzung von Sternen zu erforschen und die Konzentrationen von chemischen Stoffen in industriellen Prozessen zu bestimmen.

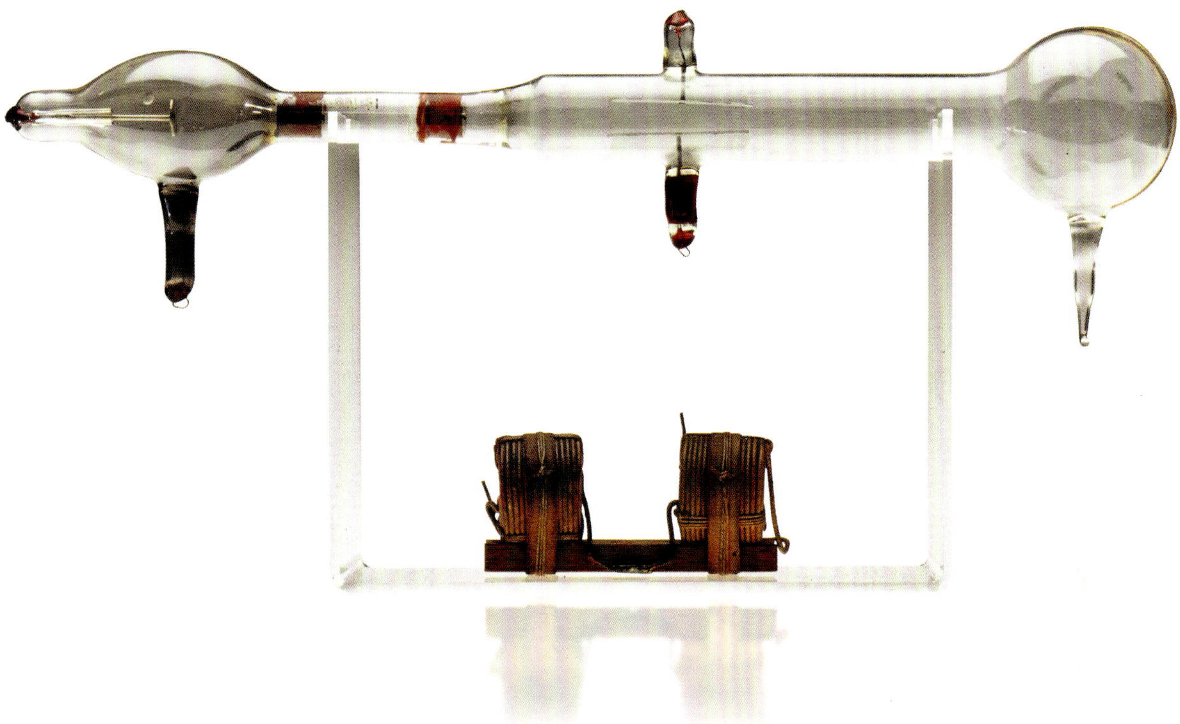

1897

Der Keks beginnt zu zerbröseln

Die Entdeckung des Elektrons

Im 19. Jahrhundert hielt sich die Vorstellung vom unteilbaren Atom, obwohl es bereits Anzeichen dafür gab, dass das nicht das ganze Bild war – zum Beispiel mit der Entdeckung der Kathodenstrahlen, die man folgendermaßen hervorrief: In einer Glasröhre wurde, so gut es damals möglich war, ein Vakuum erzeugt. An einem Ende der Röhre befand sich ein Draht, den man elektrisch erhitzte, die sogenannte Kathode. Am anderen Ende der Röhre war eine unter hoher Spannung gehaltene Platte. Leitete man Strom durch die Kathode, erschienen in der Röhre Farbstreifen. Etwas durchströmte sie und regte die im unvollständigen Vakuum verbliebenen Atome an. Die Frage war: was?

Der britische Physiker Sir Joseph John Thomson (1856–1940) machte sich daran, diese Frage zu beantworten. Er baute Geräte, in denen das, was die Strahlen erzeugte, einen Bereich mit sowohl elektrischen als auch magnetischen Feldern durchdringen musste. Dann nahm er zwei Messungen vor: eine, bei der er die Felder so justierte, dass das unbekannte Teilchen nicht abgelenkt wurde, und eine andere, bei der er die vom elektrischen Feld verursachte Ablenkung maß. Anhand der Messungen konnte er zeigen, dass das, was durch die Röhre strömte, kein bekanntes Teilchen sein konnte, sondern etwas völlig Neues sein musste.

Die Art, wie es auf die elektrischen und magnetischen Felder reagierte, zeigte ihm, dass das neue Teilchen eine negative elektrische Ladung haben musste, und er wusste, dass es tausendmal leichter als das leichteste Atom sein musste. Er nannte es Elektron. Die Wissenschaft hatte nun zu klären, woher die Elektronen kamen, und sie musste den Aufbau des Atoms erforschen. □

Oben: Dies ist die Originalröhre, die bei der Entdeckung des Elektrons Ende des 19. Jahrhunderts verwendet wurde.

1897

Ein essbares Atom

Das Rosinenbrotatom

Die Entdeckung des Elektrons warf für die Wissenschaft die Frage auf, wo im Aufbau eines Atoms sich die Elektronen befanden. Ein erster Versuch, diese Frage zu beantworten, mündete in die Annahme, dass die positive Ladung des Atoms sich in einer Kugel von der Größe des Atoms ausdehnte und die Elektronen darin wie Rosinen in einem Brot eingebettet waren. Das Rosinenbrotatom war ein interessanter, aber kurzlebiger Versuch zu visualisieren, wie das nun als teilbar erkannte Atom aufgebaut war.

Rechts: Die frühesten Vorstellungen, mit denen man sich den Aufbau eines Atoms zu erklären versuchte, ähnelten einem solchen Rosinenbrot.

Wenn der Kern eines Sauerstoffatoms eine Bowlingkugel wäre, wären die Elektronen acht Sandkörnchen in einem umgebenden Areal von der Ausdehnung einer Großstadt.

1911

Das massive Zentrum

Die Entdeckung des Atomkerns

Ernest Rutherford (1871–1937) ist vielleicht der einzige Wissenschaftler, der seine wichtigsten Erkenntnisse erst nach Verleihung des Nobelpreises erlangte. Er wurde in Neuseeland geboren, in England ausgebildet und leistete bahnbrechende Forschungen über Radioaktivität, wobei er unter anderem die Alphastrahlung (siehe Seite 25) identifizierte, während er an der McGill University in Montreal wirkte. Für diese Arbeit erhielt er 1908 den Nobelpreis für Chemie.

Rutherford folgte einem Ruf nach Manchester, wo er ein Experiment unternahm, das unser Verständnis vom Aufbau des Atoms revolutionieren sollte. Er füllte eine radioaktive Substanz in einen Bleikasten mit einem Loch an der Seite. Dadurch kommen die radioaktiven Teilchen in einem Strahl dort heraus wie ein Strom subatomarer »Projektile«. Diese Projektile ließ er auf eine dünne Goldfolie treffen, wo sie auf der gegenüberliegenden Seite wieder erfasst wurden. Mit diesem Experiment sollten Stärke und Form der diffusen positiven Ladung in den Goldatomen gemessen werden.

Rutherford und seine Kollegen machten jedoch eine unerwartete Entdeckung. Während die meisten der Projektile geradeaus liefen oder geringfügig abgelenkt wurden – was bei einem Rosinenkuchenatom zu erwarten war –, prallte eine von tausend zurück. Es war, als ob man mit einer Pistole in eine Dampfwolke schösse und immer mal wieder eine Kugel aus der Wolke zurückkäme. Rutherford schloss daraus, dass die meiste Masse des Atoms in einem kleinen Körper vereinigt sein musste, den er Kern nannte und den die Elektronen umkreisen mussten. So entstand unseres heutiges Bild von Atomen.

Links: Eine Fotografie von Ernest Rutherford und einigen der wissenschaftlichen Geräte, die er verwendete.

1913

Es wird verrückt

Das Bohrsche Atommodell

Rutherfords Ergebnis warf Probleme auf: Wenn Elektronen tatsächlich den Kern umkreisen wie Planeten die Sonne, wissen wir, dass sie dabei ständig Licht abstrahlen müssen. Dabei würden sie Energie verlieren und auf einer spiralförmigen Bahn in den Kern stürzen. Damit hätten Atome nur eine sehr kurze Lebensdauer, was offensichtlich nicht stimmen kann.

Niels Bohr (1885–1962), ein junger, in England arbeitender dänischer Dozent, löste 1913 das Problem. Er übertrug den neuen Wissenschaftszweig der Quantenmechanik (siehe Seite 74) auf das Rutherfordsche Atommodell. Die Quantenmechanik besagt, dass in der subatomaren Welt alles – Masse, Energie und so weiter – nur in »diskreten«, also nicht beliebigen Werten vorkommen kann. Dies wandte Bohr auf die Elektronen an und postulierte, dass Elektronen, anders als Planeten, nicht auf einer beliebigen Bahn kreisen können. Es gibt bestimmte Entfernungen vom Kern, in denen ein Elektron sich aufhalten muss, die sogenannten erlaubten oder stabilen Bahnen. Solange Elektronen auf diesen Bahnen bleiben, senden sie keine Strahlung aus.

Verrückt wird es, wenn man versucht zu beschreiben, wie Elektronen von einer erlaubten Bahn auf eine andere wechseln. Das Elektron verschwindet aus einer Bahn, wobei es Licht ausstrahlt oder absorbiert, und erscheint wieder in der anderen Bahn, *ohne dazwischen irgendwo aufzutreten*. Das ist der berühmte Quantensprung. Versuchen Sie erst gar nicht, sich das vorzustellen – es gibt in unserer Erfahrungswelt nichts Vergleichbares.

Unten: Nach dem Bohrschen Atommodell bewegen sich Elektronen auf festen Kreisbahnen (blaue Kreise) und senden Licht (gelbe Welle) nur dann aus, wenn sie von einer Bahn auf die andere wechseln.

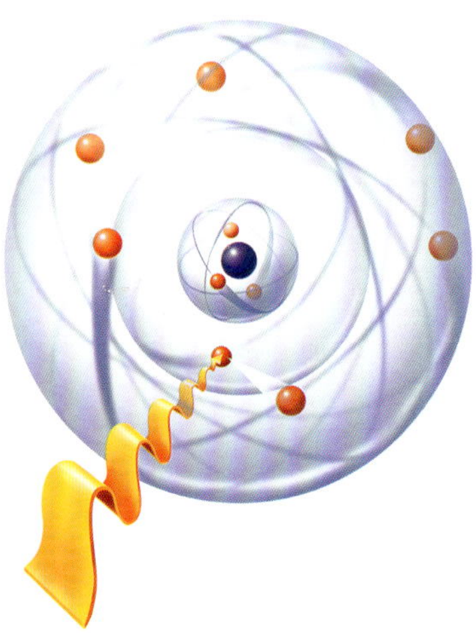

1931

Im Kreis herum

Das Auftauchen der Beschleuniger

Das Problem bei der Verwendung kosmischer Strahlen zur Bestimmung der Struktur der Materie liegt darin, dass man warten muss, bis die gewünschte Strahlung natürlicherweise auftritt. Die Lösung brachte der 1930 unter der Leitung von Ernest Orlando Lawrence (1901– 1958) an der University of California in Berkeley entwickelte Teilchenbeschleuniger.

Der erste Berkeley-Beschleuniger wurde Zyklotron genannt – ursprünglich ein laborinterner Spitzname, der vom Namen einer Zulieferfirma abgeleitet war. Er bestand aus kreisförmig angeordneten Magneten, ein Kreis um den anderen, die in zwei D-förmige Magnete geteilt werden. In den Spalt zwischen den D-Formen eingeführte Teilchen werden beschleunigt und in eine Kreisbahn gezwungen, wenn sie in das Magnetfeld geraten. Jedes Mal, wenn sie erneut den Spalt passieren, werden sie weiter beschleunigt. Der Bahndurchmesser rückt spiralförmig immer weiter nach außen, bis schließlich ein Teilchenstrahl austritt, der für ein Experiment genutzt werden kann.

Ein Teilchenbeschleuniger einer anderen Bauart wurde 1953 am Brookhaven National Laboratory auf Long Island errichtet. Die Teilchen bewegen sich darin in einem Ringbeschleuniger, einer Kammer, die von Magneten umgeben ist, damit die Teilchen im Ring bleiben. Immer, wenn das Teilchen einen bestimmten Punkt passiert, wird es beschleunigt, und die Magnetwirkung wird verstärkt, damit das Teilchen trotz der wachsenden Energie auf seiner Bahn bleibt. Weil die Magnetwirkung präzise mit der Beschleunigung synchronisiert werden muss, wird eine solche Anlage Synchrotron genannt. Alle großen Anlagen des späten 20. Jahrhunderts gehören zu diesem Typ.

Schließlich gibt es noch synchrotronähnliche Anlagen aus zwei Ringen, in denen sich die Teilchen in jedem Ring in entgegengesetzter Richtung bewegen. Wo sich die Ringe schneiden, werden Teilchen zur Kollision gebracht. Der Large Hadron Collider (siehe Seite 20) war der erste Teilchenbeschleuniger dieser Art. □

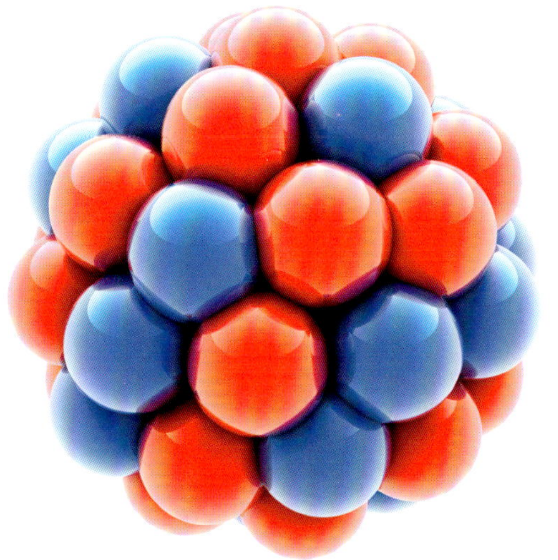

Rechts: Der Atomkern ist eine Mischung aus Protonen (rote Kugeln) und Neutronen (blaue Kugeln).

1932

Was fehlt noch?

Die Entdeckung des Neutrons

Rutherford nannte den Kern des Wasserstoffatoms – des leichtesten Elements – Proton (»Erstes«). Doch es gab ein Problem. Im Kern des Kohlenstoffatoms befinden sich sechs Protonen, es wiegt aber zwölfmal so viel wie ein Wasserstoffatom. Es gab also offensichtlich noch etwas anderes im Atomkern. Das fehlende Teilchen wurde im Jahr 1932 vom englischen Physiker James Chadwick (1891–1974) bei einem Experiment entdeckt, bei dem subatomare »Projektile« ein ungeladenes Teilchen zum Vorschein brachten, wenn sie auf Berylliumkerne stießen. Das Teilchen wog ungefähr so viel wie ein Proton und wurde als Neutron (»Neutrales«) bezeichnet. Das Neutron war das fehlende Teil im nuklearen Puzzle. □

Links: Ein Techniker stellt die Stromkreise an einem Zyklotron ein. Der erste Teilchenbeschleuniger dieser Art wurde im Jahr 1934 vom Team um Ernest Lawrence gebaut.

Der englische Physiker James Chadwick erhielt für die Entdeckung des Neutrons im Jahr 1935 den Nobelpreis für Physik.

1936
Wer hat das alles bestellt?
Neue Teilchen sorgen für Verwirrung

Die Erde wird konstant von Teilchen aus dem Weltraum bombardiert, der kosmischen Strahlung. Sie besteht zumeist aus Protonen und stammt von der Sonne, von anderen Sternen in unserer Galaxie oder sogar aus anderen Galaxien. Seit Anfang der 1930er-Jahre stellten Wissenschaftler Detektoren auf Bergkuppen auf, um zu beobachten, wie diese hochenergetischen Teilchen mit Zielen interagieren. Die Grundstrategie, die für die folgenden Jahrzehnte des 20. Jahrhunderts verfolgt wurde, um die Struktur der Materie zu erforschen, bestand darin, ein hochenergetisches Teilchen auf ein Ziel treffen zu lassen und dann die Trümmer des Zusammenstoßes zu untersuchen.

Carl Anderson (1905–1991) beobachtete im Jahr 1932 ein ungewöhnliches Ereignis in einem auf dem Gipfel des Pike's Peak in Colorado aufgestellten Gerät. Es war die Spur eines Teilchens, das die gleiche Masse wie ein Elektron, aber eine positive Ladung hatte. Das war die Entdeckung der Antimaterie, und heute wissen wir, dass es für jedes Materieteilchen ein Antiteilchen gibt, das die gleiche Masse hat, aber ansonsten völlig anders ist. Da die Existenz von Antimaterie vorausgesagt worden war, verursachte die Entdeckung für Physiker keine Probleme, und Anderson erhielt dafür im Jahr 1936 den Nobelpreis für Physik.

Ebenfalls 1936 entdeckte Anderson zusammen mit seinem damaligen Doktoranden Seth Neddermeyer (1907–1988) ein noch viel überraschenderes Teilchen in seinem Gerät zur Beobachtung kosmischer Strahlung. Es war schwerer als das Elektron, aber leichter als das Proton. Das zunächst Mesotron und dann Meson genannte Teilchen wurde mit dem griechischen Buchstaben My (μ) bezeichnet und ist heute als Myon bekannt. Es gilt als einer der Grundbausteine der Materie (siehe Seite 68).

In den 1950er-Jahren wurden noch viele Teilchenarten in der kosmischen Strahlung entdeckt. Die subatomare Welt erwies sich als viel komplexer, als man angenommen hatte. □

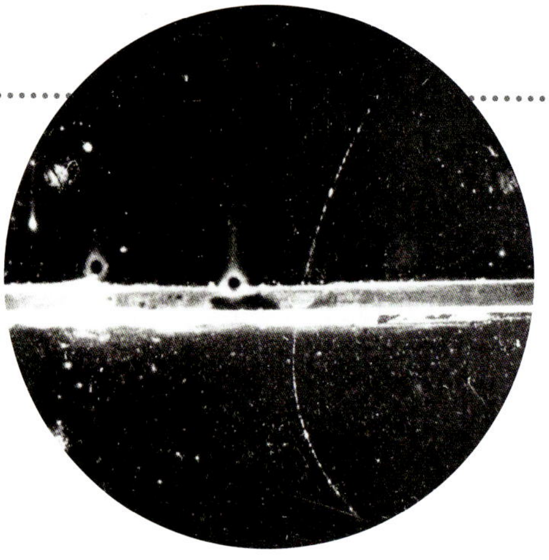

1960
Woher kamen all die Teilchen?
Der Teilchenzoo

Mit der Einführung der Teilchenbeschleuniger wurde schnell klar, dass das alte Bild vom Atomkern als Beutel voller Protonen und Neutronen hinfällig war. Experimente brachten buchstäblich Hunderte von kurzlebigen »Elementar«-Teilchen hervor. In den 1970er-Jahren veröffentlichten Physiker eine Liste dieser Teilchen, die einem Telefonbuch glich. In dieser Zeit wurden sie bereits in drei größere Kategorien eingeteilt: Leptonen, Hadronen und seltsame Teilchen.

Leptonen (»mit schwacher Wechselwirkung«)

Diese Teilchen, zu denen Elektronen und Myonen gehören, sind nicht Teil der Wechselwirkung, die den Atomkern zusammenhält. Mit dem Tauon wurde ein weiteres massereicheres Teilchen dieser Art gefunden. Für jedes dieser drei massereichen Teilchen gibt es ein nicht geladenes, fast masseloses Teilchen, das Neutrino, sodass es insgesamt sechs Leptonen gibt.

Hadronen (»mit starker Wechselwirkung«)

Diese Teilchen kommen im Atomkern vor und sind außer dem Proton alle instabil. Es gibt von ihnen zwei Arten: Baryonen (»schwere«), zu deren Zerfallsprodukten mindestens ein Proton gehört, und Mesonen (»mittelschwere«), zu deren Zerfallsprodukten kein Proton gehört. Die meisten dieser Teilchen haben eine so kurze Lebenszeit, dass sie den Kern, in dem sie entstanden sind, nie verlassen.

Seltsame Teilchen

Manche Hadronen haben eine so »lange« Lebensdauer, dass sie makroskopische Entfernungen zurücklegen, bevor sie zerfallen. Physiker nannten sie seltsame Teilchen. Sie sagten, dass diese Teilchen eine Eigenart – ähnlich einer elektrischen Ladung – besitzen, die sich im Zerfallsprozess verändern musste. Diese Eigenart nannten sie Seltsamkeit. Da ihr Zerfall eine gewisse Zeit dauert, wurde diese Zeit als diejenige definiert, die es benötigt, bis die Seltsamkeit des Teilchens sich ändert. □

Oben: Nebelkammerbilder wie dieses, in denen die Spuren von Teilchen sichtbar werden, gehörten in der Frühzeit der Teilchenphysik zu den wichtigsten Hilfsmitteln der Wissenschaftler.

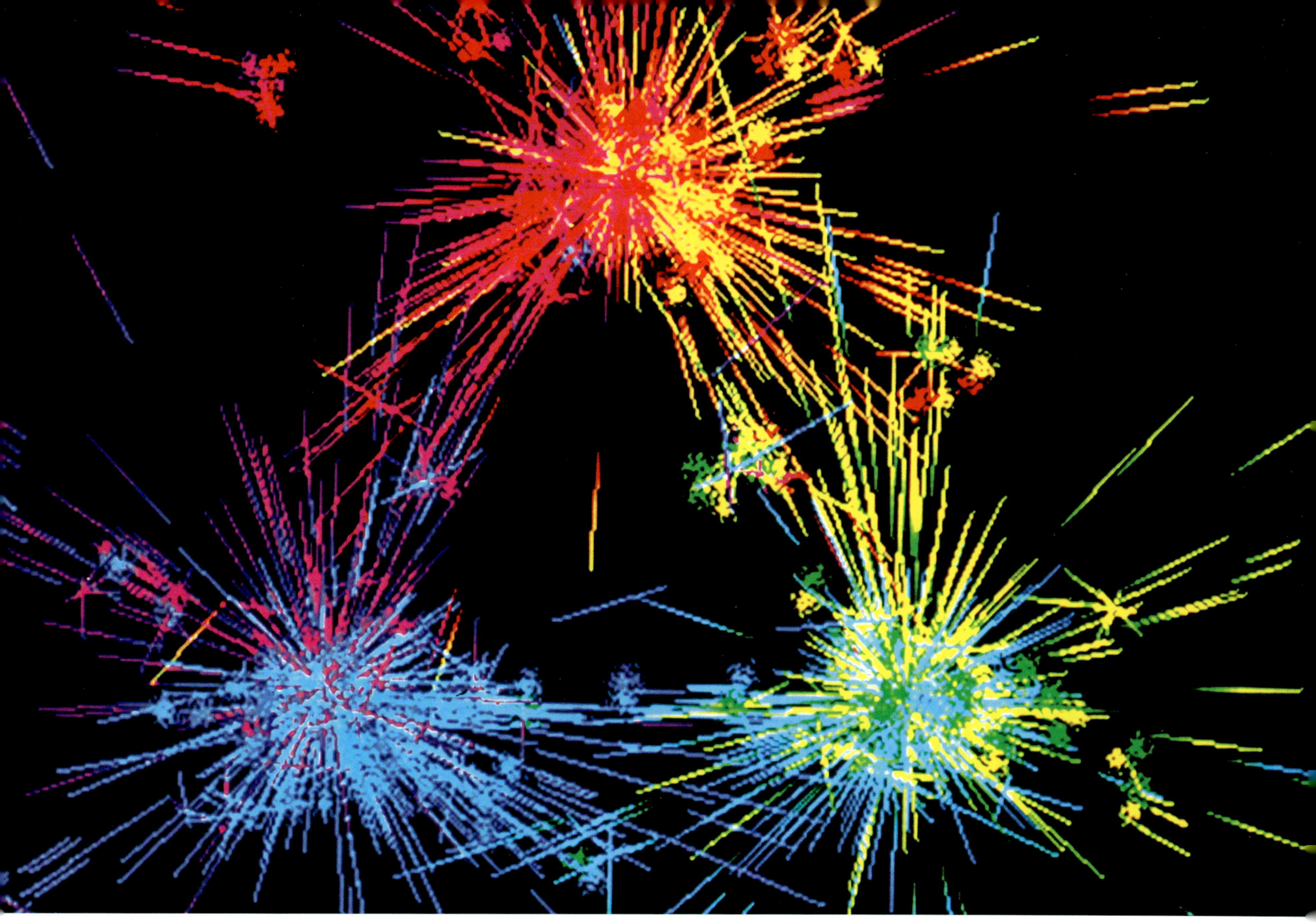

1964

Alles Quark

Das Quarkmodell

Die Zunahme der Menge der chemischen Elemente ist durch die Berücksichtigung der Elementarteilchen zu erklären, wobei die verschiedenen Elemente verschiedenen Anordnungen der Grundbausteine entsprachen. Die Zunahme der Menge der Elementarteilchen kann man analog dazu mit der Berücksichtigung noch fundamentalerer Bausteine erklären, den sogenannten Quarks. Der von den Physikern Murray Gell-Mann (geboren 1929) und George Zweig (geboren 1937) unabhängig voneinander entwickelte Gedanke war, dass es drei Quarks gibt, zusammen mit ihren entsprechenden Antiteilchen, und dass alle bekannten Hadronen verschiedenen Anordnungen dieser drei Quarks entsprechen.

Die Quarks haben ungewöhnliche Eigenschaften – ihre elektrische Ladung etwa entspricht entweder $-\frac{1}{3}$ oder $+\frac{2}{3}$ der Ladung eines Elektrons. Die beiden »häufigsten« Quarks werden Up und Down genannt, während das dritte Quark, das »seltsame« Quark, die auf Seite 18 beschriebene Eigenschaft der Seltsamkeit besitzt. Die Vorstellung ist, dass alle Hadronen aus Quarks bestehen – Baryonen bestehen aus drei Quarks und Mesonen aus einem Quark und einem Antiquark.

Seit der Einführung des ersten Quarkmodells wurden noch weitere Teilchen mit neuen Eigenschaften entdeckt, und die Anzahl der Quarks erhöhte sich inzwischen auf sechs. Die drei neuen Quarks heißen Charm-, Down- und Up-Quark. Die letzte, das Top-Quark, wurde im Jahr 1995 entdeckt. □

Oben: Die künstlerische Darstellung zeigt die Bildung eines Protons aus drei Quarks. Seit der Entdeckung der ersten drei Quarks im Jahr 1964 wurden drei weitere entdeckt. Das Top-Quark wurde erst 1995 identifiziert.

1974

Ein nüchterner Name für eine fantastische Theorie

Das Standardmodell

Das sogenannte Standardmodell ist die vorläufig beste theoretische Vorstellung des Materieaufbaus. Man kann es sich als ein Backsteingebäude vorstellen, das aus zwei Hauptbestandteilen aufgebaut ist: den Backsteinen und dem Mörtel, der die Backsteine zusammenhält.

Beim Standardmodell bilden die Quarks und Leptonen (siehe Seite 18) die Backsteine. Die Quarks formen die Teilchen, die ihrerseits den Atomkern bilden, während die Leptonen, wie das Elektron, den Teil des Atoms außerhalb des Kerns bilden. Aus Atomen setzt sich wiederum die gesamte Materie zusammen, eine Feststellung, die allerdings nicht Bestandteil des Standardmodells ist.

Die Einbeziehung der Gravitation in das Bild der vier Grundkräfte bleibt das größte ungelöste Problem der theoretischen Physik.

Die vier Grundkräfte, die in der Natur wirken, bilden den Mörtel, der den gesamten Kosmos zusammenhält. Zu jedem Zeitpunkt wirkt eine dieser vier Kräfte oder eine Kombination von ihnen:

- starke Wechselwirkung – bindet Quarks zu Teilchen und Teilchen zu Atomkernen
- Elektrizität und Magnetismus
- schwache Wechselwirkung – bestimmt einige radioaktive Zerfallsprozesse
- Gravitation

Obwohl diese Kräfte sehr unterschiedlich sind, postuliert das Standardmodell, dass bei ausreichend hohen Energien einige von ihnen identisch werden (der technische Ausdruck hierfür lautet »vereinheitlichen«). Die Elektrizität und die schwache Wechselwirkung vereinheitlichen sich bei Energien, die mit den leistungsstärksten Teilchenbeschleunigern erreicht werden können, ein Effekt, der bereits beobachtet wurde. Die sich ergebende elektroschwache Wechselwirkung vereinigt sich mit der starken Wechselwirkung bei viel höheren Energien. Das kann zwar nicht direkt nachgewiesen werden, aber andere Vorhersagen des Modells haben sich bestätigt. Zurzeit bleibt die Gravitation noch von diesen Vereinheitlichungseffekten ausgeschlossen.

2010

Das Riesending

Der Large Hadron Collider

Der Große Hadronen-Speicherring oder Large Hadron Collider am Europäischen Kernforschungszentrum in der Nähe von Genf in der Schweiz ist vielleicht das komplexeste technische Bauwerk, das je von Menschen errichtet wurde. In einem 27 Kilometer langen Ringtunnel in 500 Metern Tiefe im französisch-schweizerischen

Oben: Der Large Hadron Collider in der Nähe von Genf in der Schweiz ist der größte und leistungsstärkste Teilchenbeschleuniger der Welt.

Grenzgebiet werden gegenläufig beschleunigte Protonenstrahlen zur Kollision gebracht. Die für Kollisionen zur Verfügung stehende Energie beträgt maximal 14 Billionen Volt. Dieser Teilchenbeschleuniger wurde gebaut, um das Higgs-Boson zu finden und den Weg für die Physik jenseits des Standardmodells zu öffnen. □

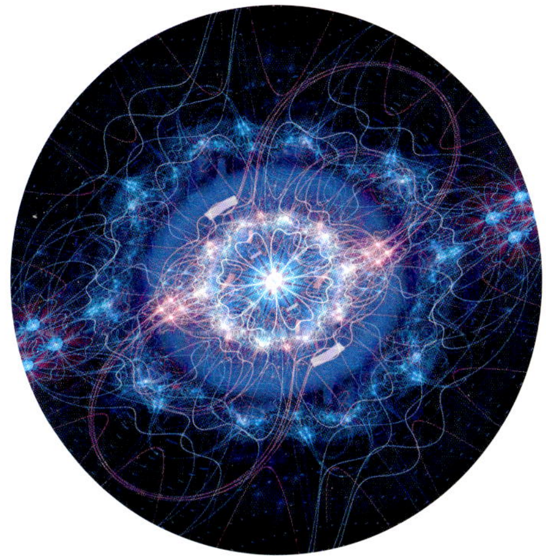

▷ 2012

Suchet, so werdet ihr finden

Das Higgs-Boson

Mehrere Wissenschaftler aus dem Feld der theoretischen Physik, darunter der Schotte Peter Higgs (geboren 1929), schlugen 1964 vor, dass bestimmte mathematische Probleme des Standardmodells gelöst werden könnten, wenn ein weiteres Teilchen zu den bereits beschriebenen hinzugefügt würde. Dieses hypothetische Objekt wurde dann Higgs-Teilchen oder Higgs-Boson genannt. Die Massenmedien nutzten oft die Bezeichnung »das Gottesteilchen«, die von dem Physiker Leon Lederman (geboren 1922) in einem Buch mit diesem Titel verwendet wurde. Die Suche nach dem Higgs-Teilchen dauerte jahrzehntelang und endete im Jahr 2012, als die Entdeckung des Higgs-Teilchens im Large Hadron Collider bekannt gegeben wurde. Higgs und der Physiker François Englert (geboren 1932) erhielten für die korrekte Vorhersage im Jahr 2013 den Nobelpreis für Physik.

Das Interessanteste am Higgs-Teilchen ist, dass es erstmals erklärte, warum Teilchen eine Masse besitzen. Das ganze Universum ist von einem Feld, dem Higgs-Feld, durchdrungen, mit dem das Higgs-Teilchen verbunden ist. Das Feld kann man sich als eine Art Sirup vorstellen. Unterschiedliche Teilchen stehen mit ihm verschieden stark in Verbindung: Einige haben eine starke Wechselwirkung mit ihm und werden von dem »Sirup« deutlicher verlangsamt, während andere eine schwächere Wechselwirkung haben und weniger verlangsamt werden. Diese Verlangsamung nehmen wir als Masse wahr. Wir empfinden es als schwieriger, eine Bowlingkugel zu werfen als einen Tennisball, weil die Bowlingkugel mehr Masse hat, aber wir begreifen nun, dass die Bowlingkugel eine stärkere Wechselwirkung mit dem Higgs-Feld hat.

Es ist schwer zu sagen, wohin diese Entdeckung uns führen wird, aber die Auswirkung auf das Bild von der Grundstruktur der Materie könnte enorm sein. □

Oben: Künstlerische Darstellung eines Higgs-Bosons

AM HORIZONT

Die Stringtheorie

Wenn man sich die Abfolge Stoffe, Atome, Teilchen, Quarks als Schalen einer Zwiebel vorstellt, bei der man beim Öffnen der Schalen immer weiter in ihr Inneres vordringt, ist die Stringtheorie der Versuch, auch noch die Schicht unter den Quarks zu finden. Auf der Grundlage sehr komplexer Mathematik bildet sie die Bausteine des Universums als winzige vibrierende Fäden (auf Englisch »strings«) ab, wobei verschiedene Schwingungszustände verschiedene Teilchen repräsentieren. Die Stringtheorie hat den Vorteil, dass sie auch die Gravitation berücksichtigt, aber den Nachteil, dass die Fäden in zehn oder 26 Dimensionen vibrieren müssen, damit die Theorie Sinn ergibt. Die theoretische Physik erhofft sich einen Nachweis der Stringtheorie im Large Hadron Collider.

Supersymmetrie

Einige Teilchentheoretiker sind der Meinung, dass die Supersymmetrie eine Eigenschaft der Natur sein könnte. Sie postulieren, dass es eine andere, gespiegelte Welt aus sogenannten supersymmetrischen Teilchen gibt. Diese Teilchen verfügen über bestimmte Materieeigenschaften, die im entsprechenden bekannten Materieteilchen nicht vorkommen. Der Bezeichnung des supersymmetrischen Pendants eines bekannten Materieteilchens wird für gewöhnlich ein »S« vorangestellt. So gibt es in der gespiegelten Welt Selektronen, Squarks und so weiter. Von diesen Teilchen wird angenommen, dass sie sehr massereich sind, allerdings konnte bislang noch keines nachgewiesen werden.

Beschleuniger auf dem Zeichenbrett

Man sollte annehmen, dass sich die Physiker nach der Vollendung einer so gewaltigen Anlage wie dem Large Hadron Collider in Genf erst einmal etwas Ruhe gönnen. Aber ein paar visionäre Wissenschaftler planen schon das nächste große Beschleunigerprojekt. Das könnte so aussehen wie der International Linear Collider, in dem Elektronen- und Positronenstrahlen miteinander kollidieren sollen. »Linear«, weil aus technischen Gründen diese Teilchen nicht in Speicherringen beschleunigt werden können. Die Strahlen würden mit hoher Energie in der Mitte der Anlage aufeinanderprallen. Um ausreichend hohe Energien zu erhalten, müsste der Beschleunigungsweg sehr lang sein. Gegenwärtig gibt es Entwürfe mit einer Gesamtlänge von 31 Kilometern. Eine internationale Arbeitsgruppe stellte im Jahr 2013 eine Designstudie vor, mit der man Förderanträge bei Regierungen stellen könnte. Noch ist unklar, wann, wo und ob eine solche Anlage gebaut werden kann. ■

In dieser künstlerischen Darstellung eines aus Strings bestehenden Teilchens stellen die verschiedenfarbigen Streifen die Strings dar, welche die Quarks bilden, die sich wiederum zu Teilchen vereinigen.

KERNPHYSIK

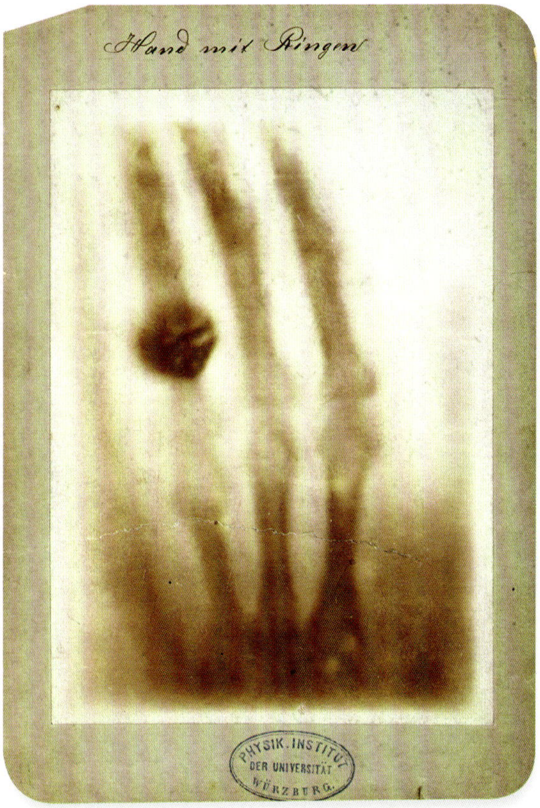

1896

Es leuchtet im Dunkeln

Die Entdeckung der Radioaktivität

Der deutsche Physiker Wilhelm Röntgen (1845–1923) experimentierte mit den Eigenschaften von elektrischem Strom in Kathodenstrahlröhren. Er bemerkte, dass selbst wenn er die Röhre abdeckte, ein in der Nähe befindlicher Schirm aus fluoreszierendem Material aufleuchtete. Offensichtlich wurde er von einer unbekannten Strahlung aus der Röhre getroffen. Röntgen nannte diese neuen Strahlen X-Strahlen, in Deutschland wurden sie später in Röntgenstrahlen umbenannt. Röntgen fand bald heraus, dass sie Materie je nach deren Dichte unterschiedlich stark durchdrangen. Er lenkte die Strahlen auf Fotoplatten und erhielt so die ersten Röntgenbilder, darunter auch die Hand seiner Frau mit Knochen und Ehering.

Die erste radiologische Abteilung wurde bereits im Jahr 1896 in einem Krankenhaus in Glasgow eröffnet, nur ein Jahr nachdem die Röntgenstrahlen entdeckt worden waren.

Ein Jahr später entdeckte der französische Physiker Antoine-Henri Becquerel (1852–1908), als er die neuen Emissionen erforschte, dass Atome mehrere verschiedene Arten von Strahlung aussandten. Er wickelte Uranerz in schwarzes Papier, damit Licht keine Reaktionen auslösen konnte, und erkannte, dass er immer noch Umrisse von Metallobjekten auf einer fotografischen Platte sehen konnte. Als er seine Uranstücke in ein Magnetfeld legte, stellte er fest, dass einige der ausgesandten Teilchen elektrisch geladen waren (positiv und negativ), während andere neutral waren.

Marie Curie war die erste Frau, die einen Nobelpreis erhielt, und der erste Mensch, der zwei Nobelpreise bekam – für Physik (1903) und für Chemie (1911).

Die in Polen geborene Physikerin Marie Skłodowska Curie (1867–1934), die mit ihrem Mann Pierre Curie (1859–1906) zusammenarbeitete, prägte den Begriff »Radioaktivität«. Das Paar arbeitete mit Uranproben, wies die Existenz von zwei neuen Elementen (Polonium und Radium) nach und begründete den als Radiochemie bezeichneten Wissenschaftszweig.

Oben: Eines der ersten Röntgenbilder aus dem Jahr 1895. Es zeigt eine Hand mit Ringen an einem Finger.

Unsichtbare, tödliche und mächtige atomare Prozesse liefern die Energie für Sterne ebenso wie für menschliche Technologien.

1903

Der Stein der Weisen

Radioaktiver Zerfall

Der an der McGill University in Montreal arbeitende Neuseeländer Ernest Rutherford legte das Fundament der modernen Atomtheorie, als er die Eigenschaften von Radioaktivität untersuchte. Er wies nach, dass sich, wenn ein Atomkern Strahlung aussendet, die Zahl der Protonen im Kern ändern kann, und dass Radioaktivität daher mit einem Prozess zusammenhängt, bei dem Atome ihre chemische Identität umwandeln können. Er führte auch den Begriff der Halbwertzeit für die Zeitspanne ein, innerhalb derer die Hälfte der Atomkerne in einem Stoff zerfallen.

Die Halbwertzeiten der Isotope unterschiedlicher Elemente variieren enorm und reichen von Sekundenbruchteilen bis zu Jahrmilliarden.

Rutherford wusste, dass es drei Arten von Radioaktivität gibt (positiv geladen, negativ geladen und neutral), und benannte sie nach den drei ersten Buchstaben des griechischen Alphabets Alpha, Beta und Gamma. Für seine Identifizierung der Alphastrahlung wurde ihm im Jahr 1908 der Nobelpreis für Chemie verlieben. Radioaktive Strahlungsarten werden bis heute als Alpha-, Beta- und Gammastrahlung bezeichnet.

Alphastrahlung

Rutherford wies nach, dass ein Atomkern, der Alphastrahlung emittiert, ein Teilchen aussendet, das aus zwei Protonen und zwei Neutronen besteht, was er als Kern eines Heliumatoms identifizierte. Nachdem die Emission stattgefunden hat, hat der Tochterkern zwei Protonen und zwei Neutronen weniger als das Original. Zum Beispiel zerfällt Uran-238 mit 92 Protonen und 146 Neutronen durch Alphastrahlung in Thorium-234 mit 90 Protonen und 144 Neutronen.

Betastrahlung

Bei der Betastrahlung verwandelt sich eines der Neutronen im Kern in ein Proton, während es ein Elektron und ein Neutrino emittiert (siehe Seite 18). Da das Neutron und das Proton annähernd die gleiche Masse haben, verändert die Betastrahlung die Masse des Tochterkerns nicht, produziert aber einen Kern mit einem Proton mehr und einem Neutron weniger. Zum Beispiel zerfällt Kohlenstoff-14 mit sechs Protonen und acht Neutronen durch Betastrahlung in Stickstoff-14 mit sieben Protonen und sieben Neutronen. Das Elektron aus dem Kern schießt mit hoher Geschwindigkeit heraus und hat nichts mit den Elektronen zu tun, die das Atom bereits umkreisen.

Gammastrahlung

Die dritte Strahlungsart ist eine Welle, wie Licht oder Röntgenstrahlen. Die Protonen und Neutronen im Atomkern verlagern sich und geben Energie für die Emission frei, die von Röntgen- bis zu hochenergetischer Gammastrahlung unterschiedlicher Natur sein kann.

Oben: Beim Alphazerfall werden zwei Protonen und zwei Neutronen emittiert. Ernest Rutherford identifizierte die Alphastrahlung als Erster.

▷ 1932

Im Kern instabil

Isotope

Alle Atome eines chemischen Elements haben gleich viele Protonen in ihrem Kern und werden von gleich vielen Elektronen umkreist. Bald nachdem Ernest Rutherford entdeckt hatte, wie ein Atom prinzipiell aufgebaut ist, erkannte er, dass Atome des gleichen chemischen Elements gleich viele Protonen haben, aber nicht gleich viele Neutronen in ihrem Kern enthalten müssen. Atome, deren Atomkerne gleich viele Protonen, aber verschieden viele Neutronen enthalten, bezeichnet man als Isotope. Alle chemischen Elemente verfügen über viele Isotope, von denen die meisten radioaktiv und daher instabil sind. Die Existenz des Neutrons wurde im Jahr 1932 nachgewiesen. □

Links: Die künstlerische Darstellung des Deuteriumkerns, eines Wasserstoffisotops. Es enthält ein Proton und ein Neutron, die wiederum aus Quarks bestehen.

Ein Standardkommentar zur möglichen wirtschaftlichen Nutzung der Kernfusion lautet: »Fusion ist die Energiequelle der Zukunft – und wird es immer bleiben.«

▷ 1938

Warum leuchten Sterne?

Kernfusion

So wie »Kernspaltung« einen Vorgang bezeichnet, bei dem große Atomkerne in kleinere Stücke zerlegt werden, ist »Kernfusion« der Vorgang, bei dem kleine Atomkerne zu größeren verschmelzen. Der junge deutsche Emigrant Hans Bethe (1906–2005) erarbeitete im Jahr 1938 an der Cornell University im Staat New York die theoretischen Grundlagen dafür, dass das junge Wissensgebiet der Kernphysik die alte Frage beantworten konnte: »Warum leuchten Sterne?«

Gegenüber: Dieses Bild des Weltraumteleskops Hubble zeigt einen Sternenhaufen und eine Gaswolke. Die von den Sternen abgestrahlte Energie und damit auch ihr Leuchten wird durch Kernfusion erzeugt, deren theoretische Grundlagen von Hans Bethe erarbeitet wurden.

Wenn Sie an einem Sommertag Ihr Gesicht der Sonne zuwenden, stammt die Wärmeenergie, die Sie fühlen, von der Sonne. Sie ist das Ergebnis eines Prozesses, der diese Energie seit Jahrmilliarden erzeugt. Bis 1938 war kein chemischer Prozess bekannt, der das leisten konnte, aber Bethe bewies, dass die Kernfusion dazu in der Lage ist. Grundsätzlich erzeugt das Verschmelzen von leichten Kernen bei Fusionsreaktionen die Energie, die einen Stern zum Leuchten bringt.

Heute ist zwar bekannt, dass die von Bethe erarbeiteten Reaktionen nicht die Hauptquelle stellarer Energie sind, allerdings sind es andere vergleichbare Fusionsreaktionen. In der Sonne beispielsweise wandelt eine komplexe Kette von Fusionsreaktionen vier Wasserstoffkerne (Protonen) in einen Heliumkern aus zwei Protonen und zwei Neutronen und eine Menge Energie um. Alle Sterne, auch unsere Sonne, beginnen ihr Leben mit dieser »Verbrennung« von Wasserstoff.

Anders als solche Reaktionen, in denen Kernpaltung vonstattengeht, können wir Fusionsreaktionen noch nicht kontrollieren, um Energie für zivile Zwecke zu erzeugen – und ob das in der Zukunft möglich sein wird, ist offen. □

1942

Kostenlose Energie

Kernspaltung

Der Ausdruck »Kernspaltung« resultiert aus der Tatsache, dass im Prinzip jeder Atomkern zerlegt (»gespalten«) werden kann, wenn genug Energie eingesetzt wird, der Begriff wird aber meist auf eine besondere Art der Spaltung beschränkt. Addiert man die Massen aller Bruchstücke, die nach der Spaltung eines Kerns übrig bleiben, ist die Summe geringer als die Masse des ursprünglichen Kerns. Albert Einsteins (1879–1955) berühmte Formel $E = mc^2$ (siehe Seite 66) beweist, dass der Spaltungsprozess Energie liefern kann. Das ist die Grundidee hinter dem Nuklearreaktor.

Eines der Isotope, bei denen man durch Spaltung Energie erzeugen kann, ist Uran-235 mit 92 Protonen und 143 Neutronen. Leider sind nur 0,7 Prozent des natürlich vorkommenden Urans von dieser Art, der Rest ist überwiegend das schwerere Isotop Uran-238. Um das spaltbare Material vom Rest zu trennen, wird das Uran mit Fluor zu einem Gas vermischt, das in eine schnell rotierende Zentrifuge geleitet wird. Das schwerere Uran-238 wird nach außen geworfen, und das leichtere Uran-235 sammelt sich in der Mitte. Dutzende von Zentrifugen sind erforderlich, um so viel Uran-235 zu erhalten, dass es als Reaktortreibstoff verwendet werden kann.

Der erste Kernreaktor wurde 1942 im stillgelegten Sportstadion der University of Chicago in Betrieb genommen. Heute sind die Reaktoren wesentlich komplizierter, funktionieren aber grundsätzlich noch auf die gleiche Weise wie damals. Ein Neutron trifft auf den Kern eines Uran-235-Atoms, der sich spaltet und dabei Energie, einige Bruchstücke und zwei oder drei neue Neutronen erzeugt. Diese Neutronen werden von einem Moderator, meist Wasser, abgebremst, sodass sie eine weitere Kernreaktion initiieren können. Diese Kettenreaktion erzeugt Energie, die das Wasser erhitzt, was dann zur Stromerzeugung genutzt werden kann. Noch werden rund 13 Prozent des in Deutschland erzeugten Stroms aus Atomkraft gewonnen.

Oben: Die Kühltürme eines typischen Atomkraftwerks. Von allen Ländern weltweit ist Frankreich am stärksten von Atomkraft abhängig. Fast 80 Prozent des im Land erzeugten Stroms kommen aus Kernreaktoren.

AM HORIZONT

Kernfusionsreaktor

ITER ist die Abkürzung für »International Thermonuclear Experimental Reactor« und das lateinische Wort für »Weg«. Es ist der Versuch von sechs Nationen und der Europäischen Atomgemeinschaft, den ersten Fusionsreaktor der Welt zu bauen. Er soll 500 Megawatt (MW) Energie erzeugen, aber nur 50 MW davon für seinen Betrieb verbrauchen. ITER soll keine kommerzielle Stromquelle sein, sondern lediglich die Möglichkeit und Sinnhaftigkeit von Kernfusion als Energiequelle unter Beweis stellen. In der Anlage werden starke Magnetfelder verwendet, in denen ein Plasma aus Wasserstoffisotopen eingeschlossen wird, das dann bis zu dem Punkt erhitzt werden soll, an dem die Fusion beginnt. Mit dem Bau der Anlage wurde im Forschungszentrum Cadarache in Südfrankreich begonnen, und sie soll im Jahr 2027 in Betrieb gehen – inzwischen ganze elf Jahre nach dem ursprünglich genannten Datum.

Superschwere Elemente

Die Liste der natürlich vorkommenden Elemente endet beim Uran mit 92 Protonen. Elemente mit mehr Protonen werden in Laboratorien erzeugt, meist durch Beschuss eines schweren Kerns mit einem beschleunigten Geschoss und in der Hoffnung, dass in dem resultierenden Strudel neue Elemente mit mehr als 92 Protonen entstehen. Zurzeit ist die höchste Protonenanzahl 118. Diese superschweren Elemente sind meist instabil und zerfallen oft bereits in Mikrosekunden. Theoretiker hoffen jedoch, ab Element 126 auf eine »Insel der Stabilität« zu stoßen – Elemente mit Halbwertzeiten, die eine Million Jahre betragen können. Solche Elemente könnten die Basis für eine völlig neuartige Chemie sein. ■

Ein Modell von ITER (International Experimental Thermonuclear Reactor). Das Gemeinschaftsprojekt von 35 Nationen soll die Möglichkeit von Fusionskraft als sauberer und unbegrenzt nutzbarer Energiequelle belegen.

CHEMIE

um 350 v. Chr.

Erde, Feuer, Luft und Wasser

Die griechischen Elemente

Die Griechen waren die Ersten, die viele fundamentale Fragen stellten. Nach Aristoteles (384–322 v. Chr.) gingen sie bei ihrem Versuch zu erklären, warum Stoffe sich so verhielten, wie sie es taten, von zwei Annahmen aus: 1. Alle Stoffe bestehen aus den Grundbausteinen Erde, Feuer, Luft und Wasser. 2. Stoffe verhalten sich entsprechend ihrer jeweiligen Natur.

Wenn wir beispielsweise einen Stein zu Boden fallen sehen, erklären wir das mit der Wirkung der Schwerkraft. Ein Aristoteliker, der das Gleiche sähe, würde sagen, der Stein reagiere auf seine Natur, die ihn zwingt, sich zum Zentrum des Universums hin zu bewegen, was für die Griechen der Mittelpunkt der Erde war. Ein Aristoteliker würde erklären, eine Flamme richte sich nach oben, weil es ihre Natur ist, dem Rand des Universums zuzustreben, er würde nichts über die Dichte von erhitzter Luft und das Prinzip das Auftriebs sagen.

Während das aristotelische System noch im Mittelalter die Grundlage des entsprechenden akademischen Wissens war, sammelte eine Gruppe von Männern, die man als Alchemisten bezeichnete, ein Fülle von Informationen über das, was wir heute chemische Reaktionen nennen würden. Dieses Wissen führte später zur modernen Wissenschaft der Chemie. □

Oben: Erde, Wasser, Luft und Feuer waren nach der Vorstellung im antiken Griechenland die vier Elemente, aus denen die Welt bestand. Die vom griechischen Philosophen Aristoteles formulierten diesbezüglichen Grundsätze galten noch das ganze Mittelalter hindurch.

Die moderne Chemie beruht auf dem Denken der Antike, sie analysiert und kategorisiert bestehende und erschafft sogar völlig neue Stoffe.

1789

Was hineingeht, muss auch herauskommen

Die Geburt der modernen Chemie

Ein Mann, der das von den Alchemisten angehäufte Wissen zusammentrug und mit exakten Experimenten Grunderkenntnisse der modernen Chemie gewann, war der Franzose Antoine-Laurent Lavoisier (1743–1794). Lavoisier war ein kluger und gebildeter Mann, der schon im Alter von 25 Jahren aufgrund eines Aufsatzes über Straßenbeleuchtung in die französische Akademie der Wissenschaften gewählt wurde. Sein 1789 erschienenes Buch *Traité élémentaire de chimie (Elementare Abhandlung der Chemie)* wurde zum Grundpfeiler der neuen Wissenschaft.

Lavoisier erkannte, dass die meisten Stoffe auf chemischem Wege zerlegt werden konnten, aber nicht alle. Er führte den Begriff »Element« für Stoffe ein, die nicht zerlegbar waren. Das Wissen um die Existenz chemischer Elemente spielte in der Entwicklung der modernen Atomtheorie eine entscheidende Rolle (siehe Seite 13).

Der vielleicht bedeutendste Aspekt von Lavoisiers Arbeit war aber sein überaus sorgfältiges Messen der Gewichte von Stoffen vor und nach chemischen Reaktionen. Zum Beispiel verschloss er bei einem Experiment frisches Obst in einem Glasbehälter und maß das Gewicht des Behälters während das Obst verrottete. Obwohl sich das Obst im Verlauf des Experiments offensichtlich veränderte, blieb das Gewicht des Glasbehälters unverändert. Experimente wie dieses führten zur Erkenntnis eines sehr wichtigen Prinzips, dem der Erhaltung der Masse. Unabhängig davon, wie Atome sich während einer chemischen Reaktion neu ordnen, die Anzahl jeder Art von Atomen bleibt unverändert. Hatte man beispielsweise zu Beginn zwei Sauerstoffatome, hat man auch zum Schluss zwei Sauerstoffatome. Lavoisier entstammte einer Pariser Adelsfamilie, was ihm wohl half, seine wissenschaftlichen Ziele zu verfolgen, ihm jedoch während der Französischen Revolution zum Verhängnis wurde. Wegen seiner Mitgliedschaft in einer unbeliebten Gesellschaft von Steuereinnehmern wurde er angeklagt und im Jahr 1794 zum Tode auf der Guillotine verurteilt.

Oben: In einem Buch aus dem 19. Jahrhundert über prominente Franzosen findet sich diese Abbildung von Antoine-Laurent Lavoisier. Der französische Wissenschaftler des 18. Jahrhunderts gilt als einer der Väter der modernen Chemie.

Als der italienische Physiker und Mathematiker Joseph-Louis Lagrange von Lavoisiers Hinrichtung erfuhr, sagte er: »Sie brauchten nur einen Moment, um diesen Kopf abzuschlagen, aber einhundert Jahre genügen vielleicht nicht, einen ähnlichen hervorzubringen.«

AM HORIZONT

Neue Materialien

Nicht immer laufen die Prozesse, die zu einer wirtschaftlichen Nutzung neuer Materialien führen, von Anfang an zielgerichtet ab, gelegentlich entwickeln Wissenschaftler zuerst ein neues Material und suchen dann nach einer möglichen Anwendung. Die Wissenschaftler, die zum Beispiel die Fullerene entdeckten (siehe Seite 45), versuchten, die molekulare Struktur von Kohlenstoff in roten Riesensternen zu erklären. Sie suchten nicht nach einer besseren Möglichkeit der Wirkstoffübermittlung bei Medikamenten oder einem erweiterten Filterprozess bei chemischen Reaktionen. Erst als sie das neue Material hatten, ergaben sich diese Anwendungen.

Häufiger ist wohl der umgekehrte Weg: Es besteht der Bedarf an einem Material mit bestimmten Eigenschaften, und Wissenschaftler versuchen, es zu finden. So arbeitet normalerweise die Materialwissenschaft. Zu den Materialien, die Wissenschaftler entwickeln möchten, gehören die folgenden:

- Hochtemperatursupraleiter (siehe Seite 64)
- biologisch abbaubare Kunststoffe für Verpackungen
- Filter, die bei der Wasserentsalzung verwendet werden können
- Materialien, welche die Leistung von Batterien erhöhen können
- hocheffiziente und billigere Solarzellen
- Materialien, die Kohlendioxid über lange Zeit aus der Atmosphäre entfernen können

Die Liste könnte deutlich länger sein, zeigt aber klar auf, dass es immer Probleme gibt, die noch auf eine Lösung warten, und oft kann ein neues Material diese Lösung bieten oder zumindest zur Lösung beitragen. ■

Eines Tages kann mithilfe von Solarzellen vielleicht ein großer Teil des Weltenergiebedarfs gedeckt werden.

MATERIAL-EIGENSCHAFTEN

▷ um 620 v. Chr.

Es ist nur eine Phase

Die Aggregatzustände

Dass Materie in unterschiedlichen Formen vorkommt, war schon den alten Griechen bekannt. Thales von Milet (um 624–um 546 v. Chr.), der Wasser als den Urstoff ansah, aus dem die Welt aufgebaut sei, beobachtete, dass es in mehreren Zuständen existiert: als Eis, Flüssigkeit und Dampf. Heute kennen wir im Wesentlichen vier sogenannte Aggregatzustände: fest, flüssig, gasförmig und Plasma.

Fest

Im festen Zustand behält ein Stoff sowohl sein Volumen als auch seine Form bei. Am besten kann man sich diesen Materiezustand als eine Anordnung von Atomen in einer festen Gitterstruktur vorstellen. Eis ist der feste Zustand von Wasser.

Flüssig

Als Flüssigkeit behält ein Stoff sein Volumen, kann aber die Form ändern. Man kann eine Flüssigkeit mit einem teilweise mit Murmeln gefüllten Glas vergleichen. Kippt man das Glas, verändert sich die Form der Murmelansammlung, aber die Anzahl der Murmeln und somit ihr gemeinsam eingenommenes Volumen bleiben gleich.

Gasförmig

Ein gasförmiger Stoff kann sowohl seine Form als auch sein Volumen ändern, abhängig von der Umgebung und dem »Behälter«, in dem er sich befindet. Gase kann man sich als eine Ansammlung von frei beweglichen Atomen oder Molekülen vorstellen, die ihre Richtung ändern, wenn sie aneinander oder an die Behälterwände stoßen.

Obwohl fest, flüssig, gasförmig und Plasma die häufigsten Aggregatzustände sind, haben Wissenschaftler noch viele andere Formen gefunden.

Plasma

Der Plasmazustand der Materie ist im Universum durchaus nicht ungewöhnlich, aber in der menschlichen Erfahrungswelt eher selten. Wird einem Gas Energie zugeführt, bewegen sich die Atome oder Moleküle, aus denen es besteht, immer schneller und stoßen folglich immer heftiger zusammen. Irgendwann werden dabei Elektronen aus ihren Bahnen gerissen, und die Atome oder Moleküle bleiben mit einer ungleichen positiven Ladung zurück. Im Plasmazustand ist ein Stoff, in dem sich negativ und positiv geladene Teilchen frei voneinander bewegen. Materie in Sternen ist überwiegend in diesem Zustand. Ein teilweises Plasma, bei dem nur wenige Elektronen von jedem Atom losgerissen sind, ist in einer normalen fluoreszierenden Glühbirne zu sehen. □

Oben: Der neuzeitliche Stich von F. Ramberg stellt Thales von Milet dar. Der griechische Naturphilosoph beschrieb als Erster die unterschiedlichen Aggregatzustände des Wassers: Flüssigkeit, Eis und Dampf.

Zwar besteht jedes Material aus Atomen, aber die Form, die es jeweils annimmt, hängt auch von Gegebenheiten wie Temperatur und Druck ab.

▷ 1834

Gib Gas!

Das ideale Gasgesetz

Die Entwicklung des sogeannten idealen Gasgesetzes ist ein Vorgang der Wissenschaftsgeschichte, bei dem der Beitrag aller Beteiligten genau bekannt ist. Es beschreibt die Reaktion eines Gases auf Veränderungen von Temperatur, Druck und Konzentration, wobei jeder Anteil von einem anderen Wissenschaftler stammt.

Robert Boyle (1627–1691) wies nach, dass der zunehmende Druck auf ein Gas sein Volumen umgekehrt proportional zum Druckanstieg reduziert: Verdoppelt man den Druck, halbiert man das Volumen – das ist das Boylesche Gesetz.

Das nach Jacques Charles (1746–1823) benannte Gesetz von Charles besagt, dass die Erhöhung der Temperatur eines Gases bei gleichbleibendem Volumen den Druck erhöht, bei Verdoppelung der Temperatur verdoppelt sich der Druck. Charles ließ sich von den Heißluftballonflügen der Brüder Montgolfier anregen (siehe Seite 222).

Amedeo Avogadro (1776–1856) hingegen zeigte, dass die Erhöhung der Konzentration eines Gases – durch Hinzufügen von Atomen oder Molekülen – bei gleichbleibendem Volumen den Druck erhöhte.

Émile Clapeyron (1799–1864) fasste diese Erkenntnisse Jahr 1834 zum idealen Gasgesetz zusammen, das meist so dargestellt wird: $PV = nRT$, wobei P, V und T Druck, Volumen und Temperatur eines Gases sind, n die Gasmenge (gemessen in der chemischen Einheit Mol) und R eine allgemeine Konstante ist.

Dem American-Football-Team New England Patriots wurde im Jahr 2015 vorgeworfen, bei einem Spiel Bälle mit zu geringem Innendruck verwendet zu haben.

Es heißt »ideales« Gasgesetz, weil es lediglich das Verhalten eines modellhaften Gases beschreibt, dessen Atome lediglich geometrische Punkte ohne innere Struktur sind. Es stellt jedoch in vielen Situationen eine nützliche und einfache Annäherung dar. □

Rechts: Das ideale Gasgesetz erklärt auch, warum kohlensäurehaltige Getränke manchmal aus der Dose spritzen, wenn diese geöffnet wird.

▷ 1849

Brrrrr!

Der absolute Nullpunkt

Wie kalt kann es werden? Diese Frage beschäftigte im 18. und 19. Jahrhundert viele Wissenschaftler, aber erst William Thomson, Baron Kelvin, (1824–1907) gelang es, sie im Jahr 1849 auf einer festen mathematischen Grundlage zu beantworten.

Den Physikern des 19. Jahrhunderts war bekannt, dass die Temperatur mit der Bewegung von Atomen in einem Gas zusammenhängt. Je schneller sich die Atome bewegen, desto höher ist die Temperatur. Die Atome verlangsamen ihre Bewegung hingegen, wenn das Gas abkühlt. Damit hätte ein Gas dann die niedrigste mögliche Temperatur erreicht, wenn seine Atome sich überhaupt nicht mehr bewegen. Klassisch gesehen ist das die kältestmögliche Temperatur, der absolute Nullpunkt, beziehungsweise 0 K, null Kelvin – eine Temperatur, die −273,15 ° Celsius entspricht.

Mit dem Aufkommen der Quantenmechanik (siehe Seite 74) wurde dieses ursprüngliche Bild des absoluten Nullpunkts etwas verändert. Die Heisenbergsche Unschärferelation besagt, dass ein Atom nicht an einem bestimmten Ort lokalisiert werden und gleichzeitig stationär sein kann. Folglich wurde der absolute Nullpunkt nun als Temperatur definiert, an der keine Energie mehr aus einem System gezogen werden kann, und nicht mehr als der Punkt, an dem jede Bewegung endet.

Die veränderte Definition ändert jedoch nichts am nummerischen Wert der Temperatur. □

Oben: Ein Gummiball, der nahezu auf den absoluten Nullpunkt heruntergekühlt wurde, springt beim Aufprall nicht mehr hoch, sondern zerplatzt.

1856

Manche mögen's heiß

Stahl

In der Geschichte der Menschheit war Stahl lange sehr selten. Der Grund liegt darin, dass Stahl eine Kombination von Eisen und Kohlenstoff ist, und um ihn in größeren Mengen herzustellen, muss das Eisen auf 1450 °C erhitzt werden. Bis zum 19. Jahrhundert konnte niemand einen Schmelzofen bauen, der diese Temperatur erreichte.

In manchen Spezialstählen gibt es mehr Atome anderer Stoffe als Eisenatome.

Eisen wird von der metallischen Bindung (siehe Seite 35) zusammengehalten, wobei sich positiv geladene Eisenionen unter frei beweglichen Elektronen bewegen. Reines Eisen ist kein besonders kräftiges Material, gibt man jedoch etwas Kohlenstoff hinzu, entsteht der deutlich festere Stahl.

Im 17. Jahrhundert wurde der erste Schritt zur massenhaften Erzeugung von Stahl getan, indem man Eisen erhitzte, bis die Unreinheiten – Schwefel und Silizium zum Beispiel – zu einer Schlacke verbrannten, die zum Teil manuell entfernt wurde. Erst eine noch höhere Temperatur ließ auch diese Verunreinigungen schlicht verbrennen. Der Werkstoff, bei dem Eisen und Schlacke vermischt, aber nicht chemisch kombiniert sind, ist Schmiedeeisen. Heute wird es vor allem zur Dekoration verwendet, aber auch große Bauwerke, wie zum Beispiel der Eiffelturm, sind aus Schmiedeeisen errichtet.

Der englische Industrielle Sir Henry Bessemer (1813–1898) entwickelte im Jahr 1856 das erste Verfahren zur Massenproduktion von Stahl. In einem birnenförmigen Kessel wurde Luft durch das erhitzte Eisen hindurchgeblasen. Dadurch wurde die Temperatur im Kessel so weit erhöht, dass die Verunreinigungen entfernt wurden und durch einen einzigen 15-minütigen »Stoß« in der Bessemerbirne über zehn Tonnen Stahl erzeugt werden konnten. Allein das war wohl mehr Stahl, als es in der gesamten Zeit des Römischen Reichs gab.

Bei modernen Stählen werden noch weitere Stoffe zugeführt, um jeweils gewünschte Eigenschaften zu erhalten. Beim Baustahl, etwa für T-Träger, beträgt der Kohlenstoffanteil etwa 0,25 Prozent. Bei ungefähr einem Prozent Kohlenstoffanteil handelt es sich um hochfesten Kohlenstoffstahl, der oft für Messer verwendet wird.

Oben: Der Eiffelturm besteht nicht aus Stahl, sondern aus Schmiedeeisen.

Gegenüber: Für den außerordentlich harten Stahl von Eisenbahnschienen wird dem geschmolzenen Eisen Mangan hinzugefügt.

Steigert man der Kohlenstoffanteil über ein paar Prozent, erhält man Gusseisen, das einerseits sehr hart, andererseits aber auch sehr spröde ist.

Gibt man dem Eisen andere Materialien hinzu, erhält man andere Eigenschaften. Werden zum Beispiel Chrom und Nickel hinzugefügt, erhält man »rostfreien Stahl«. Bei der Zugabe von Mangan ist das Ergebnis ein enorm harter Stahl, der für Eisenbahnschienen genutzt wird. Mit Vanadium bekommt man einen Stahl, der extrem hohen Temperaturen widersteht und für Schneidewerkzeuge verwendet wird. Es gibt buchstäblich Tausende von Rezepten, mit denen die verschiedensten Spezialstähle hergestellt werden können.

1908

Kalt hier drinnen

Die Verflüssigung von Gasen

Eine Veränderung des Aggregatzustands von Materie, die sowohl kommerziell als auch wissenschaftlich sehr lohnenswert ist, stellt die Verflüssigung von Gasen dar. Verflüssigtes Erdgas wird zunehmend ein bedeutender Faktor der Weltenergiewirtschaft, und flüssiger Sauerstoff gehört zur Standardausrüstung von Krankenhäusern. Zur Verflüssigung von Gasen bedarf es der Druckerhöhung und Temperaturabsenkung. Dem niederländischen Physiker Heike Kamerlingh Onnes (1853–1926) gelang im Jahr 1908 erstmals die Verflüssigung von Helium, was auch zur Entdeckung der Supraleitung führte (siehe Seite 59). Onnes erhielt für seine Leistung im Jahr 1913 den Nobelpreis für Physik.

Oben: Flüssigerdgas kann in Containern wie den hier abgebildeten unter Druck gelagert werden und stellt eine immer bedeutendere Energiequelle dar.

1985

Seltsamer Kohlenstoff

Fullerene

Schon lange kennt die Wissenschaft zwei Zustände reinen Kohlenstoffs: Diamant und Graphit – aus Letzterem bestehen Bleistiftminen –, wobei die Unterschiede zwischen den beiden Stoffen von den unterschiedlichen chemischen Bindungen herrühren, die in den jeweiligen Stoffen auftreten. Im Jahr 1985 wurde der britische Astronom Sir Harold Kroto (geboren 1939) auf einen seltsamen neuen Stoff in der Atmosphäre eines als Roter Riese bezeichneten Sternentyps aufmerksam, der aus langen Kohlenstoffketten zu bestehen schien. In Kooperation mit den US-amerikanischen Wissenschaftlern Richard Smalley (1943–2005) und Robert Curl (geboren 1933) gelang es ihm, die stellaren Bedingungen im Labor zu simulieren, indem sie Gase mit einem Laser erhitzten. Sie entdeckten eine völlig neue Form reinen Kohlenstoffs.

Neben Fullerenen sind die einzigen bekannten anderen Formen reinen Kohlenstoffs Graphit und Diamant.

Dessen besondere Struktur besteht aus 60 Kohlenstoffatomen, die in Kugelform angeordnet sind. Weil die Struktur an die von dem US-amerikanischen Architekten Buckminster Fuller (1895–1983) erfundenen geodätischen Kuppeln erinnerte, nannte man sie Buckminsterfullerene oder einfach Fullerene. Die Entdeckung sorgte für einige Aufregung unter Chemikern, und schnell wurden andere Möglichkeiten ihrer Herstellung gefunden. Sogar in einem Lichtbogen zwischen zwei Kohlenstoffelektroden wurden sie erzeugt. Eine möglicherweise bedeutende Variante der Fullerene ist die Kohlenstoffnanoröhre, die aus einem mikroskopisch kleinen Zylinder mit einer halben Fullerenkugel an jedem Ende besteht.

Im Jahr 1996 erhielten Curl, Kroto und Smalley für ihre Entdeckung der Fullerene gemeinsam den Nobelpreis für Chemie.

Links: In diesem Modell eines Fullerenmoleküls stellen die schwarzen Kugeln Kohlenstoffatome dar und die grauen Streben die chemischen Bindungen, die sie zusammenhalten.

AM HORIZONT

Kohlenstoffnanoröhren

Trotz des großen Interesses an Fullerenen kam es nur zu vergleichsweise wenigen wirtschaftlichen Anwendungen des neuen Stoffes. Es wird zurzeit weiter an ihrer Verwendung in elektronischen Geräten und als Filter bei chemischen Reaktionen geforscht. Interessant sind vielleicht die Kohlenstoffnanoröhren, hohle Kohlenstoffzylinder mit halben Fullerenkugelstrukturen an den Enden. Weil die Röhren hohl sind, besteht eventuell die Möglichkeit, sie mit Medikamenten oder anderen Chemikalien zu füllen, womit sie als eine Art mikroskopisch kleiner Wirkstoffbehälter dienen könnte.

Bose-Einstein-Kondensate

Im Jahr 1924 prognostizierten der indische Physiker Satyendranath Bose (1894–1974) und Albert Einstein, dass bestimmte Teilchentypen ein ungewöhnliches Verhalten zeigen würden. Ein Gas aus diesen Teilchen würde, wenn es auf eine Temperatur nahe dem absoluten Nullpunkt heruntergekühlt würde, in eine Situation kondensieren, in der sich alle diese Teilchen im niedrigsten Energiestatus des Systems befänden. Dieses sogenannte Bose-Einstein-Kondensat wurde im Jahr 1998 zum ersten Mal realisiert, als Wissenschaftler in Boulder in Colorado ein aus 2000 Rubidium-Atomen bestehendes Gas auf 170 Nanokelvin herunterkühlten – gerade noch 170 milliardstel Grad »wärmer« als der absolute Nullpunkt. Für diese spektakuläre Arbeit der experimentellen Physik teilten sich Eric Cornell (geboren 1961), Carl Wieman (geboren 1951) und Wolfgang Ketterle (geboren 1957) im Jahr 2001 den Nobelpreis für Physik.

Das Bose-Einstein-Kondensat ist ein völlig neuer Aggregatzustand von Materie, bei dem die Gesetze der Quantenmechanik (siehe Seite 74) eine wichtige Rolle spielen. Man weiß bislang noch nicht, welche Folgen diese Entdeckung haben wird, sie wird aber mit Gewissheit unser Verständnis der subatomaren Welt schärfen. ■

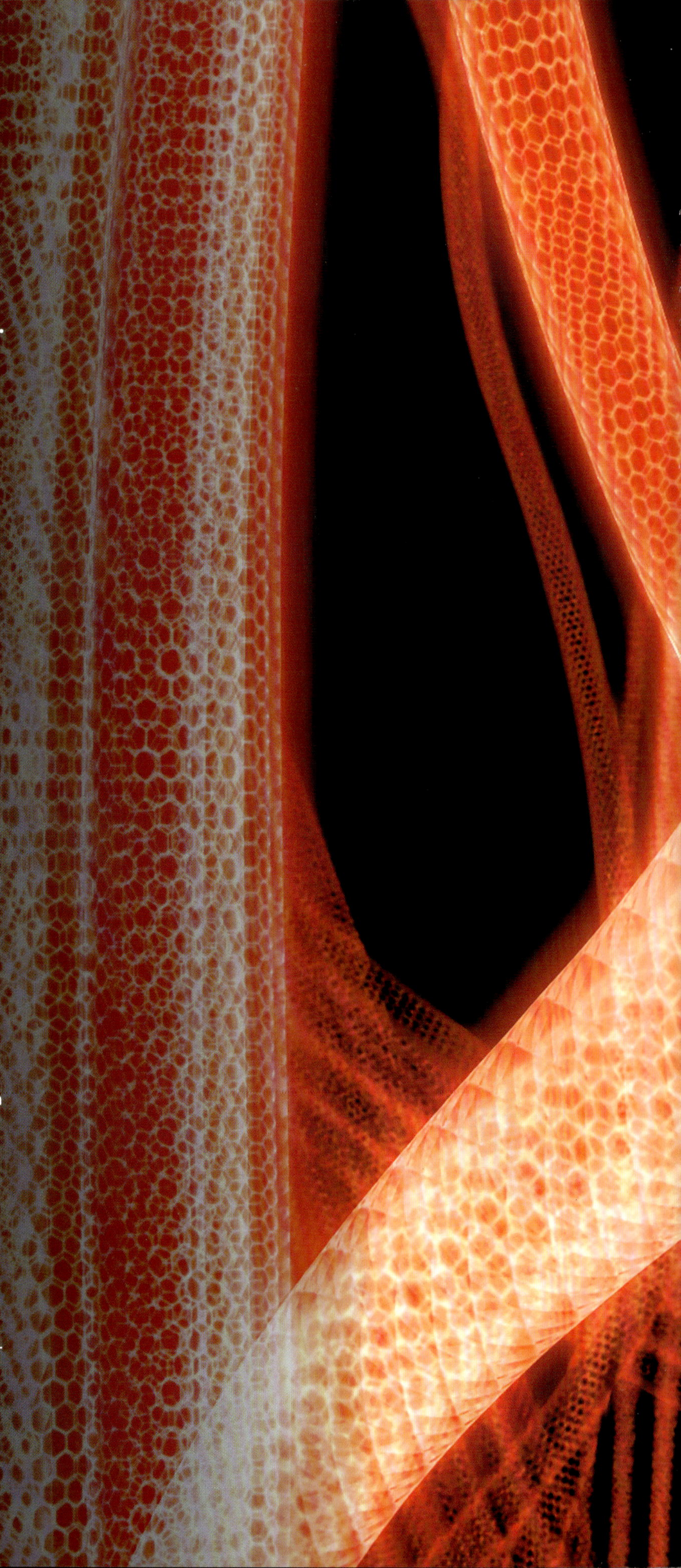

Künstlerische Darstellung einer Kohlenstoffnanoröhre.

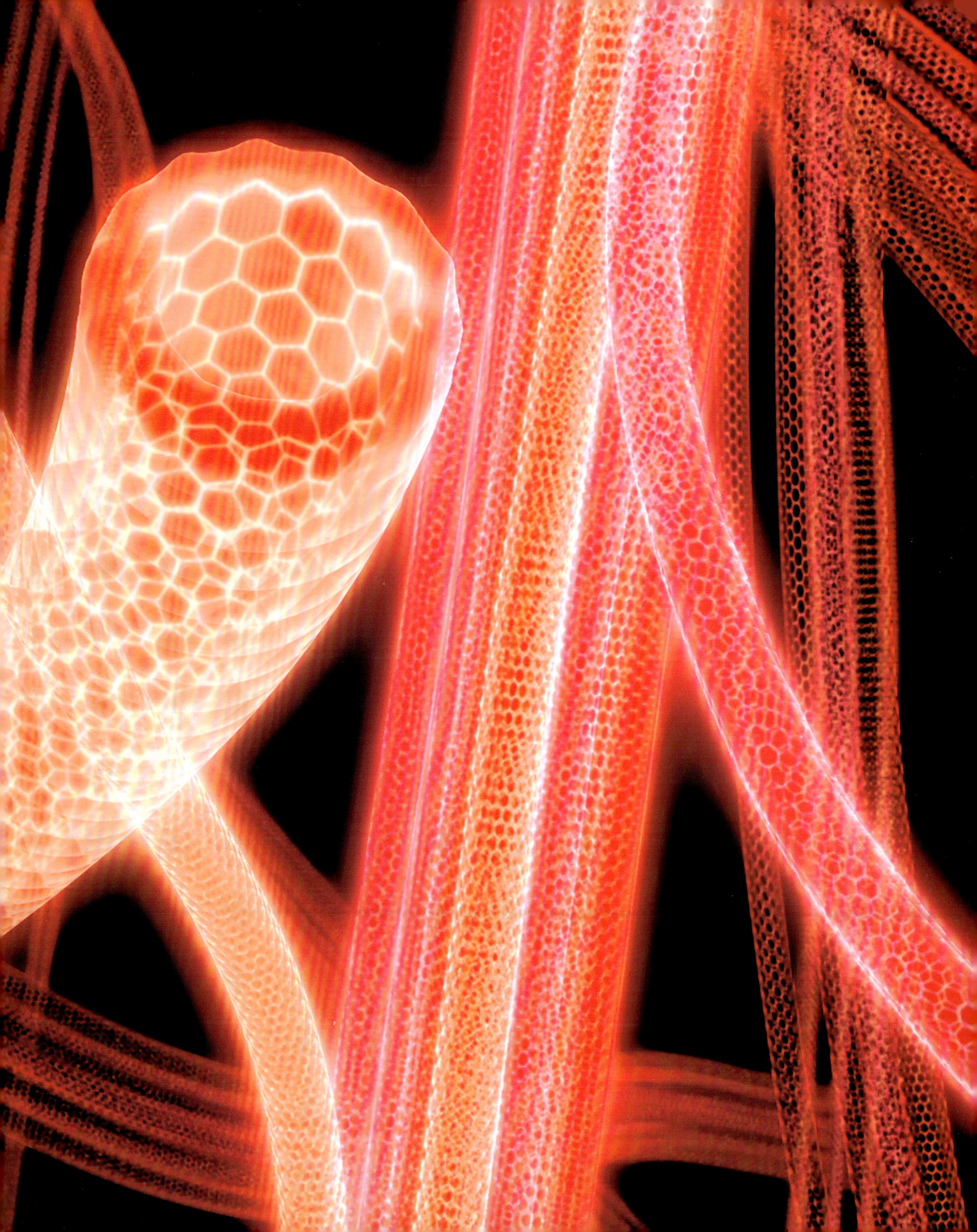

WELLEN & OPTIK

Mittelalter

Alles ist gebrochen

Linsen und Brillengläser

Die Eigenschaft von Glas, Lichtstrahlen zu brechen, führte zur Entwicklung von Linsen. Am häufigsten kommen Linsen wohl als Brillengläser zum Einsatz. Brillengläser waren als Sehhilfe bereits im Mittelalter bekannt, allerdings noch sehr selten. Die Entwicklung der Bifokallinse, die für das Sehen in die Ferne sowie das Lesen von nahen Texten gleichermaßen nutzbar ist, ist dem US-amerikanischen Staatsmann, Wissenschaftler und Erfinder Benjamin Franklin (1706–1790) zu verdanken, der es einfach satt hatte, andauernd zu einer anderen Brille greifen zu müssen.

Galileo Galilei (1564–1642) blickte als einer der Ersten durch Linsen in einem Teleskop auf weit entfernte Himmelskörper.

Oben: Brillengläser sind wohl die verbreitetste Anwendung der lichtbrechenden Eigenschaft von Glas.

Durch die Nutzung der Eigenschaften des Lichts beim Bau von Instrumenten wie dem Mikroskop und dem Teleskop betrat die Wissenschaft sowohl das Reich der sehr kleinen als auch das der sehr weit entfernten Dinge.

um 1590

Es ist so winzig

Das Mikroskop

Wie bei so vielen wichtigen Entdeckungen hatten auch an der Erfindung des Mikroskops mehrere Menschen Anteil. Allgemein wird angenommen, dass der niederländische Linsenmacher Zacharias Janssen (um 1585–1632), eventuell gemeinsam mit seinem Vater Hans, in den 1590er-Jahren das erste Mikroskop entwickelte. Das ist jedoch umstritten, weil Janssens Sohn mehrere unterschiedliche Zeitpunkte für die Entdeckung nannte, die bis in das Jahr 1620 reichten, um sich selbst in den Vordergrund zu drängen. Es ist auch wenig hilfreich, dass Janssen selbst mehrmals in seinem Leben aufgrund von Fälschungen verurteilt wurde.

Galileo Galilei bezeichnete das Mikroskop als *occhiolino* (»kleines Auge«).

Das Mikroskop eröffnete eine neue Welt für Wissenschaftler, denn nun waren Dinge sicht- und untersuchbar, die zu klein waren, um mit dem bloßen Auge gesehen zu werden. Der berühmteste frühe Nutzer des Mikroskops war der niederländische Wissenschaftler Antoni van Leeuwenhoek (1631–1723). Anders als die meisten der in diesem Buch Erwähnten sah sich van Leeuwenhoek nicht als Wissenschaftler, sondern als Geschäftsmann, er war Tuchhändler. Weil er die Fäden in Tuchen untersuchen wollte, entwickelte er eine qualitativ hochwertige Mikroskoplinse, indem er Glasstäbe in einer Flamme drehte und so kleine Kugeln schuf. Seine Instrumente waren nur wenige Zentimeter lang, doch erstaunlich leistungsstark. Im Jahr 1676 beobachtete er in einem Tropfen Teichwasser winzige Lebewesen. Er nannte sie *Animalcula*, »Tierchen«, und machte damit die Wissenschaft auf die Existenz von Mikroorganismen aufmerksam, was später zu so bedeutenden Ergebnissen wie der Keimtheorie für Krankheiten (siehe Seite 128) führte. Seit diesen frühen Tagen ist das optische Mikroskop durch Fortschritte in der Optik und den Einsatz künstlicher Lichtquellen verbessert worden; es ist heutzutage ein Standardinstrument in Schulen und Laboratorien auf der ganzen Welt.

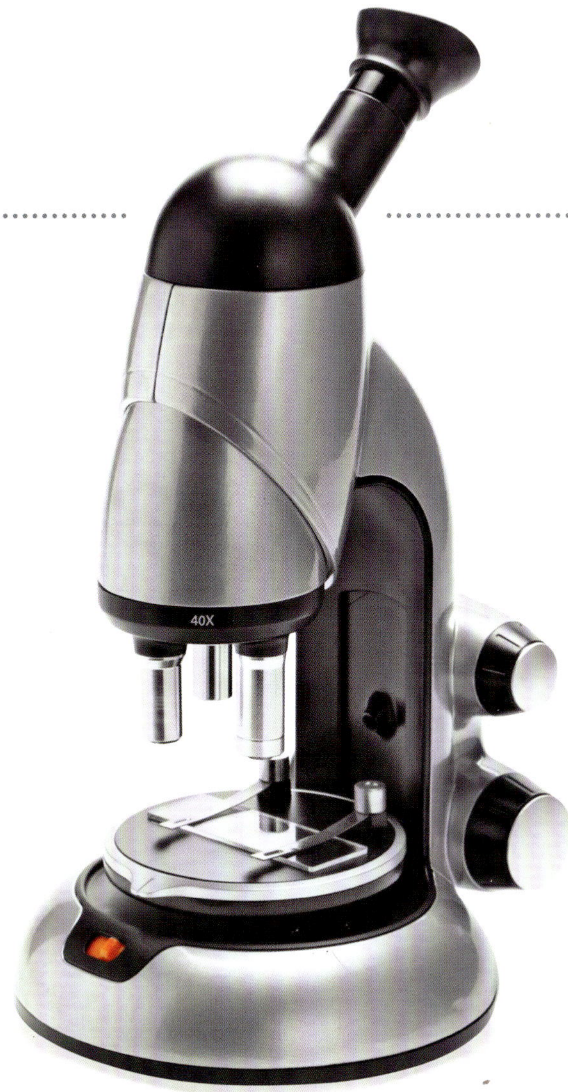

Rechts: Das moderne optische Mikroskop erinnert kaum noch an die frühesten Instrumente dieser Art. Aber schon im Jahr 1676 war Antoni van Leeuwenhoek in der Lage, Mikroorganismen in einem Tropfen Teichwasser zu beobachten.

▷ 1608

Weitsicht

Das Teleskop

Auch die Erfindung des Teleskops wurde von mehreren Personen beansprucht. So versuchte der holländische Linsenmacher Hans Lippershey (1570–1619), ein Patent darauf anzumelden, aber sein Antrag wurde abgelehnt, weil andere Linsenmacher sehr ähnliche Anträge gestellt hatten. Aus wissenschaftlicher Sicht fand die bedeutendste Entwicklung 1609 in Italien statt, als Galileo Galilei von der holländischen Erfindung erfuhr und sich selbst an den Bau eines Teleskops machte. Er führte eines seiner Instrumente dem Dogen von Venedig vor und erhielt als Lohn eine lebenslange Anstellung und Verdopplung seines Gehalts. Es gelang ihm im Laufe der Zeit, ein Teleskop mit 32-facher Vergrößerung zu bauen.

Im 20. Jahrhundert hat das jeweils größte Teleskop der Welt immer ungefähr so viel gekostet wie das jeweils größte Autobahnkreuz der Welt.

Galileo nutzte als Erster das Teleskop zur Himmelsbeobachtung. Was er sah und in seinem Buch *Sidereus Nuncius* (Der Sternenbote) festhielt, begann, die Theorie vom Weltall zu untergraben, die noch aus dem antiken Griechenland stammte. Er entdeckte Berge auf dem Mond und Flecken auf der Sonne, die man dort nicht vermutet hatte. Zu einer Zeit, als man noch davon ausging, dass alle Himmelskörper die Erde umkreisten, ekannte er zudem, dass der Jupiter selbst von Monden umkreist wurde.

Galileos Teleskop war ein sogenannter Refraktor, bei dem Licht durch mehrere Linsen gebündelt wird. Im Jahr 1668 führte Isaac Newton eine neue Bauform ein, die fortan in allen größeren Teleskopen zur Anwendung kam. Die Reflektoren oder Spiegelteleskope leiten das Licht – und damit das Bild, das sie einfangen – zu einem großen Spiegel, der es auf eine Vorrichtung lenkt, von wo aus es gebündelt zu einem Beobachtungspunkt geleitet wird.

Große Teleskope stehen auf Bergen, um sie so weit wie möglich aus der Luft- und Lichtverschmutzung herauszuhalten, etwa dem Mauna Kea auf Hawaii oder in der Atacamawüste in Chile. Die Spiegelgröße hat sich von zweieinhalb Metern im Mount-Wilson-Observatorium in Kalifornien von 1917 auf heute Dutzende Metern erhöht. □

Oben: Dieses typische moderne Observatorium liegt 2400 Meter über Meereshöhe auf den Kanarischen Inseln.

Unten: Dies ist die Rückseite einer im Jahr 2014 zum Gedenken an Galileo Galilei geprägten Zwei-Euro-Münze.

1704

Welle oder Teilchen?

Lichttheorien

Im Jahr 1704 veröffentlichte Sir Isaac Newton (1642–1727) sein zweites großes Werk über die Physik unter dem Titel *Opticks: Or, a Treatise of the Reflexions, Refractions, Inflexions and Colours of Light* (Optik: eine Abhandlung über die Reflexion, Brechung, Krümmung und Farben des Lichts). Es stellte die Erforschung des Lichts auf eine feste experimentelle Grundlage und gelangte zu der Auffassung, dass weißes Licht, entgegen der Lehre des Aristoteles, eine Mischung aus allen Farben des Regenbogens ist. Er vertrat auch die Ansicht, dass Licht »korpuskular« ist, heute würden wir sagen, dass es aus Teilchen besteht. Dieses Bild vom Licht hielt sich, weil es mit dem mechanistischen Weltbild der Zeitgenossen vereinbar war. Es dominierte lange über die Vorstellung, dass Licht aus Wellen besteht, die bereits von dem holländischen Wissenschaftler Christian Huygens (1629–1695) vertreten wurde.

Wellen verhalten sich anders als Teilchen. Vor allem aber zeigen sie eine Eigenschaft, die als Interferenz bezeichnet wird. Selbst wenn zwei Teilchen – zwei Gegenstände – im Raum zusammentreffen, bleiben es zwei unterschiedliche Teilchen. Wenn zwei Wellen am selben Punkt zusammentreffen, können sie sich gegenseitig verstärken oder aufheben, was Teilchen niemals könnten. Als im Lauf des 19. Jahrhunderts immer mehr Kenntnisse über das Verhalten von Licht vorlagen, konnte Isaac Newtons Vorstellung nicht mehr aufrechterhalten werden, Wissenschaftler sahen das Licht fortan als Welle.

Mit der Entwicklung der Quantenmechanik im 20. Jahrhundert (siehe Seite 74) veränderte sich die Meinung der wissenschaftlichen Fachwelt jedoch erneut. Experimente zeigten, dass Licht abhängig vom Versuchsaufbau sowohl die Eigenschaften einer Welle als auch die von Teilchen haben konnte. Dieser sogenannte Welle-Teilchen-Dualismus ist eine Erkenntnis der Quantenphysik. Demnach lautet die korrekte Antwort auf die Frage: »Besteht Licht aus Wellen oder Teilchen?« – »Ja«.

Oben: Die Farbigkeit von Seifenblasen, auf die Licht fällt, ist ein klassisches Indiz für die Wellennatur des Lichts. Isaac Newton beschrieb als Erster Licht als Mischung aller Regenbogenfarben.

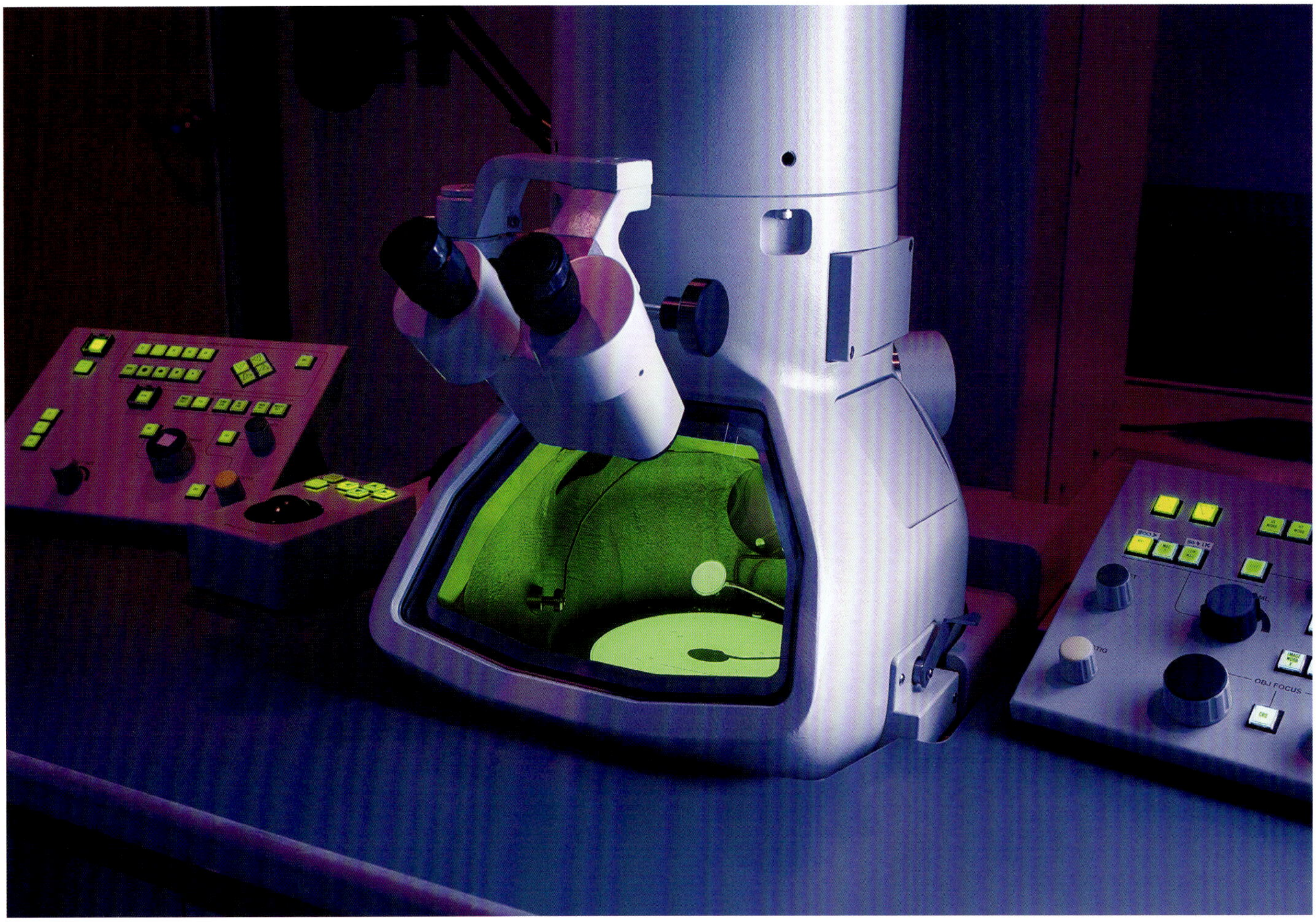

▷ 1931

Haben Sie das gesehen?

Das Elektronenmikroskop

Die Möglichkeiten eines herkömmlichen Lichtmikroskops stoßen bei sehr kleinen Objekten an eine physikalische Grenze. Die Wellenlänge von Licht beträgt einige Tausend Atome, weshalb ein Lichtmikroskop nichts auflösen kann, was kleiner ist. Wenn man sich auf das Muster großer Brandungswellen am Strand konzentriert, kann man den zugleich auf dem Wasser schwimmenden kleinen Korken nicht wahrnehmen.

Zu den Erkenntnissen der Quantenmechanik (siehe Seite 74) gehört, dass alle Quantenobjekte die Eigenschaften sowohl von Teilchen als auch von Wellen besitzen. Das gilt natürlich auch für Elektronen, und man kann Elektronen mit 100 000-mal kürzeren Wellenlängen als die von sichtbarem Licht erzeugen, was das dem Elektronenmikroskop zugrundeliegende physikalische Prinzip ist.

Im Jahr 1931 bauten der Physiker Ernst Ruska (1906–1988) und der Ingenieur Max Knoll (1897–1969) das erste Mikroskop, das anstelle von Licht Elektronen nutzte. In den folgenden Jahrzehnten wurde weitergeforscht, und als Folge konnten Elektronenstrahlen verstärkt, Führungssysteme verbessert und vieles andere optimiert werden. Heute erreichen Elektronenmikroskope Vergrößerungsfaktoren im zweistelligen Millionenbereich, im Gegensatz zu Lichtmikroskopen, deren Vergrößerungsfaktor bestenfalls im niedrigen Tausenderbereich liegt. Ernst Ruska erhielt im Jahr 1986 den Nobelpreis für Physik, der an den bereits verstorbenen Max Knoll nicht mehr vergeben werden konnte.

Heute gibt es verschiedene Typen von Elektronenmikroskopen. Einige ermöglichen die Abbildung von Objekten mit Elektronenstrahlen, andere scannen mithilfe verschiedener Sekundärteilchen Oberflächen. Eines ist ihnen jedoch gemein: Sie alle nutzen die kurze Wellenlänge des Elektrons. □

Oben: Das Elektronenmikroskop nutzt den Wellencharakter von Materie zur Bilderzeugung. Heutige Elektronenmikroskope erreichen Vergrößerungen um das Zehnmillionfache.

1981

Das ultimative Mikroskop

Das Rastertunnelmikroskop

Es gibt viele seltsame Effekte in der Quantenmechanik (siehe Seite 72), und einer der seltsamsten ist der Tunneleffekt. In der newtonschen Welt muss man vor einer massiven Wand anhalten, in der Quantenwelt besteht die Chance, dass man die Barriere »durchtunnelt«. Gerd Binnig (geboren 1947) und Heinrich Rohrer (1933–2013) entwickelten ein Verfahren für den Bau eines Mikroskops, mit dem einzelne Atome sichtbar gemacht werden können, das Rastertunnelmikroskop (RTM). Dafür wurde ihnen gemeinsam mit Ernst Ruska im Jahr 1986 der Nobelpreis für Physik verliehen.

Die Oberfläche eines Materials ist selbst auf der Teilchenebene niemals völlig glatt. Sie besteht aus einzelnen Atomen, die jeweils von einer Elektronenwolke umgeben sind. Rund um ein Atom sind die Elektronenwolken am dicksten und in den Zwischenräumen am dünnsten.

Das RTM bewegt eine kleine Sonde über die Oberfläche. Wo die Atome sind, ist die Entfernung zwischen den Elektronenwolken und der Sonde am kleinsten und das Durchtunneln am einfachsten. Folglich fließt ein Strom von der Sonde zur Oberfläche. Zwischen Atomen ist die Distanz größer und das Durchtunneln schwieriger. Das Ergebnis des Verlaufs der Stromflüsse ergibt eine Abbildung der atomaren Struktur der untersuchten Oberfläche.

Oben: Mit Rastertunnelmikroskopen wie diesem, das gerade von Wissenschaftlerinnen eingestellt wird, konnte unstrittig bewiesen werden, dass Atome existieren.

So gibt das RTM die abschließende Antwort auf eine Frage, die Wissenschaftler im 19. Jahrhundert umtrieb: Sind Atome real, oder verhält Materie sich lediglich so, als bestünde sie aus Atomen? RTM-Bilder sind der unumstößliche Beweis für die Existenz von Atomen.

1993

Leben mit der Atmosphäre

Adaptive Optik

Der Nachteil eines erdgebundenen Mikroskops ist, dass das Licht, bevor es dessen Optik erreicht, zuerst die turbulente Erdatmosphäre durchdringen muss. Dieses Problem bekam man in den 1990er-Jahren mit der Entwicklung der adaptiven Optik in den Griff. Der Trick: Ein Laserstrahl wird durch die Atmosphäre geführt und verfolgt die Luftbewegungen. Der Spiegel im Teleskop ist in mehrere Segmente mit jeweils eigenen Stellmotoren aufgeteilt. Die Form des Spiegels kann nun in Echtzeit angepasst werden, um die vom Laser wahrgenommenen atmosphärischen Veränderungen auszugleichen.

Links: Dieses Teleskop auf Hawaii passt seinen Spiegel an die von einem Laser wahrgenommenen atmosphärischen Bedingungen an.

AM HORIZONT

Das Extremely Large Telescope

Für die Europäische Südsternwarte wird auf einem Berg in der Atacamawüste – einem der weltweit besten Standorte für Teleskope – das Extremely Large Telescope (ELT, »extrem großes Teleskop«) mit einem Spiegel von 39 Metern Durchmesser errichtet. Mit dem Bau des über eine Milliarde Euro teuren Teleskops wurde im Jahr 2014 begonnen, die Inbetriebnahme ist für 2024 geplant. ■

Ein Techniker stellt die Mechanik eines modernen Teleskops ein und poliert dessen Spiegel.

POLARIS
LAM
LABORATOIRE D'ASTROPHYSIQUE
DE MARSEILLE
LAM
LABORATOIRE D'ASTROPHYSIQUE
DE MARSEILLE

▷ 1965

Noch ist Luft nach oben

Das Mooresche Gesetz

Im Jahr 1965 machte der Computerwissenschaftler Gordon Moore (geboren 1929), ein Mitbegründer der Firma Intel, eine interessante Beobachtung. Betrachtet man diverse Indizes für Computerleistung, wie zum Beispiel die Anzahl der Transistoren eines Chips, die Speicherkapazität oder die Prozessorgeschwindigkeit, so kann man nach Moore feststellen, dass die jeweiligen Anzahlen sich stets in einem bestimmten gleichbleibenden Zeitraum (heute werden allgemein 18 Monate angesetzt) verdoppeln. Moore prognostizierte, dass das erst einmal so weitergehen werde. Diese Beobachtung wurde als Mooresches Gesetz bekannt.

Tatsächlich behielt diese Gesetzmäßigkeit trotz vieler Verfeinerungen in den Verfahrenstechniken 50 Jahre lang ihre Gültigkeit. Die Älteren unter uns können heute Jugendliche mit Geschichten darüber erheitern, dass frühe Personal Computer Speicher in Kilobyte-Größe hatten.

Moores Gesetz ist aber letztlich nur eine Faustregel, die ein halbes Jahrhundert lang zutraf, und kein Naturgesetz, wie Newtons Gravitationsgesetz.

Die Gültigkeit der Regel wird ein natürliches Ende finden. Eines Transistor kann nicht kleiner sein als ein Atom. Moore selbst sah im Jahr 2005 das Ende der Gültigkeit in zehn bis 20 Jahren voraus, was sich im Jahr 2015 allerdings noch nicht bestätigte. Theoretische Physiker haben übergeordnete Prinzipien der Entropie und der Thermodynamik berücksichtigt und eine absolute physikalische Gültigkeitsdauer für das Mooresche Gesetz von 600 Jahren festgelegt. Es gibt aber genügend ganz profane Gründe, weshalb es bereits weit früher seine Gültigkeit verlieren wird. □

Oben: Das Mooresche Gesetz wird durch diese Speichermedien für digitale Daten drastisch veranschaulicht. Obwohl ihre Speicherkapazität stetig zunahm, wurden die Medien selbst immer kleiner.

In den 1970er-Jahren hatten die leistungsstärksten Bürocomputer Speicher in der größe von Kilobytes, also von mehreren Tausend Bits. Heutige haben sogar Laptops Speicher in Gigabyte-Größe, das sind Milliarden von Bits.

1969

Ordentlich ausgerichtet

Flüssigkristalle

Als Flüssigkristall bezeichnet man eine Substanz, die sowohl Eigenschaften einer Flüssigkeit als auch von Kristallen aufweist. Man kann den flüssigen Zustand veranschaulichen, indem man ein Bündel Strohhalme willkürlich auf den Boden fallen und ungeordnet liegen lässt. Gäbe es eine von außen wirkende Kraft, die dann alle Strohhalme gleichförmig ausrichtete, wäre das gleichbedeutend mit dem Kristallzustand des Stoffes.

Lange Moleküle in einem Flüssigkristall spielen in der Analogie die Rolle der Strohhalme. Elektrische Kräfte können die Moleküle ausrichten, und diese senden dann oft Licht aus. Fast alle nummerischen Anzeigen auf elektronischen Geräten sind auf Flüssigkristalle zurückzuführen, die ausgerichtet wurden.

Unten: Große leuchtende Anzeigetafeln wie diese in der chinesischen Hauptstadt Beijing werden oft mithilfe von Leuchtdioden betrieben.

AM HORIZONT

▷ Raumtemperatur-Supraleiter

So etwas wie der Heilige Gral der Supraleitungsforschung ist ein Stoff, der auch bei Raumtemperatur supraleitend ist. Ohne die Notwendigkeit, ihn teuer und umständlich herunterzukühlen, könnte er überall dort eingesetzt werden, wo man Stromfluss benötigt.

▷ Das Ende der Gültigkeit des Mooreschen Gesetzes

Früher oder später wird das Mooresche Gesetz, das unter anderem besagt, dass sich die Größe von Computerbestandteilen, wie Transistoren, etwa alle 18 Monate bei gleicher Leistung halbiert, nicht mehr gelten. Wissenschaftler suchen bereits nach neuen Möglichkeiten, Daten zu speichern, indem sie beispielsweise Lichtwellen verwenden oder Moleküle als Medien nutzen. Diese Art von Forschung wird umso mehr Fahrt aufnehmen, je näher das Haltbarkeitsdatum des Mooreschen Gesetzes rückt. ■

So stellt sich der Künstler eine Maschine vor, die Lichtwellen zur Datenspeicherung nutzt.

RELATIVITÄT

Albert Einstein veränderte im Jahr 1905 unser Wissen über Raum und Zeit.

Links: Anders als bei den meisten anderen wissenschaftlichen Theorien ist die Relativitätstheorie das Ergebnis der Arbeit eines einzigen Menschen – Albert Einstein.

▷ 1905

Alles ist relativ

Die Spezielle Relativitätstheorie

Sie beobachten vom Bahnsteig aus, wie in einem vorbeifahrenden Zug ein Kind einen Ball hochwirft und wieder auffängt. Bäte man Sie und das Kind, die Flugbahn des Balls zu beschreiben, würde das Kind sagen, er sei gerade hochgeflogen und wieder heruntergefallen. Sie würden sagen, dass er zwischen dem Moment des Hochwerfens und dem des Fangens einen Bogen in Fahrtrichtung des Zugs beschrieben hat. Beides ist korrekt, obwohl für beide Betrachter dieselben Naturgesetze auf den Ball eingewirkt haben. Das ist ein Beispiel für das Prinzip der Speziellen Relativität: *Alle Gesetze der Physik haben in allen Inertialsystemen dieselbe Form* (unter einem Inertialsystem versteht man in der Physik ein Bezugssystem, in dem sich kräftefreie Körper geradlinig und gleichförmig bewegen). Im Jahr 1905 veröffentlichte Albert Einstein (1879–1955) einen Aufsatz, der mit diesem Prinzip die Physik revolutionieren sollte.

Das Problem, mit dem sich Einstein befasste, hatte mit der Tatsache zu tun, dass die Naturgesetze die Gesetze der Elektrizität und des Magnetismus beinhalten. Für beide ist die Lichtgeschwindigkeit (c) ein unverzichtbarer Teil. Wenn das Prinzip der Relativität korrekt ist, bedeutet das, dass die Lichtgeschwindigkeit in allen Bezugssystemen gleich ist – diese Erkenntnis ist eine der Annahmen, die der Relativitätstheorie zugrunde liegen.

Stellen wir uns eine folgendermaßen konstruierte »Uhr« vor: Eine Lampe sendet einen Lichtblitz zu einem Spiegel, der das Licht auf eine Fotozelle reflektiert, welche wiederum die Lampe auslöst, die einen erneuten Blitz sendet. Ein »Ticken« dieser Uhr entspricht dann der Zeit, die das Licht braucht, um über den Spiegel wieder zur Lampe zurückzugelangen.

Wenn nun eine solche Uhr in einem fahrenden Zug »tickt«, wird das Licht – ähnlich dem Ball – für einen äußeren Beobachter nicht gerade hin- und zurückgeworfen, sondern bewegt sich immer im Zickzack von der Lampe zum Spiegel und zurück. Die diagonale Bahn, die das Licht beschreibt, ist länger als die gerade, und wenn die Lichtgeschwindigkeit tatsächlich in allen Bezugssystemen gleich ist, wird die Uhr länger brauchen, um zu »ticken«, als eine unbewegliche. Die Vorhersage, dass bewegende Uhren sich verlangsamen – die Zeitdilatation –, ist eines der ersten Ergebnisse der Speziellen Relativitätstheorie. Andere Ergebnisse sind:

- Bewegte Objekte werden in Richtung der Bewegung kleiner.
- Die Masse bewegter Objekte nimmt zu.
- Ereignisse, die in einem Bezugssystem gleichzeitig geschehen, tun dies in anderen nicht.
- $E = mc^2$ □

▷ 1915

Ein Außenseiter

Die Allgemeine Relativitätstheorie

Das Prinzip der Allgemeinen Relativitätstheorie besagt, dass die Naturgesetze in allen Bezugssystemen, beschleunigt oder nicht, die gleichen sind. Die zugrunde liegende Mathemathik ist wesentlich komplexer als die der Speziellen Relativitätstheorie. Es spricht für sich, dass Albert Einstein zehn Jahre brauchte, um von einer Theorie zur anderen zu gelangen.

Die Grundidee der Allgemeinen Relativitätstheorie lässt sich in zwei Aussagen zusammenfassen:

- Jede Materie verformt das Gewebe der Raumzeit, der Einheit von Raum und Zeit.
- Objekte folgen in dieser verformten Raumzeit dem kürzesten Weg.

Oben: Diese Darstellung zeigt, wie beispielsweise die Erde das Gewebe der Raumzeit eindellt. Nach der Allgemeinen Relativitätstheorie ist diese Krümmung das, was wir als Gravitation wahrnehmen.

Legt man eine Kugel auf ein mit kartesischen Koordinaten versehenes Gummituch, wird die Kugel das Tuch eindellen, ebenso wie das Gewebe der Raumzeit von der Materie verformt wird. Eine an der Kugel vorbeirollende Murmel bewegt sich in der Delle zur Kugel hin. Newton würde sagen, dass die Murmel von der Gravitation der Kugel abgelenkt wird, während Einstein erklären würde, dass sie in einer verformten Raumzeit den kürzesten Weg nimmt.

Damit fand Einstein die Lösung eines der schwierigsten Rätsel der modernen Physik. In der Allgemeinen Relativitätstheorie ist Gravitation eine geometrische Eigenschaft, die von der Verformung der Koordinaten der Raumzeit abhängt. Die drei anderen Kräfte (siehe Seite 20) sind dynamisch und abhängig von der Wechselwirkung der Grundteilchen. Gravitation ist zurzeit in diesen Beziehungen der Außenseiter. □

Als Einstein seine Relativitätstheorie veröffentlichte, war er ein technischer Experte 3. Klasse beim Schweizer Patentamt in Bern.

20. Jahrhundert

Probieren geht über Studieren

Experimentelle Überprüfung der Speziellen und der Allgemeinen Relativitätstheorie

Keine Theorie, erst recht nicht eine so schwer zugängliche wie die Relativitätstheorie, kann ohne experimentelle Überprüfung bestehen. Sowohl die Spezielle als auch die Allgemeine Relativitätstheorie konnte jedoch in vielen Experimenten bestätigt werden.

Spezielle Relativitätstheorie

- Der französische Physiker Hippolyte Fizeau (1819–1896) berechnete die Lichtgeschwindigkeit in fließendem Wasser und stellte fest, dass das newtonsche Verfahren, die beiden Geschwindigkeiten zu addieren, nicht funktionierte. Einstein zeigte, dass Fizeaus Ergebnis aus der Speziellen Relativitätstheorie resultierte.
- Im Jahr 1971 maßen Wissenschaftler die Zeit anhand von auf 13 Dezimalstellen genau gehenden Atomuhren an Bord von schnellen Flugzeugen, die um die Erde flogen, und verglichen sie mit einer Uhr am U.S. Naval Observatory in Washington, D.C. Das war die erste direkte Messung der Zeitdilatation.
- Teilchen wie Myonen (siehe Seite 18) entstehen permanent durch Kollisionen kosmischer Strahlen in der hohen Atmosphäre. Myonen zerfallen in einer Mikrosekunde, daher könnten sie sich auf der Grundlage newtonscher Physik nicht mehr als 300 Meter fortbewegen, bevor sie zerfallen. Sie sind aber bis in Meereshöhe beobachtet worden, was eine weitere Bestätigung der Zeitdilatation darstellt.
- Das Global Positioning System (GPS) im Orbit ist mit Uhren bestückt, um die genaue Position auf der Erde

Oben: Das Laser-Interferometer-Gravitationswellen-Observatorium (LIGO) misst die Krümmung der Raumzeit anhand von Gravitationswellen, was zum ersten Mal im Jahr 2016 gelang.

zu bestimmen. Die Zeitdilatation durch die Bewegung – sieben Mikrosekunden pro Tag – muss berücksichtigt werden, damit das System funktioniert.

- Routinemäßig wird in Kernreaktoren durch die Umwandlung von Masse Energie erzeugt, und in Anlagen wie dem Large Hadron Collider (siehe Seite 20) wird Energie ebenfalls routinemäßig genutzt, um massereiche Teilchen zu erzeugen. Beide Verfahren bestätigen die Formel $E = mc^2$.

Allgemeine Relativitätstheorie

Allgemein lässt man heute drei klassische Sachverhalte als empirische Bestätigung der Allgemeinen Relativitätstheorie gelten:

- Die Periheldrehung des Merkur: Die Allgemeine Relativitätstheorie erklärt die Diskrepanz zwischen Gravitationsberechnungen und der Bahn des Merkur.
- Ablenkung des Lichts: Während einer Sonnenfinsternis im Jahr 1919 durchgeführte Messungen bestätigten Voraussagen, dass Licht abgelenkt wird, wenn es einen massereichen Körper wie die Sonne passiert.
- Gravitative Rotverschiebung: Die Theorie besagt, dass Licht, das in einem Schwerefeld nach oben steigt, zum roten Ende des Spektrums hin verschoben wird. Dieser Effekt wurde im Jahr 1959 gemessen.

Außerdem gibt es zahlreiche moderne Bestätigungen der Allgemeinen Relativitätstheorie:

- Im Jahr 1970 maßen Wissenschaftler die Zeitverzögerung von zu Planeten gesandten und von diesen reflektierten Signalen, wenn die Signale nahe an der Sonne vorbeigingen. Im Jahr 2003 nutzten Wissenschaftler eine günstige Konfiguration des Cassini-Satelliten (siehe Seite 184), um die Verzögerung der Lichtlaufzeit um 0,002 Prozent zu berechnen.
- Im Jahr 1979 entdeckten Astronomen den sogenannten Gravitationslinseneffekt, die Lichtablenkung von einem entfernten Objekt zu einem nahen Objekt. Heute wird dieser Test routinemäßig für Dunkle Materie (siehe Seite 208) und andere Typen von Masse angewendet. □

Oben: Die Einsteinringe genannten Bögen auf dieser Fotografie ergeben sich aus der Ablenkung des Lichts durch weit entfernte Massen.

Die Entdeckung von Gravitationswellen war der jüngste Test der Allgemeinen Relativitätstheorie, und er wurde mit Bravour bestanden.

AM HORIZONT

Gravitationswellenastronomie

Die Entdeckung von Gravitationswellen durch das LIGO lieferte nicht nur die letzte fehlende Bestätigung der Allgemeinen Relativitätstheorie, sie öffnete auch ein neues Fenster, durch das Astronomen ins Universum blicken können. Starke Gravitationswellen werden erzeugt, wenn große Materiemassen heftige Veränderungen durchmachen. Die im Jahr 2016 entdeckte Welle entstand zum Beispiel, als zwei Schwarze Löcher kollidierten und verschmolzen. Die Fähigkeit von Detektoren wie LIGO, Graviationswellen zu entdecken, gibt uns eine Möglichkeit, die heftigsten Ereignisse im Universum zu erforschen.

Die Theorie von allem

Wie bereits beschrieben wurde, ist die Gravitation unter den Naturkräften noch ein Außenseiter. Das wird nicht immer so sein, denn einige der klügsten Köpfe versuchen bereits, die Gravitation besser mit dem Rest der Natur in Einklang zu bringen. Es ist möglich, dass wir bald zu dem gelangen, was theoretische Physiker die Theorie von allem oder die Weltformel nennen.

Warp-Antrieb

Erwarten Sie nicht zu viel. Die Lichtgeschwindigkeitsgrenze ergibt sich aus der Tatsache, dass bewegte Objekte immer schwerer werden, je mehr sie beschleunigt werden, und sich zudem mit der Lichtgeschwinigkeit auch der Unendlichkeit nähern. Begriffe wie Warp-Antrieb und Hyperraum wurden von Science-Fiction-Schriftstellern erfunden, um diese Einschränkung zu umgehen. Das soll im Prinzip so funktionieren: Zwischen zwei voneinander entfernten Punkten auf einer Fläche müssen Sie – mit weniger als Lichtgeschwindigkeit – einen weiten Weg zurücklegen. Wenn Sie aber die Fläche biegen (englisch »to warp«) und die Punkte direkt übereinanderlegen, könnten Sie sofort von einem Punkt zum anderen gelangen. Das ist die Idee des Hyperraums. ■

Die künstlerische Darstellung illustriert die Vorstellungen vom Prinzip von Hyperraum und Warp-Antrieb.

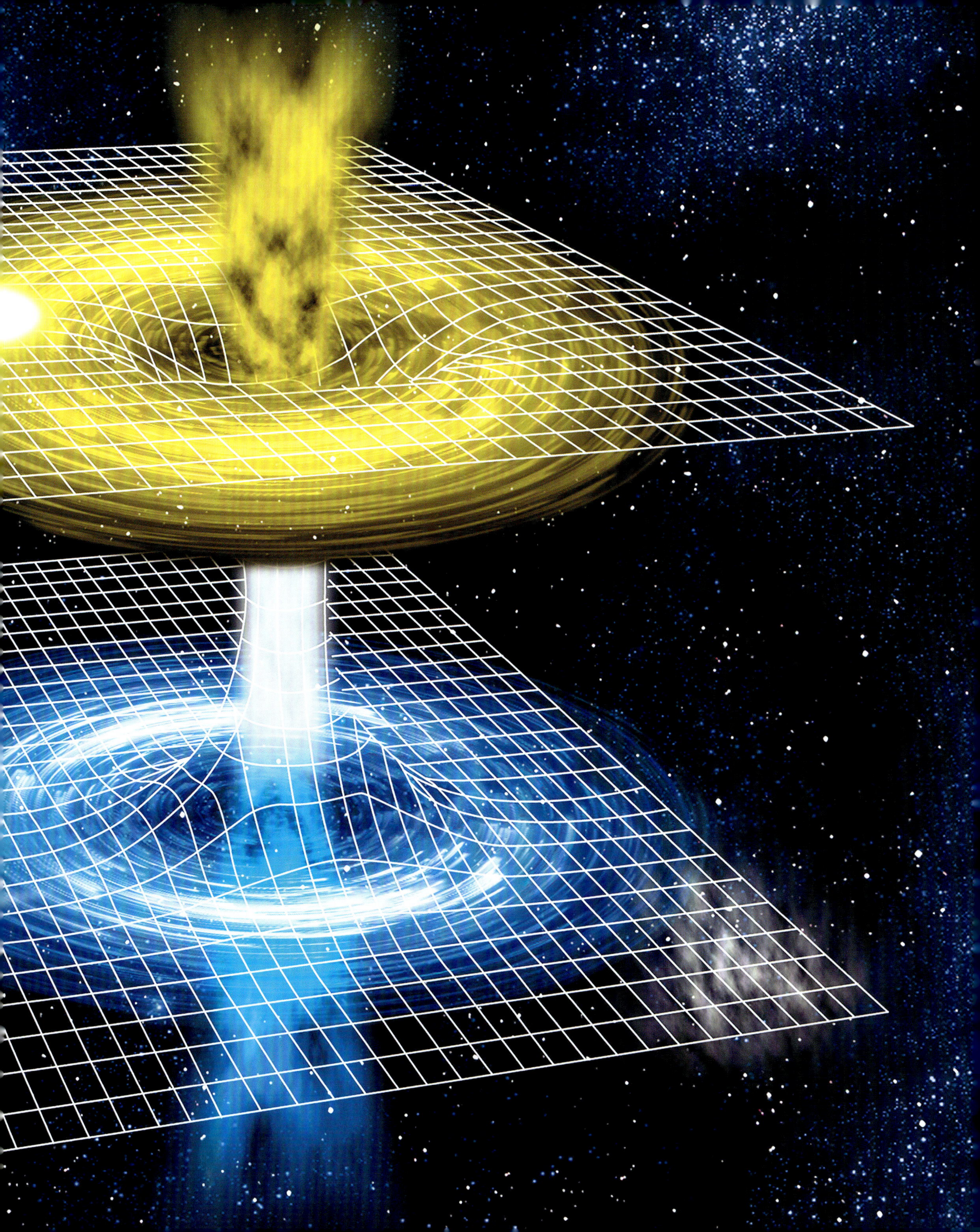

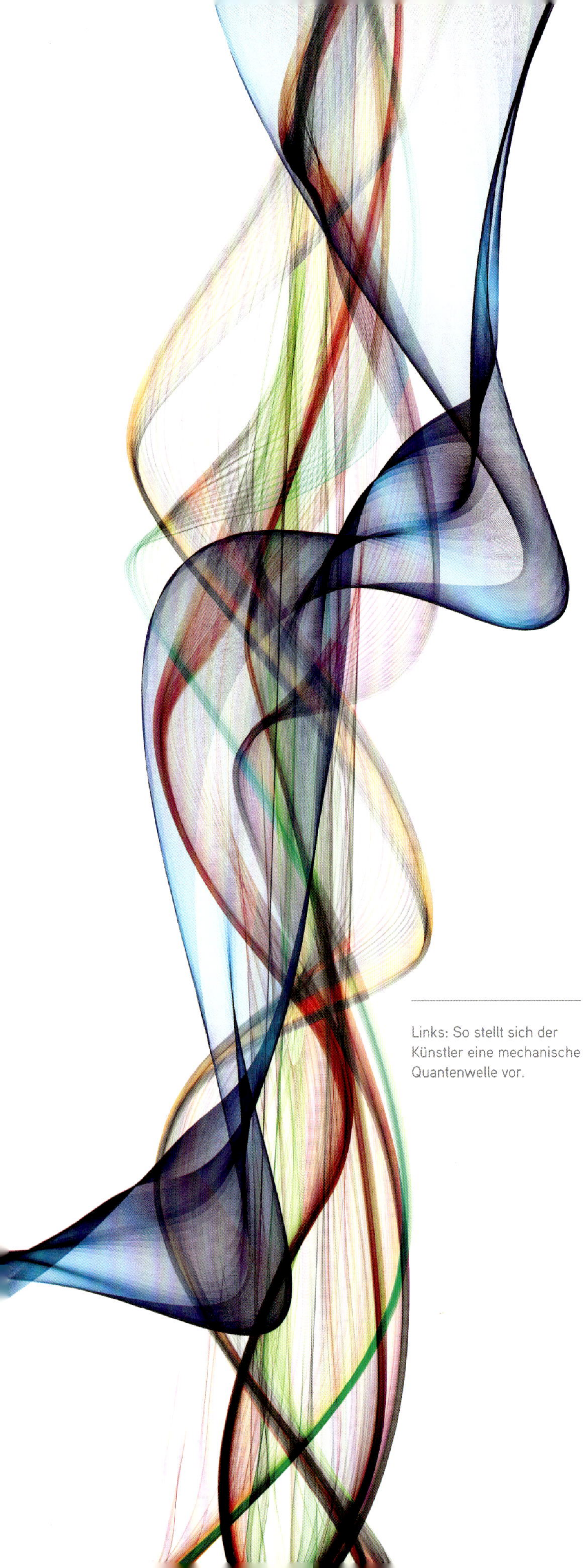

Links: So stellt sich der Künstler eine mechanische Quantenwelle vor.

QUANTENMECHANIK

Die Quantenmechanik mag eine eher ungewöhnliche Form der Wissenschaft sein, bildet aber schätzungsweise für ein Drittel des US-amerikanischen Bruttoinlandsprodukts die Grundlage.

1900

Alles wird in Paketen geliefert

Die Geburt der Quantenmechanik

Das Wort »Quant« ist abgeleitet vom lateinischen Wort »quantus« (»wie groß«/»wie viel«) und bedeutet im weitesten Sinne »Paket«, und »Mechanik« ist ein Begriff für die Wissenschaft der Bewegung. Die Quantenmechanik ist also die Wissenschaft der Bewegung von Objekten, die in solchen Quanten vorkommen. Mit der Entdeckung des Elektron genannten Materiepakets (siehe Seite 14) wurde schnell klar, dass alles in einem Atom – Masse, Ladung, Energie und so weiter – in Quanten existierte. Im Jahr 1900 stellte der Physiker Max Planck (1858–1947) die These auf, dass bestimmte theoretische Probleme, die mit der Wechselwirkung von Licht und Materie zu tun hatten, gelöst werden konnten, wenn man davon ausging, dass Atome Licht nur in bestimmten (also »quantisierten«) Portionen von Energie absorbieren und emittieren können. Albert Einstein zeigte im Jahr 1905 in seinem Werk, das ihm später den Nobelpreis für Physik einbringen sollte, dass andere experimentelle Ergebnisse verständlich würden, wenn Licht selbst in Quanten (Photonen genannt) portioniert wäre. Dann wies Niels Bohr (siehe Seite 16) 1911 nach, dass das Spektrum des Lichts, das von Atomen ausgesandt und aufgenommen wurde, zu erklären war, wenn auch der Drehimpuls in Atomen »gequantelt« würde.

Alle diese Entwicklungen wiesen bereits darauf hin, dass das Innere eines Atoms weit außerhalb der menschlichen Erfahrungswelt liegt. Doch wie außerordentlich es ist, stellte sich erst heraus, als sich die Quantenmechanik entwickelte.

Anfang des 20. Jahrhunderts begannen Wissenschaftler, das Innere des Atoms zu erforschen, und fanden heraus, dass es ein sonderbarer Ort ist.

1920er-Jahre

Heisenberg war hier. Nicht.

Unschärfe und die Wellenfunktion

Die moderne Wissenschaft der Quantenmechanik wurde in den 1920er- und 1930er-Jahren von jungen europäischen Physikern entwickelt. Vielleicht der Herausragendste unter ihnen war der Deutsche Werner Heisenberg (1901–1976). Er verbrachte den Sommer 1925 wegen seines Heuschnupfens auf dem vegetationsarmen Helgoland und formulierte dort die nach ihm benannte Unschärferelation, die Folgendes besagt: Weil die einzige Möglichkeit, wie wir die Eigenschaften eines Quantenobjekts messen können, darin besteht, ein anderes Quantenobjekt von ihm abprallen zu lassen, verändert jede Messung das vermessene Objekt. Das bedeutet, dass wir, wenn wir den Ort eines Elektrons genau messen, seine Geschwindigkeit beeinflussen – und diese deshalb nicht präzise messen können – und umgekehrt. Alternativ können wir etwas Unschärfe bei der Messung des Orts beziehungsweise der Geschwindigkeit hinnehmen. Entscheidend ist, dass unsere Kenntnis der Quantenwelt nie vollkommen präzise sein wird.

Dieses Konzept wurde vom österreichischen Physiker Erwin Schrödinger (1887–1961) in seine moderne Form gebracht. Schrödinger beschrieb ein Teilchen nicht als an einem bestimmten Ort anwesend, sondern er beschrieb den Ort mithilfe der Wellenfunktion, was die Möglichkeit beinhaltet, dass das Teilchen an jedem Punkt im Raum zu finden ist. Diese rein auf Wahrscheinlichkeiten beruhende Interpretation der Natur bezweifelte Einstein übrigens mit der Bemerkung, dass Gott nicht würfele.

In der Quantenwelt wird unsere Kenntnis der Natur immer ungewiss sein.

1920–1970

Ganz schön verrückt

Quantenverrücktheit

Das Innere eines Atoms ist sehr schwer zu veranschaulichen. Der US-amerikanische Physiker Richard Feynman (1918–1988) soll gesagt haben: »Fragen Sie nicht, wie die Natur so sein kann. Niemand weiß, wieso sie so sein kann.« Beispiele für Quantenverrücktheit sind der Welle-Teilchen-Dualismus und die Quantenverschränkung.

Welle-Teilchen-Dualismus

In der newtonschen Welt ist alles entweder ein Teilchen oder eine Welle, und der Unterschied lässt sich exakt bestimmen – wenn das Objekt eine Interferenz (siehe Seite 51) aufweist, dann ist es eine Welle. Wenn nicht, ist es ein Teilchen, Punktum!

In der Quantenwelt ist es nicht so einfach. Wenn wir ein Elektron auf ein Ziel schießen, können wir es als Teilchen messen, wir erhalten etwa ein einzelnes »Ping«, wenn es auf den Detektor trifft. Oder wir senden einen

Wen die Quantenmechanik nicht beunruhigt, der hat sie nicht verstanden.

Elektronenstrahl zum Beispiel durch einen Schirm mit Schlitzen, sodass Elektronen von verschiedenen Orten auf den Detektor treffen und miteinander interferieren.

Was aber, wenn wir die Elektronen nacheinander durch die Schlitze schicken? Jedes trifft im Detektor als ein einzelnes Teilchen ein, aber wenn die Elektronen sich mit der Zeit ansammeln, erhalten wir ein Interferenzmuster, das typisch für eine Welle ist. Woher weiß ein einzelnes Elektron, was die anderen tun werden? Es kommt noch schlimmer. Wenn man Experimente durchführt, bei denen erst nachdem das Elektron auf dem Weg zum Detektor ist, darüber entschieden wird, ob man Wellen- oder Teilcheneigenschaften messen will, erhält man doch immer Teilchenergebnisse wenn man Teilcheneigenschaften misst, und Wellenergebnisse, wenn man Welleneigenschaften misst.

In der Quantenwelt sind Elektronen und Photonen also weder Teilchen noch Welle, sondern etwas Unvorstellbares, das die Eigenschaften von beiden hat. Das ist letztlich ohne Bezug zur Welt der newtonschen Physik.

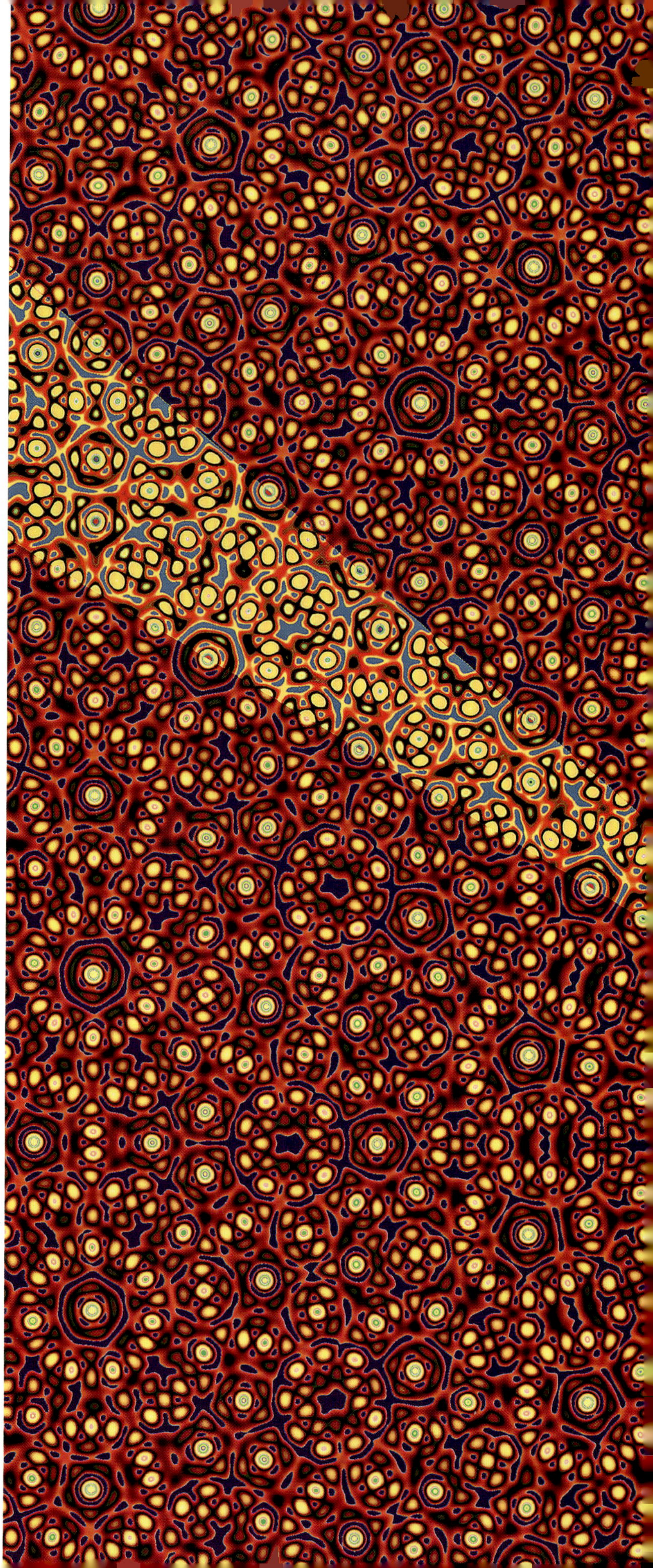

Rechts: Diese komplexe Anordnung von Atomen ist ein Beispiel für einen weiteren Aggregatzustand, den des Quasikristalls.

Quantenverschränkung

1935 schlugen Einstein und zwei seiner Mitarbeiter – Boris Podolsky (1896–1966) und Nathan Rosen (1909–1995) – das sogenannte EPR-Gedankenexperiment vor, mit dem sie anregen wollten, die nur auf Wahrscheinlichkeiten beruhende Quantenmechanik kritisch zu sehen: Man hat eine Vorrichtung, die Quantenobjekte, deren Natur regelhaft festgelegt ist, in verschiedene Richtungen aussendet. Wenn das System zum Beispiel einen rechten Handschuh nach links ausgibt, muss es den linken Handschuh nach rechts ausgeben. Die Handschuhe entfernen sich so weit voneinander, dass ein Lichtstrahl in der für die Messung benötigten Zeit nicht von einem zum anderen gelangen kann. Wenn man jetzt die Ausrichtung des sich nach links bewegenden Handschuhs misst, muss man die Ausrichtung des sich nach rechts bewegenden Handschuhs kennen, *auch wenn man sie nie direkt messen würde.*

Einstein und seine Mitarbeiter verstanden dieses Ergebnis so, dass es Wege gab, Quantensysteme auf newtonsche Art zu erklären, das wurde Theorie der verborgenen Variablen genannt. Im Jahr 1964 entwickelte der irische Physiker John Bell (1928–1990) jedoch ein Theorem, wonach es bestimmte Experimente gebe, die im Rahmen der Quantenmechanik andere Ergebnisse haben würden als im Rahmen der Theorien von verborgenen Variablen. Als man diese Experimente in den 1970er-Jahren unternahm, waren die Ergebnisse eindeutig: Die Annahmen der Quantenmechanik waren zutreffend.

Die Erklärung für die EPR-Situation liegt in der Tatsache, dass zwei Systeme, die durch dieselbe Welle beschrieben werden, immer durch diese Wellenfunktion verbunden sind. Modern ausgedrückt sind sie ineinander »verschränkt«. Egal, wie weit sie voneinander entfernt sind, sie sind immer miteinander verbunden.

Oben: Die ineinandergreifenden Ringe symbolisieren das Konzept der Verschränkung.

AM HORIZONT

Mehr Quantenteleportation

»Teleportation« bezeichnet ein Verfahren, bei dem ein Objekt an einem Ort verschwindet und an einem anderen wieder rekonstruiert wird. Ein fiktives Beispiel ist das »Beamen« vom »Raumschiff Enterprise« in der Sience-Fiction-Serie *Star Trek*. Teleportation wurde bei Photonen mithilfe der Verschränkung bereits erreicht. Ein Paar verschränkter Photonen wird erzeugt. Eines hat Anja in ihrem Labor und lässt es dort mit einem anderen interagieren, das wir Input-Photon nennen. Die Interaktion zerstört beide Photonen. Anja ruft Till an, der das andere verschränkte Photon im Labor hat, und erklärt ihm genau die Art der Interaktion. Mit dieser Information und seinem Photon kann Till ein anderes Photon erzeugen, das Output-Photon, das mit dem Input-Photon identisch ist. So wurde das Input-Photon teleportiert.

Eine Pixel-für-Pixel-Anwendung dieser Technik ermöglicht den Transport von Bildern durch Glasfasern (siehe Seite 290) über enorme Entfernungen. Die wirklich interessante Frage ist aber, ob die Technik für den Transport von Materie genutzt werden kann. Wenn wir erst einmal ein Atom versenden können, wird es nicht mehr lange dauern, bis wir Menschen versenden können.

Beam mich hoch, Scotty!

Quantenpunkte

Quantenpunkte sind kleine Teile aus Halbleitermaterial. Sie sind klein genug, damit quantenmechanische Effekte eine Rolle im Verhalten ihrer Elektronen spielen, aber nicht groß genug, um sich wie große Materiestücke zu verhalten – sozusagen ein Mittelding zwischen einem Molekül und einem Transistor.

Abhängig von seiner Größe und Art senden die Elektronen in einem Quantenpunkt intensive Lichtstrahlen in verschiedenen Frequenzen aus. Obwohl es derzeit keine bedeutenden kommerziellen Anwendungen für die Quantenpunkttechnologie gibt, wird an solchen Anwendungen geforscht. Quantenpunkte könnten mit lichtemittierenden Dioden (siehe Seite 257) kombiniert werden, um zum Beispiel Displays zu vergrößern, oder sie könnten ein Rolle bei Quantencomputern (nachstehend) spielen.

Quantencomputer

In einem klassischen Computer wird Information in Bits – Folgen von 0 und 1 – dargestellt. Darum spielt der Transistor (siehe Seite 60) eine so wichtige Rolle in der Computertechnik. Auch in einem Quantencomputer können Daten so dargestellt werden, zusätzlich aber auch in Form von sogenannten Quantenbits (Qubits), die Kombinationen von Nullen und Einsen sind.

Theorien besagen, dass eine Maschine, die Qubits steuern kann, komplexe Probleme, die für herkömmliche Computer nicht zu bewältigen sind, lösen könnte. Sie könnte zum Beispiel zum Knacken von heute noch absolut sicheren Verschlüsselungen genutzt werden. Leider (oder auch zum Glück …) liegen diese Geräte noch in ferner Zukunft. Im Labormaßstab sind bis jetzt Berechnungen mit höchstens ein paar Dutzend Qubits gelungen. ■

Das fiktive »Beamen« in der Science-Fiction-Serie *Star Trek* wird oft als Beispiel dafür genannt, wie die Quantenteleportation in Zukunft aussehen könnte.

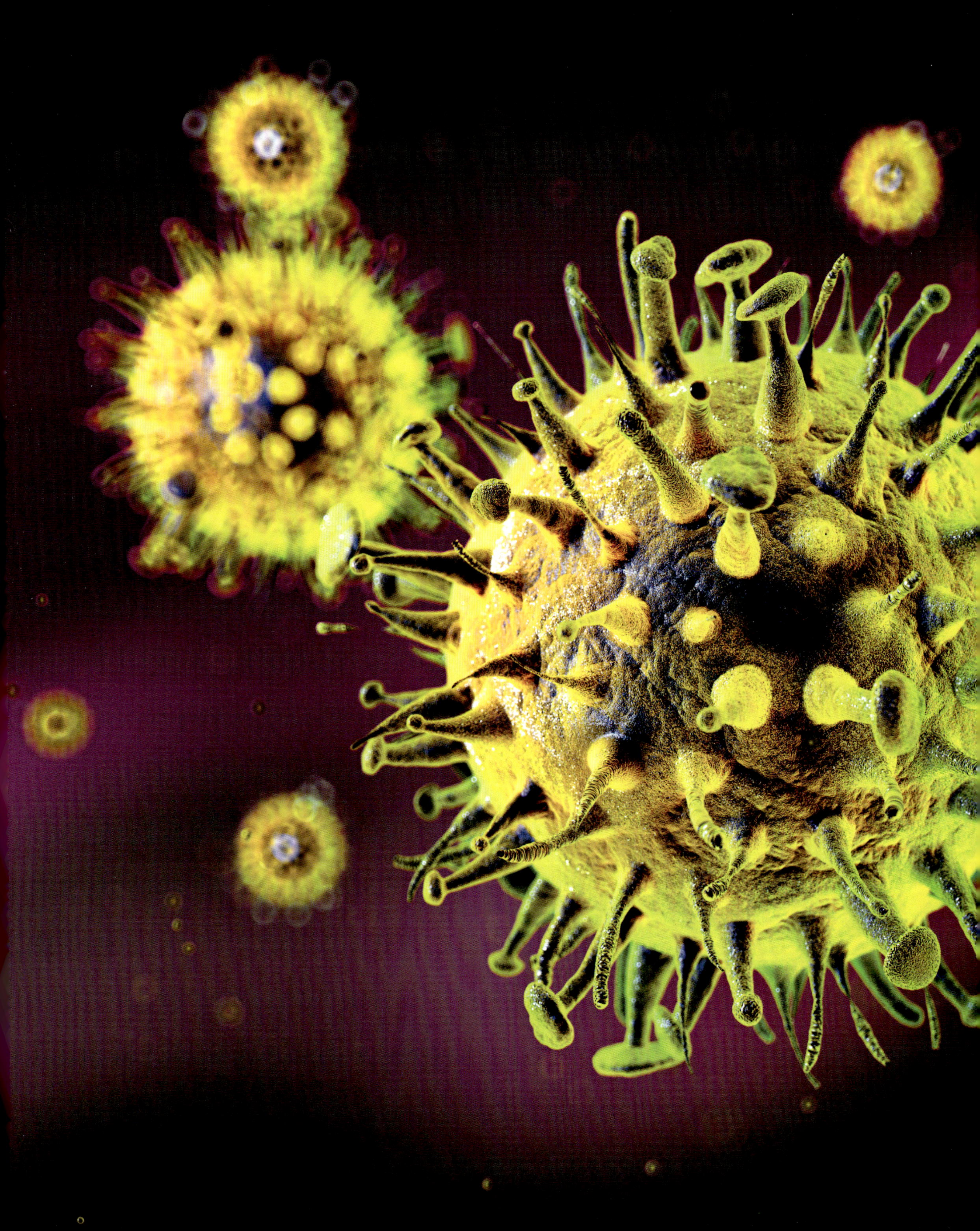

BIOWISSEN-SCHAFTEN

80 DER URSPRUNG DES LEBENS
84 EVOLUTION
98 GENETIK
110 ZELLTHEORIE
114 KLASSIFIKATION DES LEBENS
116 MOLEKULARE TECHNOLOGIE
120 VIREN

DER URSPRUNG DES LEBENS

▷ Vor ca. 4 Milliarden Jahren

Irgendwann musste es passieren

Wann entstand das Leben?

In ihrer Frühzeit war die Erde eine atmosphärelose Kugel aus glutflüssigem Gestein, die unter ständigem Meteoritenbeschuss durch das All schwebte. Als der Planet abkühlte, entstanden Ozeane, wodurch erstmals Leben hätte entstehen können. Allerdings ließ der Einschlag eines etwa marsgroßen Meteoriten die Ozeane noch einmal verdampfen und hüllte die Erde in eine Dampfatmosphäre.

Leben, das bis heute überdauerte, konnte erst entstehen, als vor rund vier Milliarden Jahren das Bombardement aufhörte. Wir wissen, dass bereits vor etwa 3,5 Milliarden Jahren komplexe Einzeller auf der Erde lebten (siehe Seite 84), also scheint sich das Leben recht schnell entwickelt zu haben, als es die Möglichkeit dazu bekam. □

Leben könnte viele Male auf der Erde entstanden und wieder untergegangen sein. Wir stammen von den ersten Zellen ab, die der Vernichtung entgingen.

Oben: Zu Beginn ihrer Geschichte war die Erde einem heftigen Beschuss ausgesetzt. Man nimmt an, dass gewaltige Einschläge entstehendem Leben keine Chance gaben.

Wir kennen außer der Erde keinen anderen Planeten, auf dem es Leben gibt. Daher ist es wichtig zu wissen, wie es entstanden ist.

1952

In der Suppe

Bausteine des Lebens

Eine der ersten Fragen, die wir uns zum Ursprung des Lebens stellen können, ist die nach den Grundbausteinen, aus denen die »Moleküle des Lebens« bestehen. Moleküle in lebenden Systemen sind auf besondere Weise komplex. Vergleichbar mit einem vielgestaltigen, aber aus einfachen Ziegelsteinen errichteten Gebäude schaffen die Moleküle in lebenden Systemen Komplexität, indem sie einfache Bausteine auf komplexe Weise zusammenfügen. Proteine genannte Moleküle spielen eine wichtige Rolle in lebenden Systemen, denn sie regulieren die chemischen Reaktionen in Zellen und sind selbst wieder lange Ketten einfacherer Bausteine namens Aminosäuren. Die Unmöglichkeit, die Komplexität des Lebens zu reproduzieren, schreckte die Wissenschaft lange Zeit vor der Suche nach seinem Ursprung ab.

Zu wissen, wie das Leben auf der Erde entstanden ist, wäre ein wichtiger Schritt zum Verständnis, ob und wie es auch anderswo im Universum entstehen konnte.

Das änderte sich im Jahr 1952. An der University of Chicago führten der damalige Student Stanley Miller (1930–2007) und sein Mentor, der Chemie-Nobelpreis-Träger Harold Urey (1893–1981), ein Experiment durch, das die wissenschaftliche Einstellung zur Entstehung des Lebens für immer verändern sollte. Ihr Ziel war es, im Labor die frühe Erdatmosphäre zu simulieren. In einer Glasapparatur vereinten sie Wasser und Hitze (Ozean und Sonne), elektrische Funken (Blitze) und eine Atmosphäre aus Methan, Wasser, Wasserstoff und Ammoniak, woraus nach damaliger Überzeugung die Uratmosphäre zusammengesetzt war, und warteten, was passieren würde. Das Ergebnis war verblüffend. Nach ein paar Wochen fanden sie Aminosäuren in ihrem Apparat! Ausgehend von einfachen anorganischen Stoffen hatten sie einige der Grundbausteine des Lebens erzeugt.

Heute nimmt man an, dass Miller und Urey die Zusammensetzung der frühen Erdatmosphäre nicht korrekt nachbildeten, was aber an ihrem prinzipiellen Erfolg nichts ändert – vergleichbare Experimente mit anderen Atmosphäremodellen und Energiequellen erbrachten vergleichbare Ergebnisse. Auch in Meteoriten und sogar in interstellaren Staubwolken wurden organische Moleküle entdeckt. Offensichtlich erzeugt die Natur die Grundbausteine des Lebens durchaus nicht selten und in einer Vielzahl von Prozessen. Das eigentliche Problem des Ursprungs des Lebens ist nicht die Erzeugung der Grundbausteine selbst, sondern deren Zusammenbau zu einer funktionierenden Zelle.

Zu den bekanntesten Szenarien der Entstehung der ersten Zelle zählt die Theorie von der »Ursuppe«. Ihr zufolge setzte nach der Entstehung der Ozeane entweder ein Miller-Urey-Prozess ein, oder ein Regen von Kometen und Meteoriten beförderte Moleküle ins Wasser. Irgendwann war ihre Konzentration hoch genug, sodass chemische Reaktionen immer komplexere Moleküle bildeten. Diese reichhaltige Brühe war die Ursuppe. Wie die erste Zelle in der Suppe entstand, wird noch heftig diskutiert.

Oben: Die molekularen Grundbausteine des Lebens entstanden wahrscheinlich in der Ursuppe.

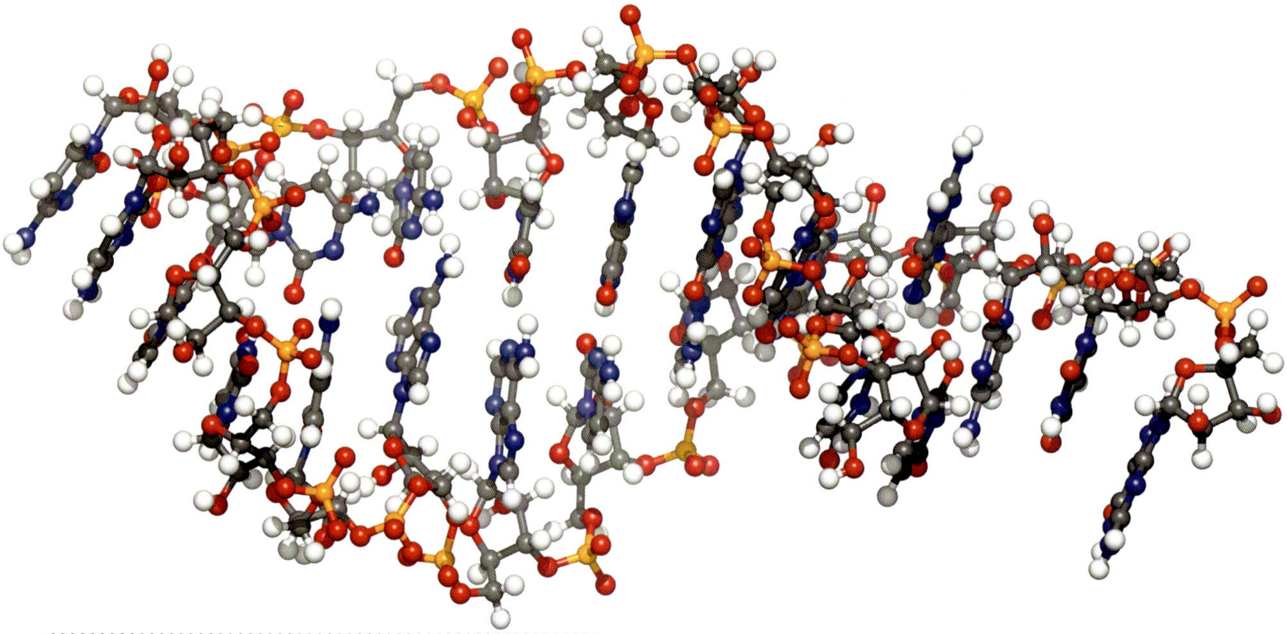

▷ 1982

Ein Theorienwettstreit

RNS-Welt oder Stoffwechsel?

Moderne lebende Systeme sind äußerst komplex. In Molekülen der Desoxyribonukleinsäure (DNS) gespeicherte Information wird über einen Molekülstrang, die Ribonukleinsäure (RNS), zu Aminosäurenketten weitergegeben, aus denen ein Protein besteht. Das Protein wirkt dann als Enzym oder Katalysator für den Ablauf chemischer Reaktionen in der Zelle. Wie ein modernes computergesteuertes Auto ist die moderne Zelle weit entfernt von ihren einfachen Anfängen. Diesen auf die Spur zu kommen ist so, als wolle man versuchen, Aussehen und Aufbau eines der ersten Oldtimer aus einem zeitgenössischen Formel-1-Rennwagen herzuleiten. Erschwert wird dies durch ein spezielles Henne-Ei-Problem: Zum Aufbau von DNS und RNS sind Enzyme notwendig, zum Aufbau von Enzymen sind aber wiederum DNS und RNS unerlässlich.

Es gab zahlreiche Versuche, dieses Problem zu lösen. So wurde etwa vorgeschlagen, dass die frühesten Moleküle des Lebens sich an Mineralien oder Tonerden orientiert haben könnten, die Atome mithilfe statischer elektrischer Kräfte zusammenbrachten. Zwei Theorien sind von besonderer Bedeutung: die der RNS-Welt und die des »Stoffwechsel zuerst«.

RNS-Welt

RNS-Moleküle sind wichtige Mediatoren beim Ablauf chemischer Reaktionen in Zellen. 1982 wurde jedoch entdeckt, dass einige Arten von RNS-Molekülen auch als Katalysatoren für die chemische Reaktionen wirken können, die RNS erst erzeugen. Dies führte zur Idee der RNS-Welt, einer Welt, in der RNS-Moleküle als Enzyme und als Informationsträger agieren. Die Kernaussage: Gibt es erst ein selbstreplizierendes System mit RNS, entwickelt sich das heutige, komplexere DNS-System durch den Prozess der natürlichen Selektion (siehe Seite 86).

Entsteht Leben immer, wenn die geologischen Bedingungen stimmen, oder muss es zum zufälligen Aufbau eines komplexen Moleküls kommen?

Stoffwechsel zuerst

Es gibt einen einfachen chemischen Kreislauf, der in allen Zellen abläuft. Heute nimmt er große Moleküle auf, spaltet sie auf und produziert Energie. Der nach seinem Entdecker Hans A. Krebs (1900–1981) benannte Krebs- oder Citratzyklus kann auch umgekehrt ablaufen, indem er Energie und kleine Moleküle aufnimmt und so größere Moleküle erzeugt. Dabei kommt er ohne Enzyme aus. In der »Stoffwechsel zuerst«-Theorie produziert der Krebszyklus eine selbstreplizierende Zelle, indem er Energie aufnimmt und immer komplexere Moleküle erzeugt. Wie bei der Theorie der RNS-Welt entsteht, wenn dieses einfache System einmal angelaufen ist, die heutige Komplexität durch die Effekte der natürlichen Selektion. Welche dieser beiden Theorien – oder ob überhaupt eine – sich als richtig erweisen wird, ist unklar. Der Weg von den Grundbausteinen der Moleküle des Lebens zu einer reproduktionsfähigen Zelle gehört zu den großen Forschungsthemen der Biowissenschaften. □

Oben: Das Computermodell stellt ein RNS-Molekül dar.

AM HORIZONT

Künstliches Leben

Die Suche nach dem natürlichen Weg zur Entstehung der ersten Zelle wird eher früher als später dazu führen, dass in einem Reagenzglas Leben aus »toter« Materie erzeugt wird. Das muss weder bedeuten, dass das Geschehen auf der jungen Erde damit aufgeklärt ist – denn es kann viele Möglichkeiten der Lebensentstehung geben –, noch wäre es gefährlich. Die vermutlich entstehende primitive Zelle wäre eine willkommene Beute für Tausende von natürlich entstandenen Organismen, deren Sinne in Jahrmilliarden Entwicklung geschärft wurden. Allerdings würde die Entdeckung viele Schlagzeilen produzieren. ■

Könnten wir in einem Chemielabor Leben erzeugen?

EVOLUTION

Charles Darwin war der Erste, der die seit Milliarden von Jahren andauernde natürliche Selektion als den Mechanismus der Entwicklung des Lebens ansah.

▶ Vor ca. 3,5 Milliarden Jahren

Die Steine sprechen

Der Fossilbericht

Dass sich vergangenes Leben in mineralisierter Form erhalten kann, ist seit der Antike bekannt. Chinesische Wissenschaftler glaubten, Fossilien seien Drachenknochen und schrieben ihnen Heilkräfte zu. Frühe Gelehrte von Aristoteles bis zu Leonardo da Vinci meinten, dass sie die Überreste von Organismen seien, die vor langer Zeit lebten. Heute erfolgt die Erforschung von Fossilien durch die Paläontologie, und die Summe aller dokumentierten Fossilien wird Fossilbericht genannt.

Wenn ein Tier stirbt, kann sein Körper zum Beispiel durch eine Flut von Sand bedeckt werden. Seine Weichteile zerfallen schnell, aber Knochen, Panzer und Zähne nicht. Im Lauf von Jahrtausenden ersetzen Mineralien im Boden Atom für Atom die ursprünglichen Hartteile, bis schließlich eine versteinerte Form von ihnen vorliegt. Wird diese Versteinerung gefunden und katalogisiert, gehört sie zum Fossilbericht.

Erdzeitalter werden nach der Gegend benannt, wo Gesteine aus dieser Periode erstmals erforscht wurden. Das Kambrium ist nach der lateinischen Bezeichnung für Cymru (Wales) benannt und das Jura nach dem Juragebirge in Frankreich und der Schweiz.

Früher dachte man, dass die ersten Lebewesen vor rund 500 Millionen Jahren im geologischen Zeitalter des Kambriums entstanden. Heute wissen wir, dass es bereits vorher Leben gab, im Kambrium trug es nur erstmals leicht fossilierbare Hartteile, wie etwa bei Muscheln. In den letzten Jahrzehnten wurde entdeckt, dass Vielzeller ohne Hartteile, etwa Quallen, schon mehrere Hundert Millionen Jahre vor dem Kambrium lebten und Einzeller sogar schon vor mindestens 3,5 Milliarden Jahren existierten. Der Fossilbericht des Lebens beginnt also in der Zeit, als das Ende der Einschläge von Riesenmeteoriten das Überdauern des Lebens möglich machte. Er liefert uns einen chronologischen Stammbaum und eine Vorstellung davon, wie sich das Leben entwickelte. □

Oben: Der Fossilbericht enthält auch Beweise für Lebewesen, die einmal am Meeresboden lebten, wie dieser Ammonit.

Gegenüber: Der in Stein verewigte *Archaeopteryx* war ein Vorfahr der modernen Vögel.

▷ Vor ca. 2 Milliarden Jahren

Der Urschluck

Das Auftreten von Eukaryoten

In der Natur gibt es zwei Arten von Zellen. Kompliziertere und entwicklungsgeschichtlich jüngere Zellen tragen ihre DNS in einer Zellkern genannten Struktur. Nach dem griechischen Wort *karys* für »Kern« werden sie daher Eukaryoten, »echte Kerne«, genannt. Bei der einfacheren und älteren Art schwimmt die DNS frei im Zellkörper. Solche Zellen heißen Prokaryoten, »vor dem Kern«. Alle Zellen in vielzelligen Organismen sind Eukaryoten.

Es gibt schlüssige Hinweise darauf, dass Eukaryoten sich durch einen Symbioseprozess entwickelten. Zwei Prokaryoten fanden vereinfacht ausgedrückt, dass sie als Team besser funktionieren würden, weshalb ein Prokaryot sozusagen einen anderen »verschluckte«. Im Lauf der Evolution wiederholte sich dieser Prozess viele Male und brachte die komplexe moderne Zelle hervor.

Englischsprachige Evolutionsbiologen haben das ursprüngliche Symbioseereignis in Anlehnung an den »Big Bang« (Urknall) »Big Swallow« (Urschluck) genannt.

Alle modernen Zellen haben Mitochondrien genannte kleine Strukturen, in denen Kraftstoff »verbrannt« wird, um Energie zu erzeugen. Klare Indizien dafür, Mitochondrien als Produkt der beschriebenen Art von Symbiose zu sehen, sind einerseits die eigene DNS der Mitochondrien und andererseits ihre doppelte Wand – eine stammt von dem ursprünglich absorbierten Prokaryoten, die andere vom ursprünglichen Absorbierer. □

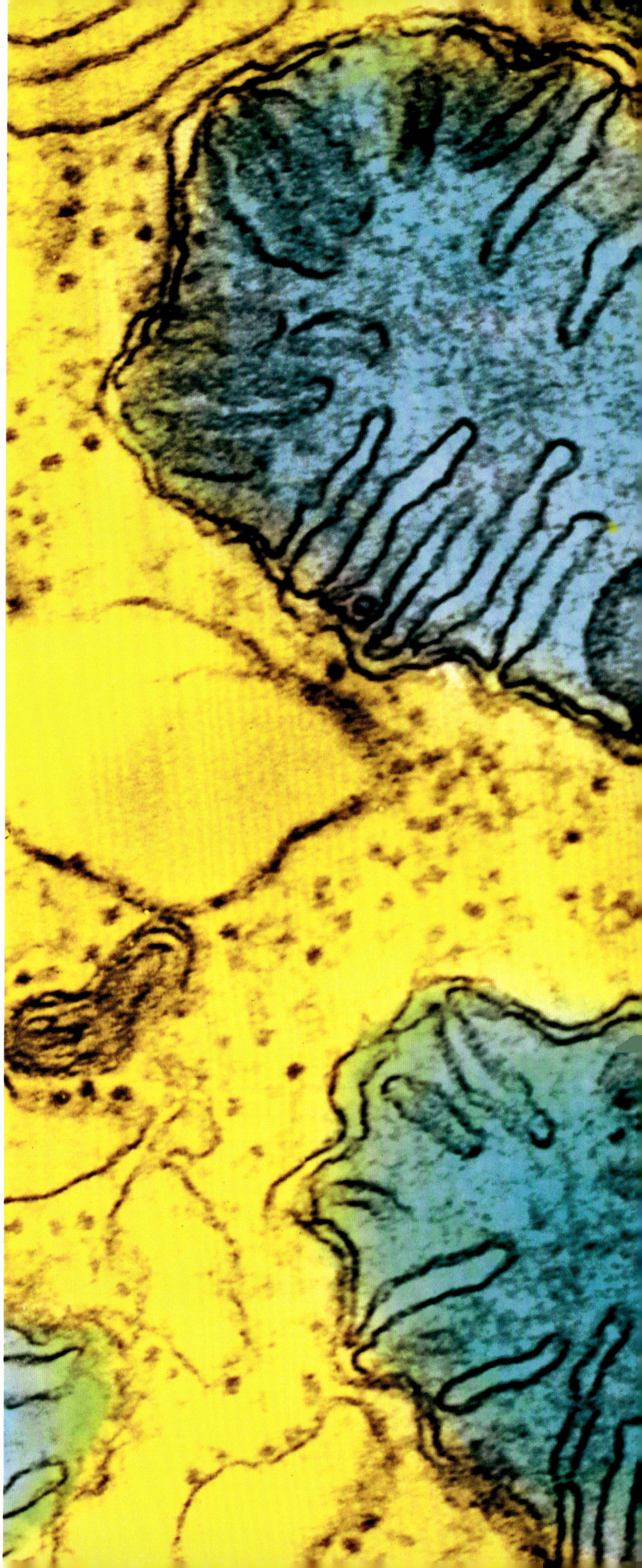

Rechts: Es gibt starke Indizien dafür, dass Eukaryoten wie diese dadurch entstanden sind, dass ein Prokaryot einen anderen absorbierte. Dieser wiederholte Vorgang brachte im Lauf der Evolution die komplexe moderne Zelle hervor.

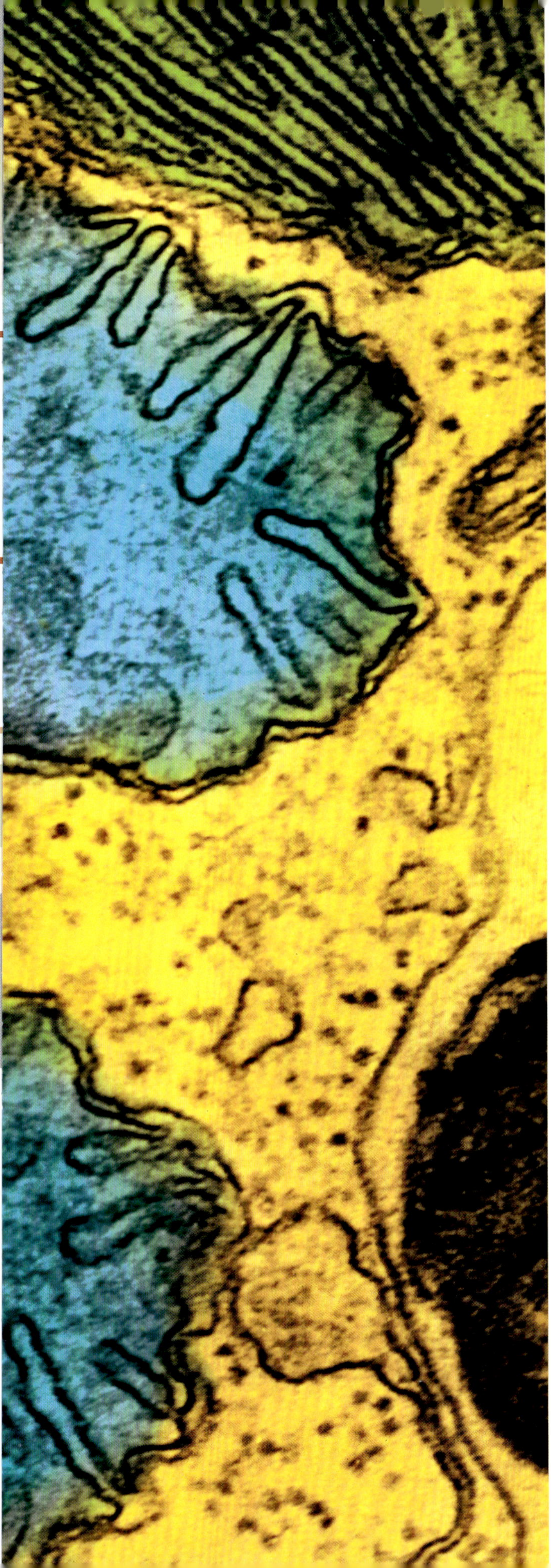

Von vor ca. 3,5 Milliarden Jahren bis heute

Wie es geschah

Eine Geschichte des Lebens

Anhand des Fossilberichts und der DNS können wir uns ein Bild davon machen, wie das Leben auf der Erde entstand. Entweder von Meteoriten herbeigebracht oder durch Miller-Urey-Prozesse (siehe Seite 81) erzeugt sammelten sich die Grundbausteine der Moleküle des Lebens in den Ozeanen an. Durch einen Prozess, den wir noch nicht kennen, verbanden sich diese Bausteine zu einer primitiven selbstreproduzierenden Zelle, die Energie aus den Molekülen ihrer Umgebung bezog. An dieser Stelle trat der Prozess der Evolution durch natürliche Selektion (siehe Seite 84) in Aktion. Primitive Zellen wurden von Meeresströmungen in andere Umgebungen getragen, in denen auch andere Verhältnisse vorherrschten. Vor etwa 3,5 Milliarden Jahren wimmelten die Meere der Erde von Leben in Form von Cyanobaktieren.

In diesem Zustand verblieb das irdische Leben recht lange, bis irgendwann vor zwei bis 1,5 Milliarden Jahren Eukaryoten erschienen und vor etwa 800 Millionen Jahren Vielzeller ohne Hartteile, wie Schwämme und Quallen.

Oben: Einfache Bakterien wie diese sind die ersten Lebewesen, die wir im Fossilbericht erkennen können.

Vor ca. 65 Millionen Jahren

Richtig schlechte Zeiten

Massenaussterben

Die Evolution des Lebens war kein geradliniger ununterbrochener Aufstieg von der ersten Zelle zu so komplexen Geschöpfen wie uns Menschen. Die Geschichte des Lebens wird durchbrochen von als Massenaussterben bezeichneten Ereignissen, in deren Verlauf beträchtliche Teile der Artenvielfalt der Erde verschwanden. Je nach Zählung gibt es zwischen fünf und einem Dutzend solcher Ereignisse. Das bekannteste fand vor rund 65 Millionen Jahren am Ende der Kreidezeit statt, als die Dinosaurier, die mehr als 200 Millionen Jahre lang auf der Erde vorherrschend waren, plötzlich ausstarben.

Der berühmte Film hätte eigentlich »Kreide-Park« heißen müssen, denn alle seine Dinosaurier kamen aus dieser Periode.

Bei diesem Ereignis kamen nicht nur die Dinosaurier um, die uns so faszinieren, sondern zwei Drittel aller damals lebenden Arten. Bei einigen Gruppen von Lebewesen, wie dem Meeresplankton, starben mehr als 90 Prozent der Arten aus. Im Jahr 1980 stellten der Physik-Nobelpreisträger Luis Alvarez (1911–1988) und sein Sohn Walter Alvarez (geboren 1940), der Geologe ist, aufgrund der Untersuchung von Gesteinen aus dieser Zeit die Theorie auf, dass der Einschlag eines Asteroiden mit einem Durchmesser von 200 Kilometern zu diesem Aussterben führte. Später wurde ein von Sedimentgesteinen überdeckter Krater vor der Halbinsel Yucatán als Einschlagsort identifiziert. Wissenschaftler diskutieren darüber, ob auch andere Massenaussterben durch Asteroideneinschläge oder Ereignisse wie katastrophale Vulkanausbrüche verursacht wurden.

Links: Dieser Schädel eines Dinosauriers der Art Dinogorgon wurde im südafrikanischen Buschland gefunden.

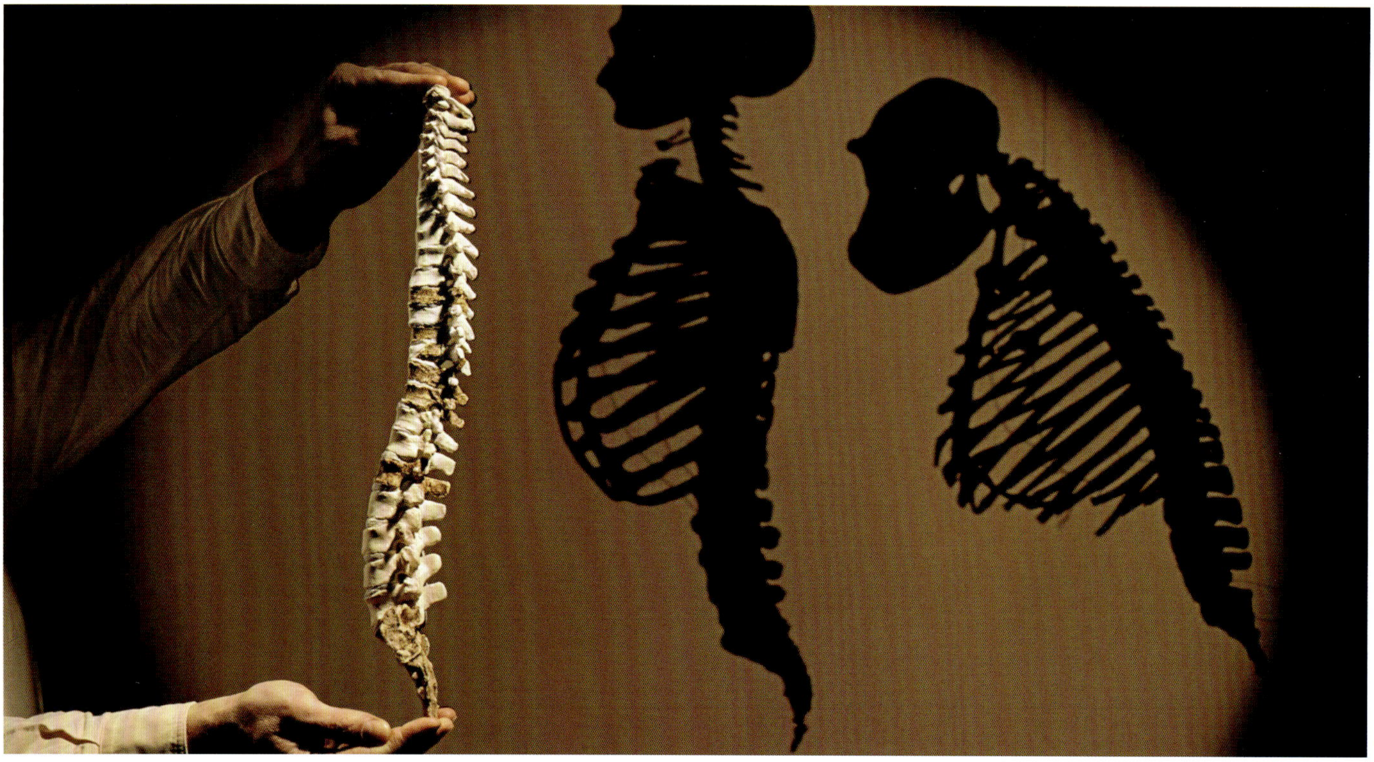

Vor ca. 8 Millionen Jahren

Unsere Evolutionsgeschichte

Die Entwicklung des Menschen

Wie alle anderen Arten tauchen auch Menschen im Fossilbericht auf. Wir teilten uns mit den großen Menschenaffen einen letzten gemeinsamen Vorfahren vor etwa sechs bis acht Millionen Jahren. Danach entwickelten sich über 20 sogenannte Hominiden-Arten, von denen bereits Fossilien gefunden wurden, Wesen, die aufrecht gingen und große Gehirne hatten. Dazu gehören unter anderem:

- *Australopithecus afarensis* (»Südlicher Affe aus Afar«): Das berühmte Skelett von »Lucy« gehört zu dieser Art. Sie ging aufrecht, war ungefähr 105 Zentimeter groß und lebte vor etwa 3,5 Millionen Jahren in Familienverbänden.
- *Homo habilis* (»Geschickter Mensch«): Eines der ersten Mitglieder der Gattung Homo lebte vor etwa zwei Millionen Jahren, und seine Überreste wurden bereits zusammen mit Steinwerkzeugen gefunden.
- *Homo erectus* (»Aufgerichteter Mensch«): Diese Art lebte vor etwa 1,9 Millionen Jahren und starb vor etwa 70 000 Jahren aus. Sie benutzte als erste Feuer und verließ Afrika.
- *Homo neanderthalensis* (»Mensch aus dem Neandertal«): Unser nächster Hominiden-Verwandter (siehe Kommentare zur DNS-Analyse nachstehend) starb vor etwa 35 000 Jahren aus.
- *Homo sapiens* (»Verständiger Mensch«): Das sind wir, die ältesten Fossilien sind etwa 200 000 Jahre alt.

Man sollte dabei stets beachten, dass während des größten Teils der Evolutionsgeschichte der Gattung Homo immer mehrere Arten von Hominiden gleichzeitig lebten.

In einem gewaltigen Kraftakt der genetischen Technologie gelang es einem Team unter der Leitung von Svante Pääbo (geboren 1955) am Max-Planck-Institut für evolutionäre Anthropologie in Leipzig, das Neandertaler-Genom unter Verwendung von aus fossilen Knochen gewonnener DNS zu sequenzieren. Im Jahr 2010 gab die Gruppe ein überraschendes Ergebnis bekannt: Bis zu vier Prozent der DNS aller Menschen außerhalb von Afrika stammen von Neandertalern. Offensichtlich kam es, als die modernen Menschen in das Territorium der Neandertaler eindrangen, zu einer Vermischung der beiden Arten.

Im Jahr 2010 gab es noch eine weitere wichtige Entdeckung: Anhand des Knochens eines kleinen Fingers, der in der Denisova-Höhle in Sibirien gefunden wurde, konnte die Leipziger Gruppe ein bisher unbekanntes Mitglied der Gattung Homo identifizieren. In Melanesiern und australischen Aborigines finden sich bis heute Gene des Denisova-Menschen.

Oben: Das Bild zeigt im Licht die Wirbelsäule eines *Australopithecus afarensis* und als Schatten die skelettierten Oberkörper eines modernen Menschen und eines Schimpansen.

1859

Eine neue Sicht auf das Leben

Charles Darwin

Nur bei sehr wenigen Wissenschaftlern wird ihr Name für immer mit einem bedeutenden wissenschaftlichen Fortschritt verbunden bleiben. Charles Darwin (1809–1882) gehört zu diesen Auserwählten. Als junger Mann ging der Naturforscher an Bord des Schiffs *Beagle*, das eine fünfjährige Forschungsreise unternahm. Bei einem Aufenthalt auf den Galapagos-Inseln vor der Küste Perus kamen ihm die ersten Gedanken zu dem, was das zentrale theoretische Gerüst der Wissenschaft vom Leben werden sollte.

Darwin begann ein Medizinstudium, welches er unter anderem aufgab, weil er kein Blut sehen konnte.

Zu Beginn des 19. Jahrhunderts herrschte die Theorie vor, dass alle Spezies einzeln von Gott erschaffen worden waren und sich seitdem in der relativ kurzen Geschichte der Erde nicht verändert hatten. Auf den Galapagos-Inseln fand Darwin viele leicht unterschiedliche Finkenarten vor, die offensichtlich eng miteinander verwandt waren, aber verschiedene ökologische Nischen besetzten. Warum sollte Gott so viele eng verwandte Versionen des gleichen Vogels erschaffen haben?

Zurück in England verbrachte Darwin viele Jahre damit, sich einen Ruf als Naturwissenschaftler zu erwerben, wofür er die unterschiedlichsten Lebewesen studierte. Dabei bewegten ihn bereits die Gedanken, die schließlich zur Evolutionstheorie führen sollten. Ein Ansatz war das, was er künstliche Selektion nannte – die Zucht von Pflanzen und Tieren mit erwünschten Eigenschaften. Damit konnten Eigenschaften der Eltern auf die Nachkommen übertragen werden.

Darwin züchtete selbst Tauben und stellte sich die Frage: Kann der Natur das Gleiche ohne Einfluss des Menschen gelingen? Dies brachte ihn zum Gedanken der Evolution durch natürliche Selektion. Modern ausgedrückt bedeutet dies, dass Gene – von denen Darwin noch nichts wusste –, die einem Individuum in einer bestimmten Umwelt Vorteile bringen, diesem das Überleben erleichtern. Aus diesem Grund wird es viele Nachkommen haben, die ebenfalls diese Gene tragen.

Darwin veröffentlichte diese Gedanken in seinem im Jahr 1859 erschienen Buch *Über die Entstehung der Arten*, das die Wissenschaft revolutionierte.

Oben: Charles Darwin

Rechts: Dies sind Schädel von Finkenarten, die Darwin auf den Galapagos-Inseln studierte.

1930er- und 1940er-Jahre

Darwin trifft Mendel

Die große Synthese

Ein Kritikpunkt gegenüber Darwins Werk war, dass es keinen Mechanismus aufzeigen konnte, wie Eigenschaften vererbt werden konnten. Erst im dritten und vierten Jahrzehnt des 20. Jahrhunderts konnte die Forschung diese Frage klären. Die auf die Erkenntnisse von Gregor Mendel aufbauenden Genetiker beschrieben die Mechanismen, die den Ablauf der natürlichen Selektion erklären (siehe Seite 106), was Darwins Theorie maßgeblich unterstützte. Wenn durch Mutation ein neues Gen auftaucht, kann dieses Gen an zukünftige Generationen weitergegeben werden, und zwar umso häufiger, je vorteilhafter die Mutation für die Art ist, zum Beispiel bei der Abwehr von Feinden. Irgendwann werden alle Individuen der Population das Gen tragen.

Oben: Eine ungewöhnliche Form der Anpassung zeigen diese Salamanderembryonen, die von in ihrem Körper gespeicherter Nahrung leben.

Rechts: Wissenschaftler erforschen, wie sich Gliedmaßen bei Embryonen, wie den rechts gezeigten Rochen, bilden, um zu verstehen, wie Veränderungen in der DNS zu Veränderungen im Körperbau führen.

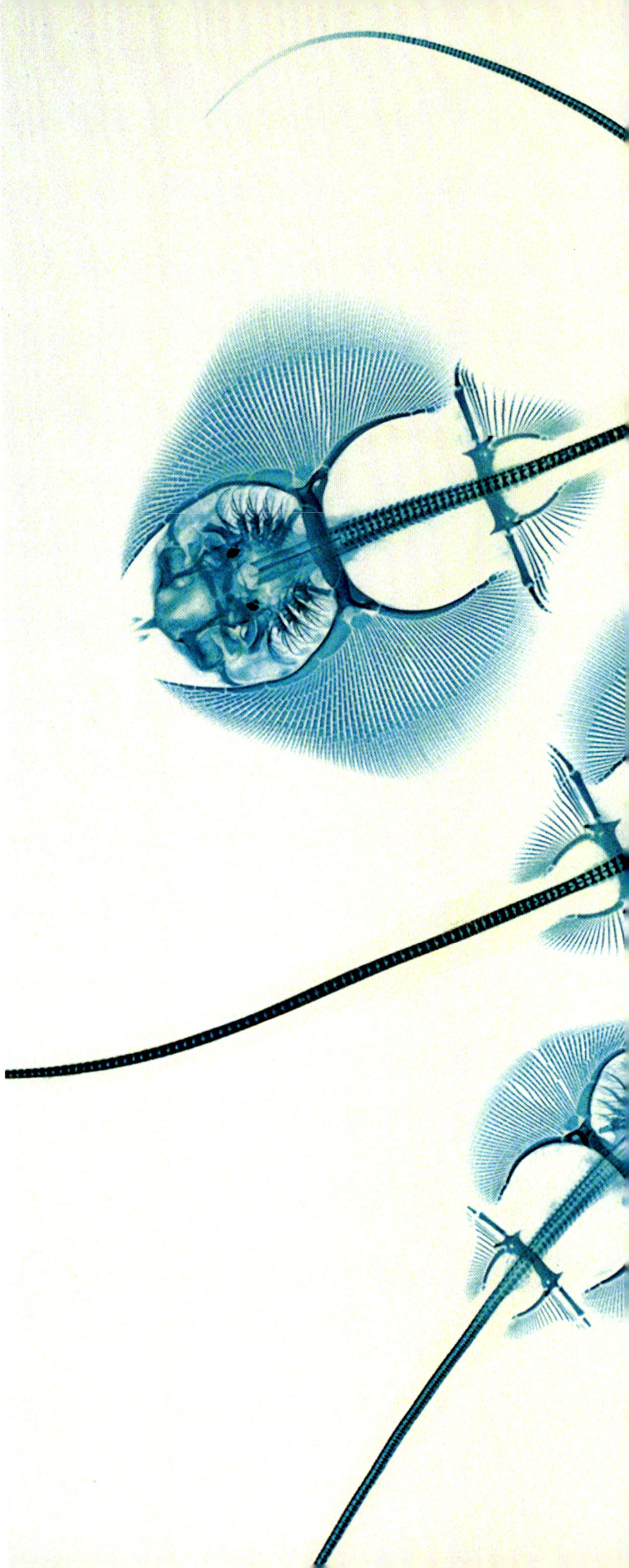

Ende des 20. Jahrhunderts

Auch die DNS erzählt

DNS-Beweise

Der Fossilbericht ist nicht die einzige Botschaft aus der Vergangenheit. Jeder von uns trägt in sich Beweise evolutionärer Prozesse in Form der DNS. Als die Sequenzierung der DNS zur Laborroutine wurde (siehe Seite 106), konnte man die evolutionäre Vergangenheit verschiedener Lebewesen auch durch den Vergleich ihrer DNS erforschen. Je mehr Unterschiede es in der jeweiligen DNS zweier Spezies gab, desto länger ist es her, seit die beiden einen gemeinsamen Vorfahren hatten. Durch diese Art von Analyse wurde zum Beispiel festgestellt, dass Schimpansen unsere engsten Verwandten im Tierreich sind.

Bemerkenswert ist die große Übereinstimmung der von der DNS abgeleiteten Geschichte des Lebens mit der, die man aus dem Fossilbericht herauslesen kann. Dieses Ergebnis gehört zu den stärksten Beweisen für Evolution durch natürliche Selektion.

Oben: Ein Schimpanse erkennt sich im Spiegel, was als Standardtest für tierische Intelligenz gilt.

AM HORIZONT

▷ Neue alte Menschen

Die noch relativ neue Möglichkeit, alte DNS zu sequenzieren, wird mit Sicherheit zu bedeutenden neuen Erkenntnissen über die Evolution des Menschen führen. Bereits die Tatsache, dass es eine Vermischung von modernen Menschen und Neandertalern gab, sorgte für Aufruhr in der Wissenschafts- und Populärkultur. Darüber hinaus lässt die Entdeckung der Denisova-Menschen vermuten, dass noch mehr nahe Verwandte darauf warten, entdeckt zu werden.

▷ Was geschah mit den Neandertalern?

Bis heute kennt man die genaue Ursache für das Verschwinden der Neandertaler nicht. Schließlich waren sie eine erfolgreiche Spezies gewesen, die gut an das eiszeitliche Europa angepasst war. Neandertaler scheinen an vielen Orten ebenso gelebt zu haben wie der moderne Mensch – wenn auch nie genau zur gleichen Zeit. Warum verschwanden sie dennoch vor etwa 35 000 Jahren? Der Nachweis der Vermischung mit Homo sapiens lässt Vermutungen zu, und wahrscheinlich wartet in den dunklen Höhlen Eurasiens noch so manche Überraschung auf uns. ■

Rekonstruktion einer Neandertaler-Jägerin

GENETIK

Mitte des 19. Jahrhunderts

Die Erbsen und das Erben

Die Entdeckung der Erbfaktoren

Gregor Mendel (1822–1884) arbeitete in einem Kloster auf dem Gebiet der heutigen Tschechischen Republik. In der Umgebung des Klosters wurde viel Landwirtschaft betrieben, daher überrascht es nicht, dass er sich für die Bemühungen der Landwirte interessierte, die Leistung ihres Viehs durch selektive Züchtung zu verbessern. Im Klostergarten führte er Experimente durch, die das Denken der Wissenschaftler über Vererbung verändern sollten.

Mendel wählte die Erbsenpflanze als seinen Labororganismus, weil innerhalb einer Wachstumssaison drei Generationen dieser Pflanzen heranreifen, wodurch die Erforschung von ererbten Eigenschaften in einem vergleichsweise kurzen Zeitraum möglich wurde. Er begann mit sogenannten reinerbigen Pflanzen, deren Nachkommen dieselben Merkmale haben wie ihre Eltern, zum Beispiel Pflanzen mit stets langen Schoten oder Pflanzen, die immer kurze Schoten haben. Als er diese Pflanzen dann untereinander kreuzte, indem er den Pollen der einen Sorte auf die weiße andere Sorte übertrug, stellte er fest, dass alle Nachkommen der ersten Generation lange Schoten hatten. Als er aber die Pflanzen dieser Generation wiederum kreuzte, hatten drei Viertel der zweiten Generation lange und ein Viertel kurze Schoten. Ähnliche Regelmäßigkeiten traten auf, als er andere Merkmale, wie etwa weiße im Vergleich zu violetten Blüten oder glatte und rauhe Schoten, erforschte.

Obwohl Vererbung längst als natürliches Geschehen bekannt war, revolutionierte die Entdeckung der DNS und des genetischen Codes unser Verständnis des Lebens.

Um diese Regelmäßigkeiten zu erklären, führte Mendel den Begriff Erbfaktor ein. Später wurde dafür die Bezeichnung Gen geprägt. Mendel ging davon aus, dass ein Nachkomme von jedem Elternteil einen Erbfaktor für jedes Merkmal erhält. Wenn beide Faktoren zum gleichen Ergebnis führen, zum Beispiel lange Schoten, dann würde der Nachkomme dieses Merkmal haben. Sind die Faktoren jedoch verschiedenartig, dann müsse eines dominant sein. Im weiter vorn geschilderten Experiment mit den Erbsen erhielten zum Beispiel die Pflanzen der ersten Generation alle einmal den Erbfaktor für eine lange Schote und einmal für eine kurze. Da alle Pflanzen lange Schoten hatten, musste der Erbfaktor für lange Schoten dominant und der andere rezessiv sein.

Was Mendel ausarbeitete, wird heute als Mendelsche Gesetze der klassischen Genetik bezeichnet. Leider publizierte er seine Ergebnisse damals lediglich in der völlig unbedeutenden Zeitschrift eines regionalen Vereins für Naturforschung. Daher blieb sein Werk weitgehend unbekannt, bis es Anfang des 20. Jahrhunderts wiederentdeckt wurde. □

Gegenüber: Solche Erbsen verwendete Gregor Mendel für die Erforschung der Vererbung von Merkmalen.

Rechts: Gregor Mendel, ein Augustinermönch, entdeckte die grundlegenden Gesetze der Vererbung durch Kreuzung von Erbsenpflanzen mit verschiedenen Merkmalen.

Für Gregor Mendel war der Erbfaktor ein gedankliches Modell, das er verwendete, um seine Daten zu interpretieren. Für uns ist ein Gen heute Teil eines DNS-Moleküls.

1910

Was die Taufliege zu sagen hat

Gene auf der DNS

Im Jahre 1861 entdeckte der Schweizer Physiologe Friedrich Miescher (1844–1895) die Nukleinsäuren als Bestandteile des Zellkerns. Damals hatte niemand eine Vorstellung von ihrer Bedeutung oder Funktion. Erst der US-amerikanische Genetiker Thomas Hunt Morgan (1866–1945) und seine Studenten stießen auf die Verbindung zwischen Mendels Erbfaktoren und den Molekülen der Desoxyribonukleinsäure (DNS).

Wie Mendel brauchte Morgan geeignete Versuchslebewesen. Er wählte die Taufliege *Drosophila melanogaster*, weil die Generationsfolge dieses Insekts sich in Tagen bemisst, sodass es sich bestens dafür eignet, die Übertragung von Erbmerkmalen über die Generationen zu verfolgen. Morgans Team untersuchte viele unterschiedliche Merkmale bei den Fliegen und stellte fest, dass einige Merkmale, wie Augenfarbe und Flügeltextur, über Generationen gemeinsam vererbt wurden. Die Forscher wussten, dass zur Vererbung die sogenannte Rekombination gehörte, bei der Teile des Erbguts zwischen den mütterlichen und väterlichen Chromosomen ausgetauscht werden. Die Tatsache, dass gewisse Merkmale gemeinsam vererbt wurden, bedeutete, dass die Gene, die sie erzeugen, dicht beieinander liegen mussten, sodass sie während der Rekombination zusammenbleiben konnten.

Mit dieser Erkenntnis erstellte das Team die erste Genkarte eines Lebewesens, auf der die Lage der Gene verzeichnet war. Die Forscher entdeckten zudem, dass Gene linear auf dem DNS-Molekül aufgereiht sind. Für seine Arbeit erhielt Thomas Hunt Morgan im Jahr 1933 den Nobelpreis für Medizin.

Oben: Die Taufliege hat eine große Rolle bei der Entwicklung der modernen Genetik gespielt.

▷ 1952

Ist es wirklich die DNS?

Der Beweis, dass die DNS Erbinformationen trägt

Trotz Morgans Arbeit konnten viele Wissenschaftler zu Anfang des 20. Jahrhunderts kaum glauben, dass ein einziges Molekül die gesamten Erbinformationen eines Lebewesens tragen konnte. Alternativ wurden Proteine als mögliche Genträger vorgeschlagen. Die Frage wurde schließlich im Jahr 1952 mit einem von Alfred Hershey (1908–1997) und Martha Chase (1927–2003) klug angelegten Experiment geklärt.

Thomas Morgan war der Urenkel von Francis Scott Key (1779–1843), der den Text zur US-amerikanischen Nationalhymne schrieb.

Sie arbeiteten mit Viren (siehe Seite 120), die Bakteriophagen (»Bakterienfresser«) genannt werden. Diese zerstören Bakterien, indem sie ihr eigenes Erbgut in die Bakterien injizieren, womit diese gezwungen werden, selbst wieder Viren zu produzieren. Bei einer Gruppe der Versuchsviren wurde nur die DNS radioaktiv markiert, bei einer anderen nur die Proteinhülle. Als dann beide Virengruppen jeweils Bakterien angriffen, wurde Radioaktivität danach nur in den Bakterien gefunden, die Opfer von Viren wurden, deren DNS markiert war, nicht aber bei denen, die von Viren attackiert worden waren, deren Proteinhülle die radioaktive Markierung getragen hatte.

Das Ergebnis war eindeutig: Proteine sind nicht der Erbgutträger, die DNS ist das Molekül, das Erbinformationen trägt. Für diese Arbeit erhielt Alfred Hershey im Jahr 1969 den Nobelpreis für Medizin. □

Links: Die künstlerische Darstellung zeigt Bakteriophagen (orangerot), die ein Bakterium (braun) angreifen.

1953

Die Doppelhelix

Die Struktur der DNS

Dem US-amerikanischen Biochemiker James Watson (geboren 1928) und dem britischen Physiker Francis Crick (1916–2004) gelang die Entdeckung der Molekularstruktur der DNS. Doch schon in den Jahrzehnten vor ihrem Durchbruch im Jahr 1953 hatten Wissenschaftler viel über die DNS gelernt. Man wusste zum Beispiel, dass das Molekül den aus fünf Kohlenstoffatomen bestehenden Zucker Desoxyribose (für den das »D« in DNS steht) enthielt und außerdem eine Gruppe aus vier Sauerstoffatomen an einem Phosphoratom sowie vier als Basen bezeichnete Moleküle. Die Basen sind Adenin, Thymin, Guanin und Cytosin, oft abgekürzt mit A, T, G und C. Darüber hinaus war bekannt, dass die Moleküle immer gleiche Teile von A und T sowie gleiche Teile von G und C enthielten.

Die Struktur der DNS, die Watson und Crick entdeckten, kann man sich gut als Strickleiter vorstellen, deren lange Seitenstricke die Zucker- und Phosphatgruppen sind. Am interessantesten sind jedoch die Sprossen. Eines der Basenmoleküle ragt aus jedem Seitenstrick hervor und verbindet sich mit einer Base vom anderen Strick. Wegen der jeweiligen Form verbindet sich A nur mit T, und C verbindet sich nur mit G. Das erklärt, warum wir immer gleiche Mengen von A und T und gleiche Mengen von C und G vorfinden, aber nicht unbedingt die gleichen Menge von C und T.

Wenn man nun das obere und das untere Ende der Strickleiter jeweils in die entgegengesetzte Richtung verdreht, erhält man die berühmte Doppelhelix der DNS. Watson und Crick erhielten für ihre Entdeckung im Jahr 1962 den Nobelpreis für Medizin.

Bis heute wird übrigens der Beitrag der britischen Biochemikerin Rosalind Franklin (1920–1958) zur Entdeckung der DNS-Struktur nicht ausreichend gewürdigt. Sie hatte eine außerordentlich aufschlussreiche Röntgenaufnahme der DNS gemacht, die einer ihrer Kollegen ohne ihr Wissen an James Watson weitergab. Rosalind Franklin starb an Krebs, einige Jahre, bevor der Nobelpreis für die Entschlüsselung der DNS-Struktur bekannt gegeben wurde.

Unten: Die symbolhafte Abbildung zeigt die DNS-Doppelhelix. Watson und Crick entschlüsselten im Jahr 1953 die Molekularstruktur der DNS und ebneten damit heutigen revolutionären Entwicklungen der Genetik den Weg.

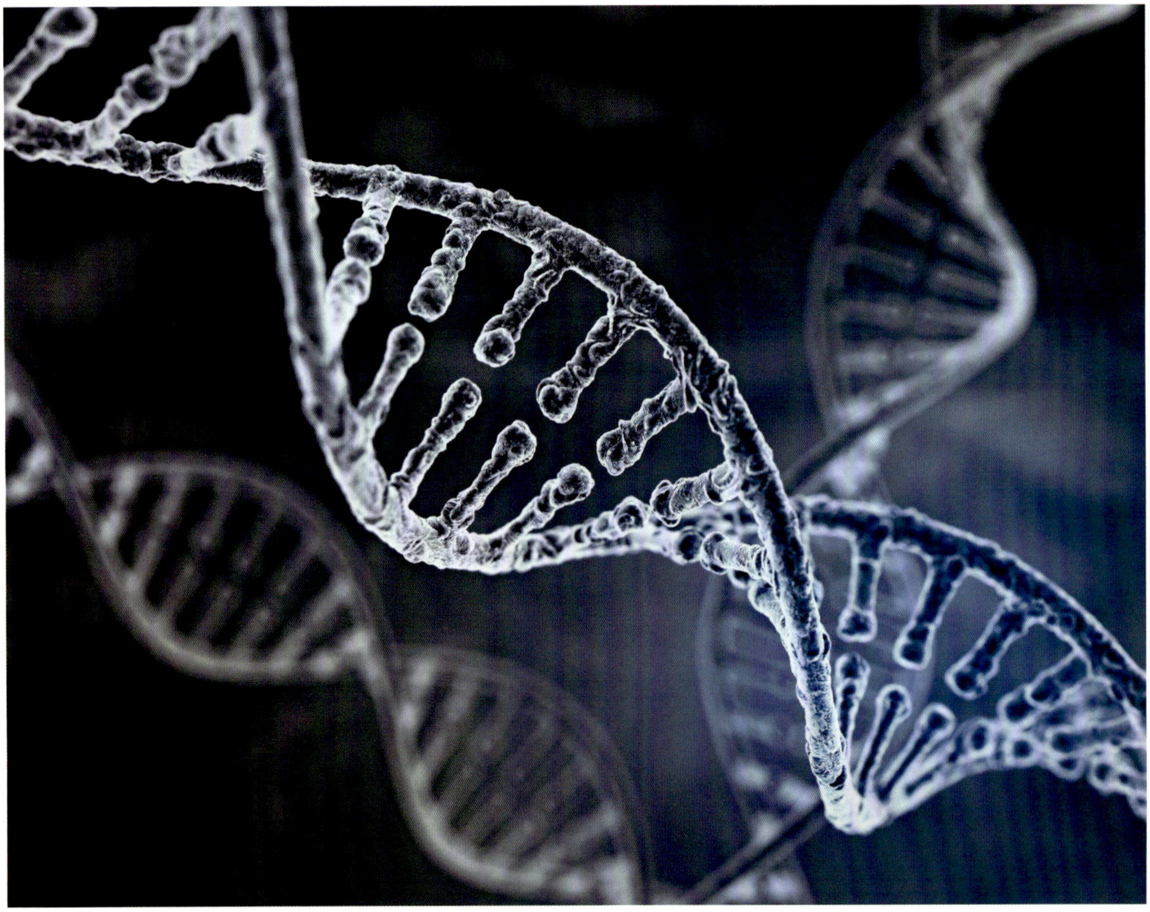

▷ 1961

Die entschlüsselte DNS

Der genetische Code

Nachdem die Struktur des DNS-Moleküls bekannt war, bestand die nächste Aufgabe darin, herauszufinden, wie die daraufsitzenden Informationen die Abläufe in Zellen steuern. Wir wissen, dass die chemischen Vorgänge in Zellen von Molekülen gesteuert werden, die Proteine bilden und deren Bausteine wiederum Aminosäuren (siehe Seite 81) sind.

Der Prozess beginnt mit einem anderen Molekül, der RNS (Ribonukleinsäure), einer Art Verwandten der DNS. RNS gleicht der DNS, außer dass sie nur aus einem Strang besteht, einen anderen Zucker hat, nämlich Ribose (für den das »R« steht), und eine andere Base – Uracil (U) – die Stelle von Thymin einnimmt.

Verschiedene Arten von RNS erfüllen drei wichtige Aufgaben in der Chemie des Lebens. Erstens kopiert ein Boten-RNS (mRNS) genanntes Molekül die Sequenz der Basen auf einem DNS-Abschnitt und dringt in den Zellkörper ein. Zweitens lagert sich an einem Ende der mRNS ein Transfer-RNS (tRNS) genanntes Molekül an und an ihrem anderen Ende eine Aminosäure. Als Letztes dient eine dritte Art von RNS sozusagen als »Werkbank«, auf der die Zusammenfügung einer Reihe von Aminosäuren zu einem Protein stattfindet.

Die Entschlüsselung dieses recht komplexen Prozesses begann im Jahr 1961 in den National Institutes of Health außerhalb von Washington, D. C. Marshall Nirenberg (1927–2010) baute künstliche RNS-Sequenzen, bei denen jeweils alle Basenpaare gleich waren. Diese Sequenzen wurden mit mehreren Medien zusammengebracht, die jeweils eine andere Aminosäure enthielten. Er stellte fest, dass jede seiner künstlichen Sequenzen sich nur an eine Art von Aminosäure band.

Aus Nirenbergs Arbeit ergab sich, dass drei Basenpaare in der DNS – das sogenannte Codon – die Art von Aminosäure definieren, die als Baustein für das Protein dient. Die Basenpaarkette, welche die Information enthält, die für die Bildung des Proteins erforderlich ist – und daher auch für den Ablauf der chemischen Reaktionen –, ist ein Gen. Mit der Arbeit von Nirenberg und denen, die ihm folgten, wurde das Gen, der Träger einer konkreten Erbinformation, der für Mendel noch lediglich ein geistiges Konstrukt war, physisch greifbar. Das Gen ist Teil eines DNS-Moleküls. Nirenberg erhielt im Jahr 1968 den Nobelpreis für Medizin.

Eine enorm wichtige daraus abgeleitete Erkenntnis ist, dass alle bekannten Lebewesen für ihre Erbinformationen denselben genetischen Code verwenden. Das ist sowohl ein fundierter Beweis für die Theorie der Evolution (siehe Seite 86) als auch die Grundlage für die moderne Gentechnik (siehe Seite 108). □

Oben: Marshall Nirenbergs Pionierarbeit trug maßgeblich zum Verständnis des genetischen Codes bei. Er erhielt im Jahr 1968 für seine Erklärung, wie Erbinformationen in Sequenzen von Aminosäurenpaaren codiert sind, den Nobelpreis für Medizin.

Nur etwa fünf Prozent unserer DNS bestehen aus Genen. Der Rest steuert unter anderem, wann Gene an- oder abgeschaltet werden, ein Teil hat Funktionen, die wir noch nicht kennen, und ein Teil könnte »Abfall« sein.

1987

Die Vergangenheit lesen

Mitochondriale DNS

Es gilt als gesichert, dass bestimmte Organellen in unseren Zellen entwicklungsgeschichtlich durch die Absorption einer Zelle durch eine andere in einer symbiotischen Beziehung (siehe Seite 86) entstanden sind. Dazu gehören auch die Mitochondrien genannten Organellen, in denen die Zelle ihre Energie erzeugt. Sie haben ihre eigene DNS, die aus von der DNS in den Zellkernen unabhängigen Molekülen besteht. Die mitochondriale DNS enthält 37 Gene. Mitochondrien gelangen stets mit der Eizelle in den Befruchtungsprozess, daher stammen die Mitochondrien aller Menschen von der Mutter – oder in der Sprache der Genealogen: Die mitochondriale DNS wird maternal weitergegeben.

In den 1980er-Jahren begannen Wissenschaftler an der University of California in Berkeley, die mitochondriale DNS vieler verschiedener Menschen zu sequenzieren, um einen Stammbaum der Menschheit zu rekonstruieren. Zu ihrer Überraschung führten viele der Stammbäume auf eine einzige Frau zurück, die vor 100 000 bis 200 000 Jahren lebte. Sie wird heute als mitochondriale Eva bezeichnet. Seither sind ähnliche Analysen durchgeführt worden, um die mitochondrialen Vorfahren verschiedener Populationen aufzuspüren, so hat man beispielsweise mehrere Frauen als die mitochondrialen Urmütter der modernen Europäer identifiziert. □

Gegenüber: Sollte es eine mitochondriale Eva gegeben haben, wie manche Wissenschaftler annehmen, hat sie mit großer Wahrscheinlichkeit in Afrika gelebt, wo sich die ersten Menschen entwickelten.

Es wurden auch Versuche unternommen, anhand der Kern-DNS einen »Adam des Y-Chromosoms« zu finden – einen hypothetischen männlichen Vorfahren. Es ist aber ausgesprochen unwahrscheinlich, dass dieser Adam und die mitochondriale Eva sich jemals getroffen haben.

1997

Hello, Dolly!

Klonen

Im Jahr 1997 wurde der Welt das Schaf Dolly als erstes geklontes Säugetier vorgestellt. Dollys Entstehungsgeschichte ist leicht zu beschreiben, aber die wissenschaftliche Umsetzung war alles andere als simpel. Als Erstes wurde aus der Eizelle eines Schafs der Zellkern mit seiner DNS entfernt. Durch schwache Stromstöße wurde die komplette Euterzelle eines zweiten Schafs mit der entkernten Eizelle verschmolzen. Durch einen Prozess, den wir noch nicht ganz verstehen, konnte die entkernte Eizelle auch die Gene wieder »anschalten«, die im Verlauf der Entwicklung der Zelle des zweiten Schafs »abgeschaltet« worden waren. Das Ei wurde dann mit seiner Ladung reaktivierter DNS in den Uterus eines dritten Schafes eingepflanzt, das Dolly austrug. Dolly bekam im Jahr 1998 auf normalem Wege Lämmer, starb aber bereits sehr früh im Alter von sechs Jahren. Sie litt unter einer Lungenkrankheit, die normalerweise nur älteren Schafe bekommen. Seither sind viele Säugetiere geklont worden – Ratten, Kühe, Schweine, Pferde und sogar Affen.

Als Dolly geboren wurde, war die Aufregung in der Presse groß. Journalisten beschworen Bilder von Menschen herauf, die geklont würden, um als »Ersatzteillager« für ihren DNS-Spender zu dienen. Die Natur schafft bereits menschliche »Klone« im Sinne von Menschen, deren DNS identisch mit der von anderen ist. Wir nennen sie eineiige Zwillinge. □

Rechts: Das Schaf Dolly war das erste geklonte Säugetier.

▷ 2000

Erkenne dich selbst

Sequenzierung des menschlichen Genoms

Es gibt etwa drei Milliarden Basenpaare im menschlichen DNS-Molekül. Das Ablesen ihrer Abfolge bezeichnet man als Sequenzierung des Genoms. Die DNS-Sequenzierung wurde in den 1980er-Jahren bei Wissenschaftlern ein beliebtes Thema, aber es dauerte, bis das Ziel erreicht war, denn die Technik in Form eines Sequenzierungsgeräts fehlte noch. Als man damit in den 1990er-Jahren weiterkam, wurde das Genom von immer komplexeren Organismen sequenziert. Es begann 1995 mit dem Genom eines Bakteriums, 1998 wurde mit dem Genom eines Plattwurms das des ersten Vielzellers sequenziert.

Hinter den Fortschritten in den 1990er-Jahren standen maßgeblich die Wissenschaftler Craig Venter (geboren 1946), der Leiter einer von ihm gegründeten privaten Gesellschaft, und Francis Collins (geboren 1950), der Leiter des Genomprojekts an den National Institutes of Health der USA. Venter entwickelte ein Verfahren, das als »Schrotschusssequenzierung« bekannt ist. Ein DNS-Abschnitt wird in kleinere Einheiten zerlegt, die einzeln in automatische Sequenzierungsgeräte gegeben werden. Computer fügen die Ergebnisse dann zusammen. Das ist etwa so, als teile man einen fremdsprachigen Text in kleine Stücke, gäbe jedes Stück einem anderen Übersetzer und würde die einzelnen Übersetzungen zusammensetzen.

Im Jahr 2000 verkündeten Venter und Collins bei einer Feier im Weißen Haus die erste Entschlüsselung eines menschlichen Genoms. Das weckte Hoffnungen auf bedeutende Fortschritte in der Medizin. Dass man dabei letztlich deutlich langsamer vorankam als erwartet, lag an der unerwarteten Komplexität, auf die Wissenschaftler bei der detaillierten Erforschung des Genoms stießen. □

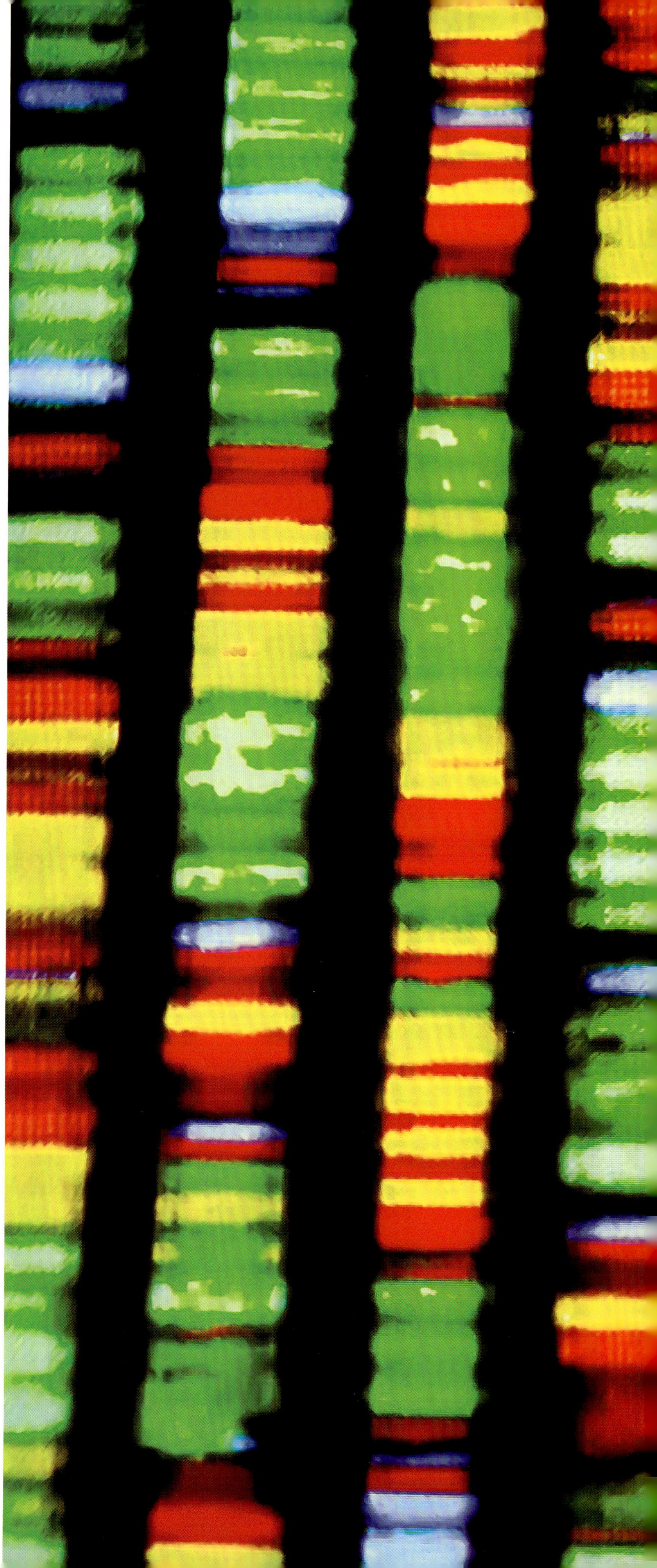

Oben: Craig Venter erfand das als »Schrotschusstechnik« bekannte Verfahren, das die Sequenzierung des menschlichen Genoms ermöglichte.

Rechts: Das Bild zeigt eine DNS-Sequenz, bei der verschiedene fluoreszierende Moleküle an DNS-Abschnitte angelagert wurden.

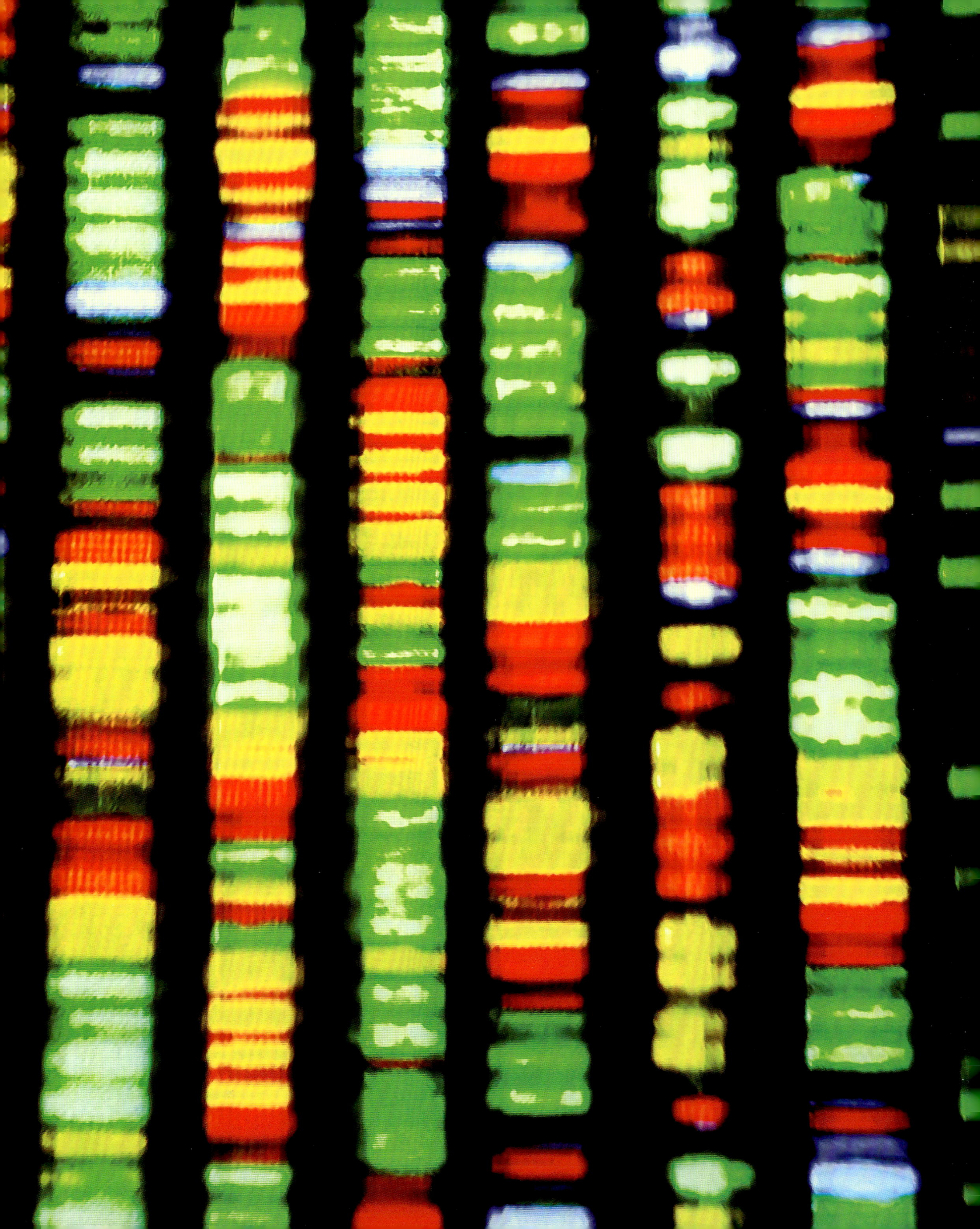

AM HORIZONT

Fortschritt in der Gentechnik

Die Tatsache, dass das Erbgut aller Lebewesen auf dieselbe Art codiert ist, macht es prinzipiell möglich, Gene von einem Organismus auf einen anderen zu übertragen. Die meisten der bedeutenden Nutzpflanzen, die in den USA angebaut werden, sind auf diese Weise verändert worden. Eine neue Technik, die auf der Existenz von sogenannten CRISPR aufbaut, sich häufig wiederholender Abschnitte von DNS im Erbgut, kann dieses Verfahren deutlich optimieren. Wissenschaftler können damit tatsächlich den Code der DNS direkt verändern, anstatt nur Gene einzufügen oder zu entfernen.

Ethiker und Wissenschaftler diskutieren bereits über die moralischen Aspekte, die beim Einsatz von CRISPR zur Veränderung der DNS von Föten im Uterus auftreten. Dies ist ein perfektes Beispiel, wie technologischer Fortschritt den Rahmen unserer moralischen und rechtlichen Konventionen sprengen kann.

Synthetische Biologie

Die Veränderung von Lebewesen durch den Austausch von Genen zwischen Organismen ist eine Sache, die Erschaffung einer völlig neuen lebenden Zelle unter Einsatz handelsüblicher Chemikalien ein andere. Der »Bau« neuer Organismen ist das Ziel eines neuen Fachbereichs, der als synthetische Biologie bezeichnet wird. Die Herstellung von Kleinstlebewesen mit vorgegebenen Eigenschaften hätte weitreichende Vorteile. Vorstellbar sind beispielsweise künstliche Zellen für die Herstellung von Medikamenten oder die Umwandlung von Kohlendioxid in Benzin.

Die Forschung hierzu steckt aber noch in den Kinderschuhen. Im Jahr 2010 ersetzte Craig Venter, der Pionier der Sequenzierung des Humangenoms, die DNS einer Zelle durch eine in einem Labor hergestellte. Die Zelle zeigte fortan die von der neuen DNS codierten chemischen Reaktionen. Das ist ein erster Schritt hin zu synthetischem Leben. ■

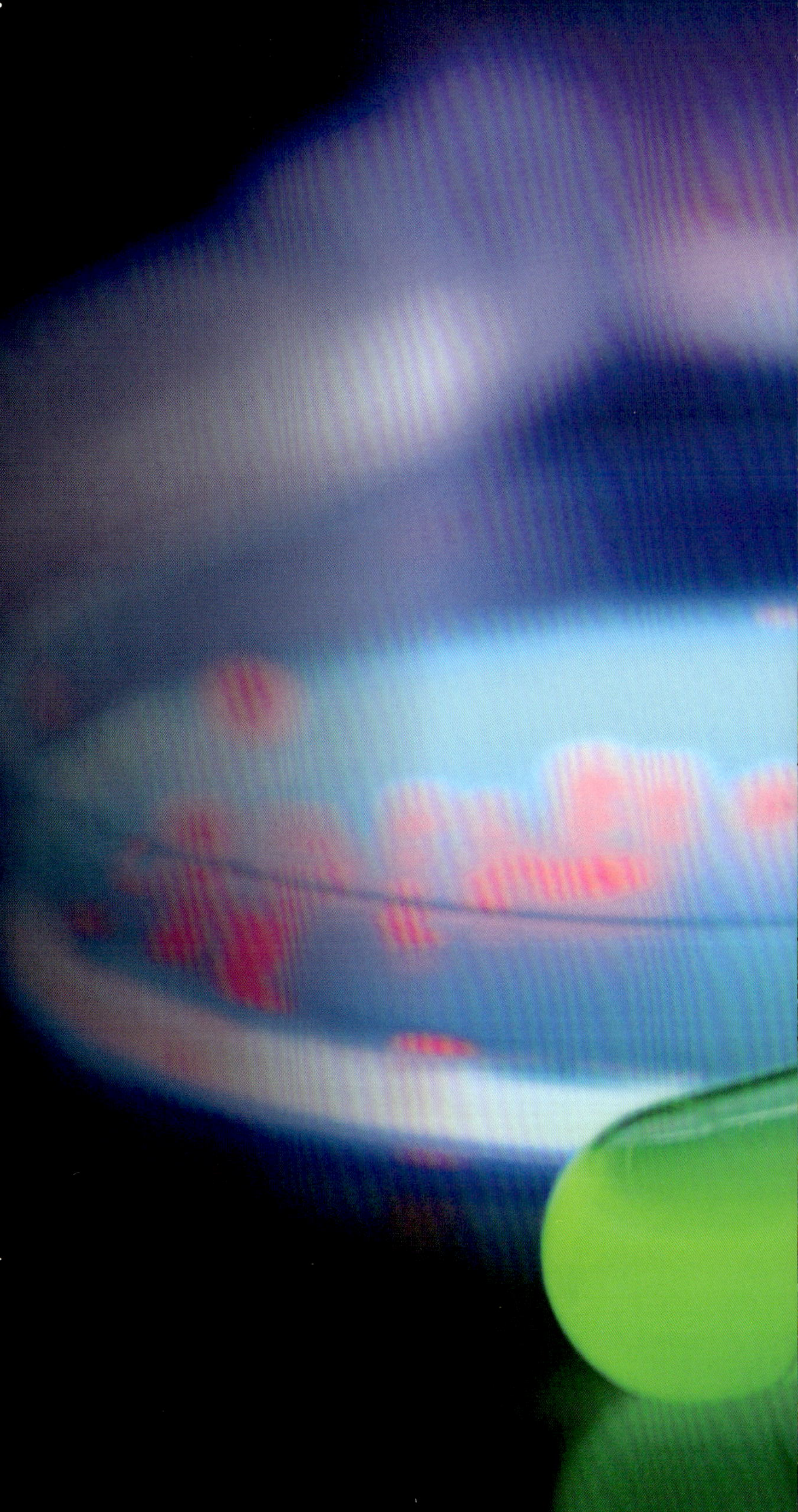

Dieses Laborfoto zeigt im Hintergrund gentechnisch veränderte Bakterien, die rosafarben leuchten, während das Reagenzglas vorne Bakterien enthält, die verändert wurden, um grün zu leuchten.

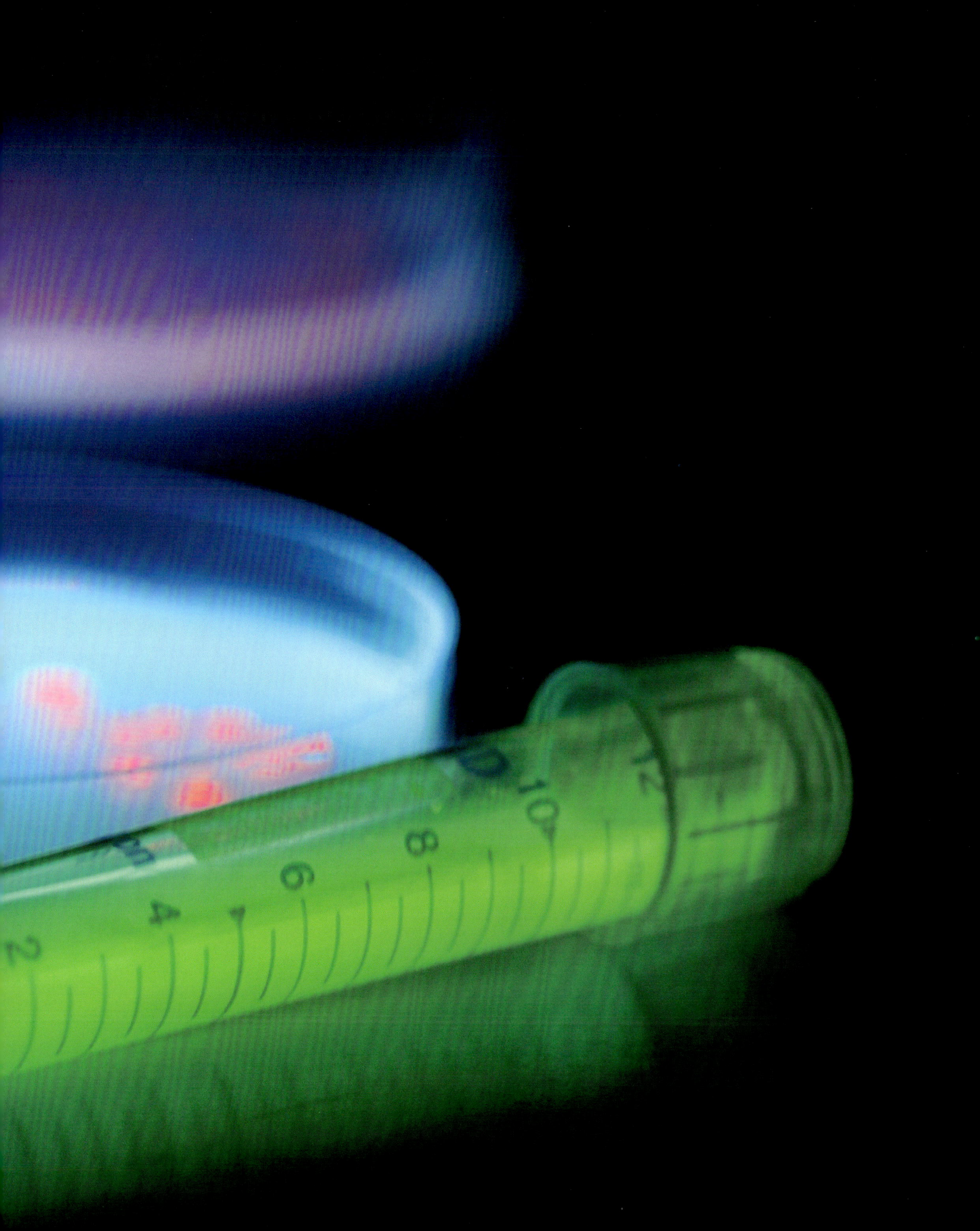
2
4
6
8
10
12

ZELLTHEORIE

1837

Ein folgenreiches Treffen

Zellen

Der Begriff »Zelle« als Grundbaustein von Lebewesen wurde von dem britischen Wissenschaftler Robert Hooke (1635–1703), einem Zeitgenossen Isaac Newtons, geprägt. Er hatte ein Stück Kork unter dem Mikroskop untersucht und bemerkt, dass es in Hohlräume aufgeteilt war, die ihn an die Zellen von Mönchen in einem Kloster erinnerten.

Im Jahr 1837 trafen sich in einem Restaurant zwei junge Deutsche, die beide eine wissenschaftliche Karriere vor sich hatten. Matthias Schleiden (1804–1881) war ein Anwalt mit ausgeprägtem Interesse an Botanik, und Theodor Schwann (1810–1882) arbeitete als Assistent in einem physiologischen Labor. Beide hatten bereits umfangreiche mikroskopische Untersuchungen der Zellstruktur von Lebewesen unternommen, Schleiden bei Pflanzen- und Schwann bei Tierzellen. Sie stellten fest, dass es bedeutende Ähnlichkeiten zwischen den beiden Zellarten gab. Letztlich führte dieses Treffen zu einem der zentralen Grundsätze der Biologie: Alle Lebewesen bestehen aus Zellen. Der deutsche Biologe Rudolf Virchow (1821–1902) erweiterte diesen Gedanken und erklärte, dass außerdem auch jede Zelle aus einer anderen entsteht. Damit war die Zelltheorie des Lebens komplett.

Matthias Schleiden gehörte zu den ersten deutschen Biologen, die Darwins Evolutionslehre akzeptierten und lehrten.

Oben rechts: Dieser Nachbau von Robert Hookes Mikroskop wurde nach Angaben aus dessen Buch *Micrographia* aus dem Jahr 1665 erstellt.

Ob eine einfache Korkzelle oder eine Stammzelle – Zellen sind die Grundbausteine aller Lebewesen.

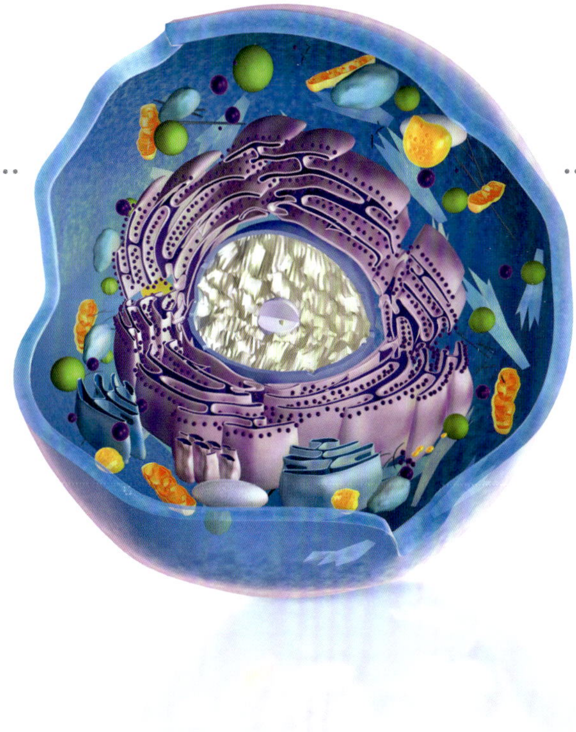

▷ Anfang des 20. Jahrhunderts

Die Fabrik

Zellstruktur

Früher glaubte man, dass Zellen nur träge Bläschen in der lebendigen Masse seien, was zu dem Ausdruck »Protoplasma« führte, von dem man annahm, es sei der Inhalt der Bläschen. Das änderte sich jedoch, als Biologen immer bessere Mikroskope zur Verfügung standen. Schließlich war klar, dass Zellen, vor allem solche in Vielzellern, hochkomplexe Strukturen sind, die mit modernern Produktionsfabriken vergleichbar sind, und es sich keineswegs um träge Bläschen handelt.

Im Jahr 1886 wurde die Mitochondrium genannte Struktur entdeckt, die ein Beispiel für ein Organell ist – eine Struktur in der Zelle, die eine besondere Funktion erfüllt. Im Mitochondrium wird beispielsweise die Energie für die Zelle erzeugt. Viele dieser Organellen sind das Ergebnis des symbiotischen Zusammenschlusses mehrerer Einzelzellen in der entwicklungsgeschichtlichen Vergangenheit. Andere Beispiele für Organellen sind der Zellkern, in dem die DNS gespeichert ist, Ribosomen, in denen Proteinenzyme zusammengesetzt werden, und Chloroplasten, in denen bei Grünpflanzen die Photosynthese stattfindet. Die grafische Darstellung oben auf der Seite zeigt, dass es sehr viele dieser spezialisierten Strukturen in Zellen gibt. □

Oben: Diese Zeichnung einer typischen tierischen Zelle zeigt ihre komplexe Struktur mit vielen Einteilungen. Jede lebende Zelle gleicht einer komplexen Fabrik.

Die Zellen aller höher entwickelten Organismen haben viele Organellen, auch der Kern mit der darin eingelagerten DNS ist ein Organell.

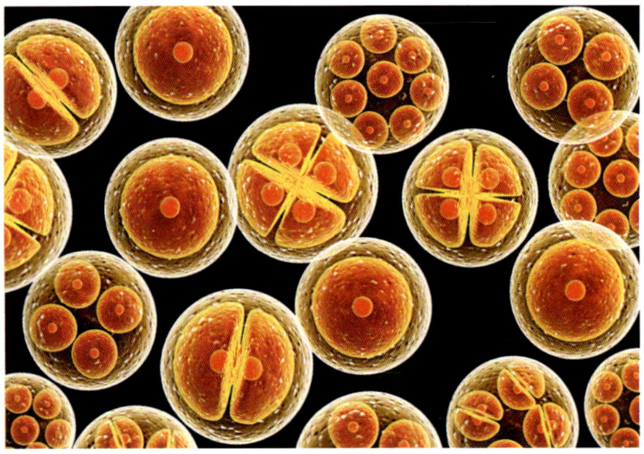

1998

Noch ist alles möglich

Die Pluripotenz der Stammzellen

Das befruchtete Ei, aus dem sich alles komplexe Leben entwickelt, enthält noch DNS, in der kein Gen »abgeschaltet« wurde. In der Sprache der Genetiker ausgedrückt: Sie sind pluripotent. Diese Eigenschaft bleibt über mehrere Teilungsvorgänge der Eizelle erhalten, beim Menschen ungefähr so lange, wie der Embryo braucht, um sich in der Gebärmutter einzunisten. Die sogenannten embryonalen Stammzellen haben das Potenzial, sich zu jedem Zelltyp zu entwickeln.

Nach dieser Anfangsphase werden Gene abgeschaltet, und die Zellen spezialisieren sich. Einige Zellen behalten allerdings eine begrenzte Fähigkeit, verschiedene Gewebetypen zu bilden. Hautstammzellen – sogenannte somatische Stammzellen – sind zum Beispiel imstande, die unterschiedlichen Zellen der Haut zu bilden.

Im Jahr 1998 wiesen Forscher an der University of Wisconsin nach, dass es möglich war, Stammzellen lange »unentschlossen« zu halten. Wenn sie sich teilen, bilden sie eine Stammzellenlinie, in der keine Gene abgeschaltet werden, wie es normalerweise der Fall sein würde.

Es gibt über 30 Billionen Zellen im menschlichen Körper.

Das Thema Stammzellen ist für die regenerative Medizin (siehe Seite 137) von enormer Bedeutung. Da die Stammzellenforschung aber aufgrund ihrer »verbrauchenden« Embryonenforschung auch mit der Abtreibungsdebatte verbunden ist, ist sie in vielen Ländern zu einem schwierigen politischen Thema geworden. □

Oben links: Verschiedene Stadien der Zellteilung – jede Zelle im menschlichen Körper stammt von einer einzigen befruchteten Eizelle ab.

Ende des 20. Jahrhunderts

Aufwachsen und abschalten

Die Entwicklung von Zellen

Mit der Ausnahme von Samen- und Eizellen hat jede Zelle im menschlichen Körper exakt die gleiche DNS, weil sie alle von der einen befruchteten Eizelle abstammen, mit der das Dasein dieses Körpers begann. Zellteilung für Zellteilung wird dabei auch die ursprüngliche DNS kopiert.

Das bedeutet zum Beispiel, dass jede Zelle des Körpers das Gen für die Bildung von Insulin enthält, einem bedeutenden Stoffwechselprotein. Doch nur relativ wenige Zellen in der Bauchspeicheldrüse stellen tatsächlich Insulin her. Das gibt uns einen Hinweis darauf, wie Zellen sich spezialisieren: Wenn der Körper heranreift, werden Gene, wie das für die Insulinbildung, in allen Zellen abgeschaltet, außer in den wenigen, in denen sie benötigt werden. Die Erforschung dieses Vorgangs ist heute eines der Hauptanliegen der Biologie. □

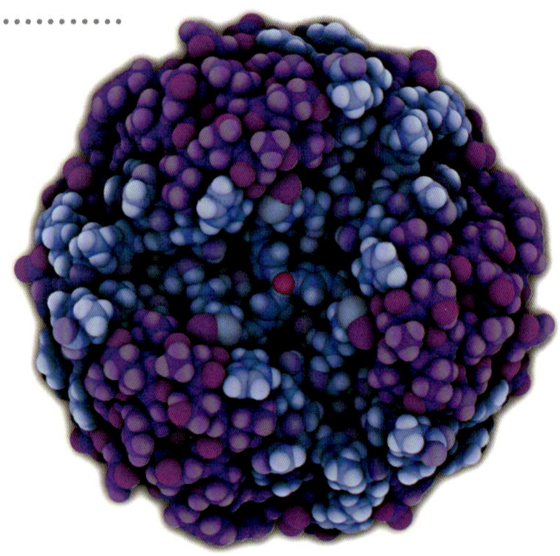

Oben rechts: Das hier gezeigte Insulinmolekül wird nur von vergleichsweise wenigen spezialisierten Zellen der Bauchspeicheldrüse gebildet. Diabetes wird durch Insulinmangel verursacht.

AM HORIZONT

▷ Pluripotenz aus normalen Körperzellen

Wie bereits erwähnt, sind embryonale Stammzellen unter anderem mit dem Thema der verbrauchenden Embryonenforschung verbunden. Daher wäre es von Vorteil, wenn man pluripotente Stammzellen aus somatischen Zellen oder sogar aus normalen Zellen bilden könnte. Schließlich haben alle die gleiche DNS. Außerdem ist bekannt, dass beim Klonen (siehe Seite 105) die entkernte Eizelle die Abschaltung der Gene, die mit der Reifung einherging, aufheben kann. Was kann das Ei, was wir nicht können?

Es sind allerdings Fortschritte gemacht worden, Wissenschaftlern ist es gelungen, beispielsweise aus somatischen Hautzellen auch andere Gewebearten zu gewinnen. Auf diesem Gebiet ist in der Zukunft einiges zu erwarten. ■

Im Frühstadium der Entwicklung sind die Zellen im Embryo noch pluripotent.

KLASSIFIKATION DES LEBENS

▷ Seit Menschengedenken

Tierisch, pflanzlich oder mineralisch

Das Leben klassifizieren

Seit Menschen erstmals über die Welt des Lebendigen nachdachten, war die Hauptaufgabe der Biologie ganz einfach zu benennen: Welche Arten von Leben gibt es auf unserem Planeten? Kaum hatten sie sich diese Frage gestellt, suchten Wissenschaftler nach Möglichkeiten, das, was sie beobachtet hatten, zu ordnen.

Carl von Linné (1707–1778) war ein schwedischer Physiker und Botaniker, der an der Universität von Uppsala lehrte. Ein großes botanisches Projekt mit Pflanzen aus aller Welt, mit dem er dort befasst war, kam seinem Interesse an der Einordnung und Klassifizierung von Lebewesen sehr entgegen.

Das Linnésche Klassifizierungssystem fasste Gruppen von Lebewesen mit ähnlichen Merkmalen zusammen. Die umfassendste Gruppe ist ein Reich, und in der modernen Linnéschen Systematik gibt es fünf Reiche: Pflanzen, Tiere, Pilze und zwei Reiche von Einzellern. Reiche werden in Stämme aufgeteilt, Stämme in Klassen, Klassen in Ordnungen und Ordnungen in Familien. Die untersten Kategorien sind Gattung und Art, in denen auch der Mensch seinen Platz hat: Gattung *Homo*, Art *sapiens*. Die jeweiligen Bezeichnungen für die letzten beiden Gruppierungen sind charakteristisch für dieses Klassifizierungssystem. □

Oben: Die Zeichnung einer Tabakpflanze stammt aus einem im Jahr 1799 in Philadelphia veröffentlichten Buch.

Seit mehr als 300 Jahren
klassifizieren Biologen Lebewesen.

Oben: Die DNS des Gorillas ist der des Menschen sehr ähnlich.

Ende des 20. Jahrhunderts

Was die Moleküle sagen

Andere Arten der Klassifizierung

Das Linnésche System ist jedoch nicht die einzige Möglichkeit, Lebewesen zu klassifizieren. Es ist entstanden, bevor Wissenschaftler Kenntnis von der Evolution und der molekularen Basis des Lebens hatten. Allerdings sollte stets klar sein, dass es keine »richtige« Art der Klassifizierung von Lebewesen gibt, unterschiedliche Klassifikationssysteme können lediglich mehr oder weniger brauchbar sein.

Ende der 1990er-Jahre entwickelte Carl Woese (1928–2012), ein Mikrobiologe an der University of Illinois, ein auf ribosomalen RNS-Sequenzen basierendes Klassifikationssystem. Darin gibt es drei »Domänen« – zwei davon umfassen jeweils einzellige Organismen ohne Zellkern und eine unfasst Arten mit Zellen, die einen Kern haben, von den Amöben bis zum Menschen.

Die Paläontologie steuert eine weitere Systematik bei: In dem Kladistik genannten System werden Lebewesen nach ihrer Abstammung gruppiert. Alle Lebewesen mit einem gemeinsamen Vorfahren bilden eine sogenannte Klade, so auch Menschen und Menschenaffen, die vor rund acht Millionen Jahren einen gemeinsamen Vorfahren hatten.

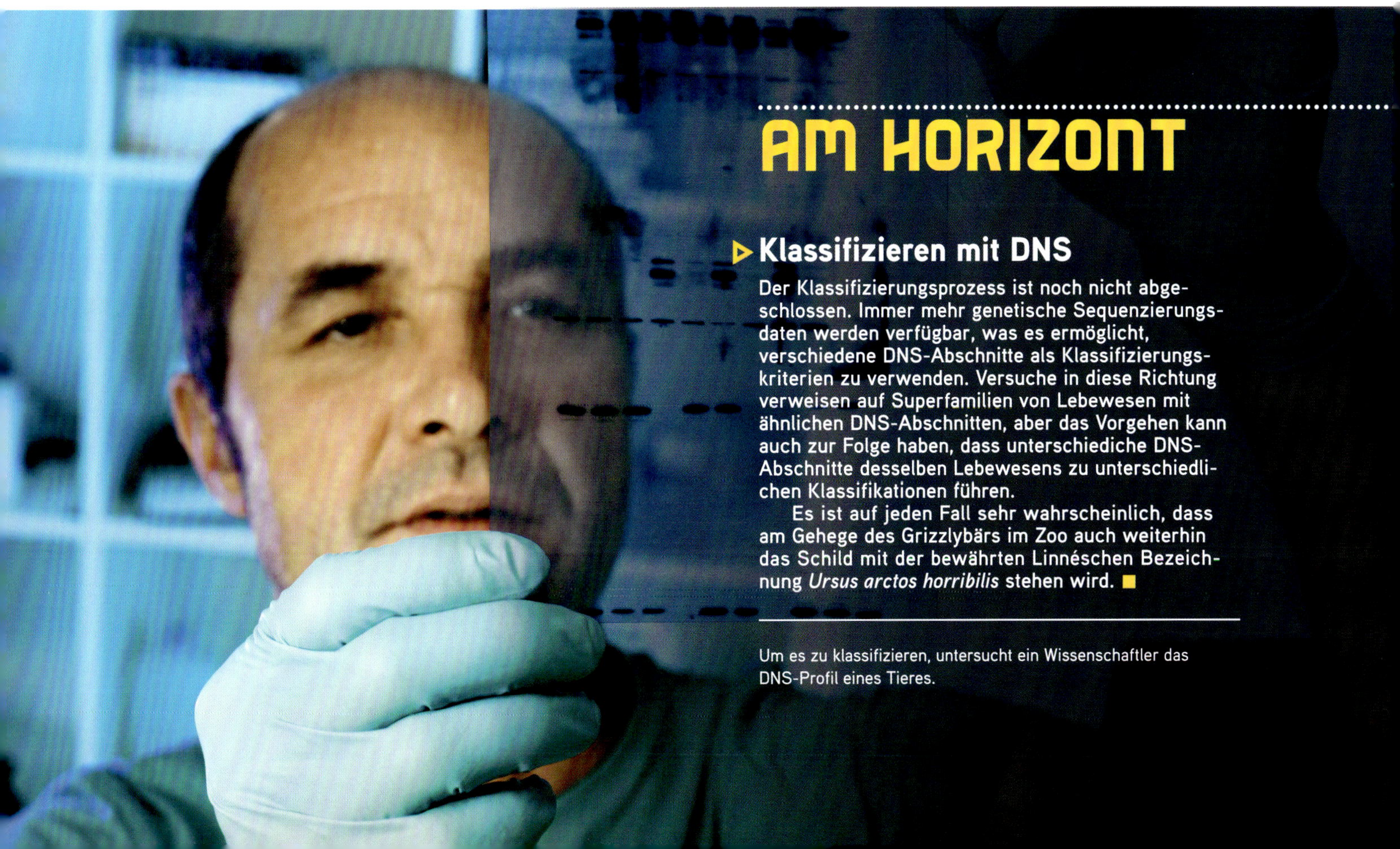

AM HORIZONT

Klassifizieren mit DNS

Der Klassifizierungsprozess ist noch nicht abgeschlossen. Immer mehr genetische Sequenzierungsdaten werden verfügbar, was es ermöglicht, verschiedene DNS-Abschnitte als Klassifizierungskriterien zu verwenden. Versuche in diese Richtung verweisen auf Superfamilien von Lebewesen mit ähnlichen DNS-Abschnitten, aber das Vorgehen kann auch zur Folge haben, dass unterschiediche DNS-Abschnitte desselben Lebewesens zu unterschiedlichen Klassifikationen führen.

Es ist auf jeden Fall sehr wahrscheinlich, dass am Gehege des Grizzlybärs im Zoo auch weiterhin das Schild mit der bewährten Linnéschen Bezeichnung *Ursus arctos horribilis* stehen wird.

Um es zu klassifizieren, untersucht ein Wissenschaftler das DNS-Profil eines Tieres.

MOLEKULARE TECHNOLOGIE

Links: »Die Pille« soll zu tief greifenden sozialen Veränderungen in den Industrieländern geführt haben.

1957

Kontrollierte Zyklen

Die Antibabypille

Seit Menschen Babys bekommen, versuchen sie, keine zu bekommen, sagen Gelehrte. Einige konventionelle Methoden der Empfängnisverhütung, wie Kondome und Diaphragmen, hindern die Samenzelle daran, die Eizelle zu erreichen, während andere, wie die Spirale, das befruchtete Ei daran hindern, sich in der Gebärmutterschleimhaut einzunisten. Leider erfordern diese Techniken entweder die unangenehme Prozedur einer Einführung, wie im Fall der Spirale, oder ein rationales Denken in Situationen, die eher nicht von Rationalität geprägt sind.

Die Antibabypille war eine völlig neue Verhütungsmethode, die es Frauen ermöglichte, über die Möglichkeit der Empfängnis selbst entscheiden können. Dem Körper der Frau werden bestimmte Hormone zugeführt, wodurch der Eisprung verhindert und damit eine Schwangerschaft verhütet wird. Diese Technik war das Ergebnis von jahrzehntelangen Forschungen und klinischen Versuchen. Obwohl bekannt war, dass es eine Schwangerschaft verhindern konnte, wurde das erste Präparat im Jahr 1957 von der Arzneimittelbehörde der USA als Mittel gegen Menstruationsbeschwerden genehmigt, woraufhin umgehend Millionen US-amerikanischer Frauen bei ihrem Arzt über Regelschmerzen klagten. Im Jahr 1960 wurde die Antibabypille schließlich als Verhütungsmittel zugelassen.

Der bulgarisch-US-amerikanische Biochemiker Carl Djerassi (1923–2015) wurde als »Vater der Pille« bekannt. Sozialwissenschaftler haben sich ausführlich mit den Folgen dieser von ihm entwickelten Methode der Geburtenkontrolle auf die Gesellschaften in den Industrieländern auseinandergesetzt. Von der sexuellen Revolution bis zum verstärkten Eintritt von Frauen in die Arbeitswelt – die Pille wird für vieles verantwortlich gemacht. Die Klärung, ob und wie weit das korrekt ist, würde den Rahmen dieses Buchs sprengen.

Carl Djerassi war auch ein anerkannter Schriftsteller, der die neue Literaturgattung »Science-in-fiction« erfand, in der Wissenschaft einen normalen Teil der menschlichen Lebenswelt darstellt.

Entdeckungen, welche die grundlegenden molekularen Lebensvorgänge betreffen, haben oft weitreichende soziale Folgen.

1970er-Jahre

Schneiden und kleben

Gentechnik

Die Tatsache, dass für alle Lebewesen der gleiche genetische Code gilt, eröffnet den Weg zu einer völlig neuen Wissenschaft: der Gentechnik, die – vor allem in älteren Veröffentlichungen – gelegentlich auch »Genspleißen« genannt wird. Eine bestimmte Molekülart, das Restriktionsenzym, trennt einen DNS-Abschnitt so ab, dass an der Schnittstelle mehrere Basen frei liegen. In dieser Situation kann sich ein anderer DNS-Abschnitt mit den freien Basen verbinden, sofern er über eine passende Basensequenz verfügt. Das Genom kann also – ähnlich wie ein Tau – gespleißt werden.

Man kann also einen neuen DNS-Abschnitt in das ursprüngliche Genom einbauen, wobei das Gen auf diesem Abschnitt wie gewohnt abgelesen wird. Bedeutend dabei ist, dass *dieses neue Gen nicht von dem gleichen Organismus stammen muss wie die ursprüngliche DNS.* Um ein erwünschtes Ziel zu erreichen, kann man auf diese Weise Genome folglich verändern, indem man Gene von anderen Organismen oder sogar künstlich erzeugte Gene einbaut.

Unten: Die klassische »Paketstruktur« der DNS sind die auf dem Bild erkennbaren Chromosomen. Der leuchtende Ring markiert einen DNS-Abschnitt. Unser Verständnis dieser Strukturen ist entscheidend für das neue Gebiet der Gentechnik.

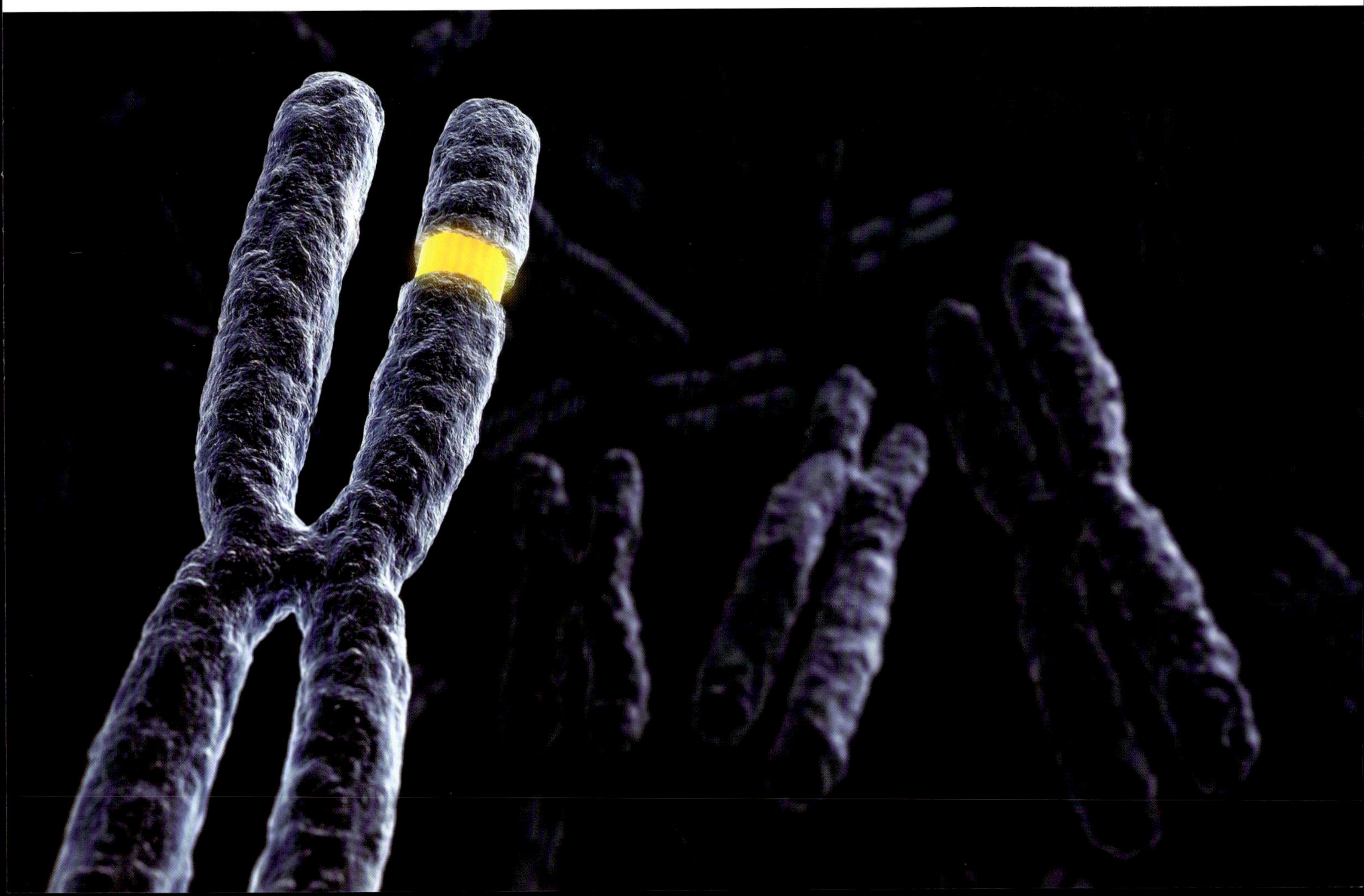

▷ Ende des 20. Jahrhunderts

Der unwiderlegbare Beweis

Genetischer Fingerabdruck

Es gibt kaum noch moderne Krimis, in denen der genetische Fingerabdruck nicht vorkommt. Die jeweilige DNS-Sequenz eines Menschen ist so einzigartig wie sein Fingerabdruck. Allerdings ist die Sequenzierung eines ganzen menschlichen Genoms langwierig und teuer, und das Verfahren ist nicht immer ganz einfach mit den Anforderungen des Rechtssystems zu vereinbaren.

Man muss jedoch nicht das ganze Genom sequenzieren, um eine Identifikation vorzunehmen, es reichen bestimmte Teile. Wenn man aus dem Fenster blickt und den Eiffelturm sieht, wird man auch keine weitere Bestätigung mehr dafür brauchen, dass man sich in Paris befindet.

Beim modernen genetischen Fingerabdruck sind solche Teile kurze Stücke sich wiederholender DNS-Abschnitte. Diese Art von Sequenzen kommen verstreut in unserer DNS vor und werden Short Tandem Repeats (STRs, »kurze Tandemwiederholungen«) genannt. Es ist nicht bekannt, woher sie kommen. Einer Theorie zufolge wurden sie von längst vergessenen Viren in unserer DNS deponiert. Wir wissen aber, dass die Anzahl der Wiederholungen an einer bestimmten STR-Stelle bei jedem Individuum unterschiedlich ist – womit sich eine Person an ihren STRs identifizieren lässt.

Für einen genetischen Fingerabdruck wird heute die zu untersuchende DNS an bestimmten Stellen so ausgeschnitten, dass jeder DNS-Abschnitt eine STR enthält. Diese DNS-Abschnitte werden markiert und in eine Flüssigkeit gegeben, in der die kürzeren Abschnitte, die sich schneller bewegen, von den längeren Abschnitten getrennt werden. Zum Schluss wird die Länge jeder STR notiert. In der Praxis wissen wir, dasss die Daten von zwölf bis 15 STRs für eine eindeutige Identifikation der DNS ausreichen. □

Wissenschaftler glauben, dass das Erstellen einer vollständigen DNS-Sequenz für einen einzelnen Menschen bald weniger als 1000 Euro kosten wird.

Rechts: Künstlerische Darstellung eines genetischen Fingerabdrucks

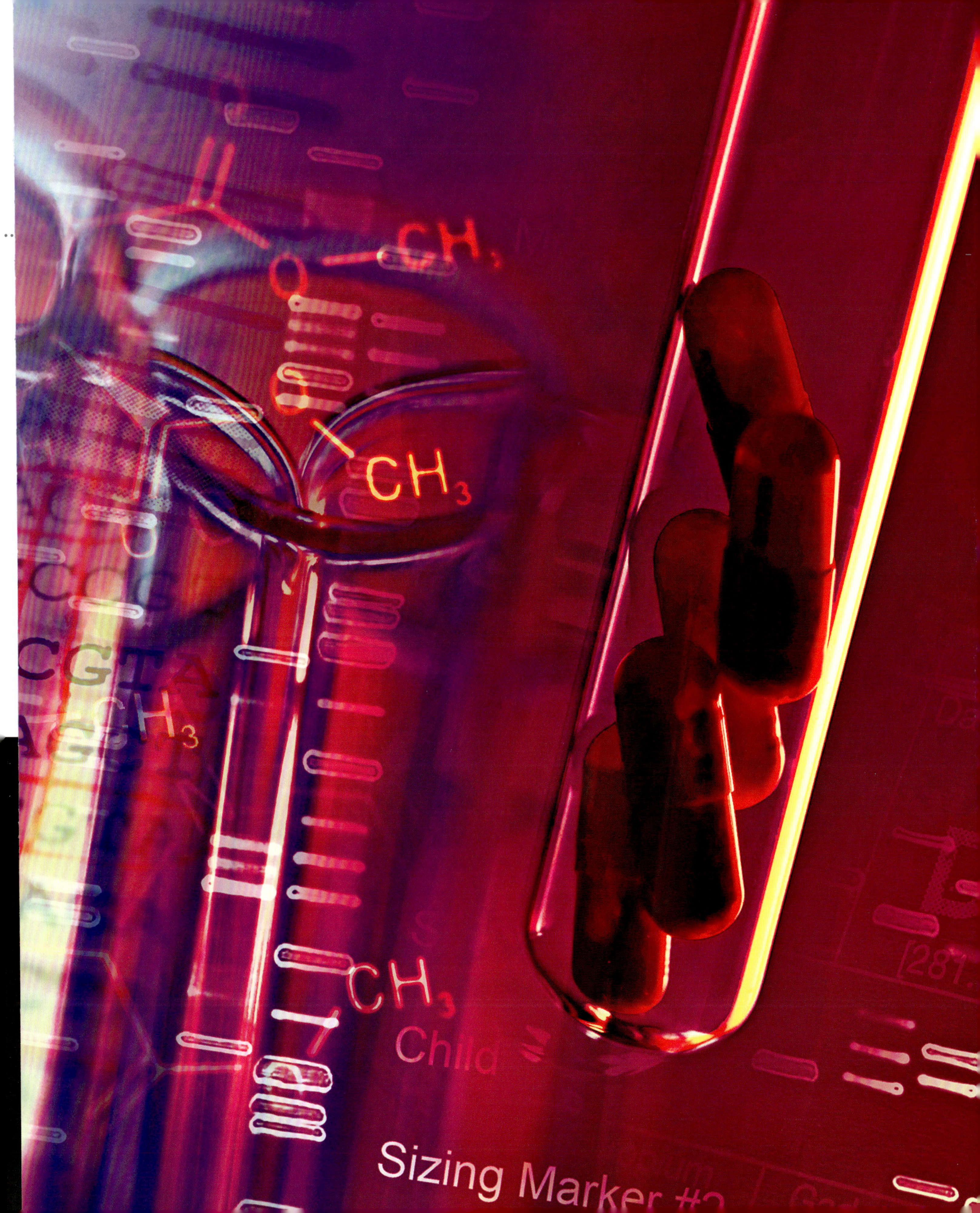
CH3
CH3
CH3
Child
Sizing Marker

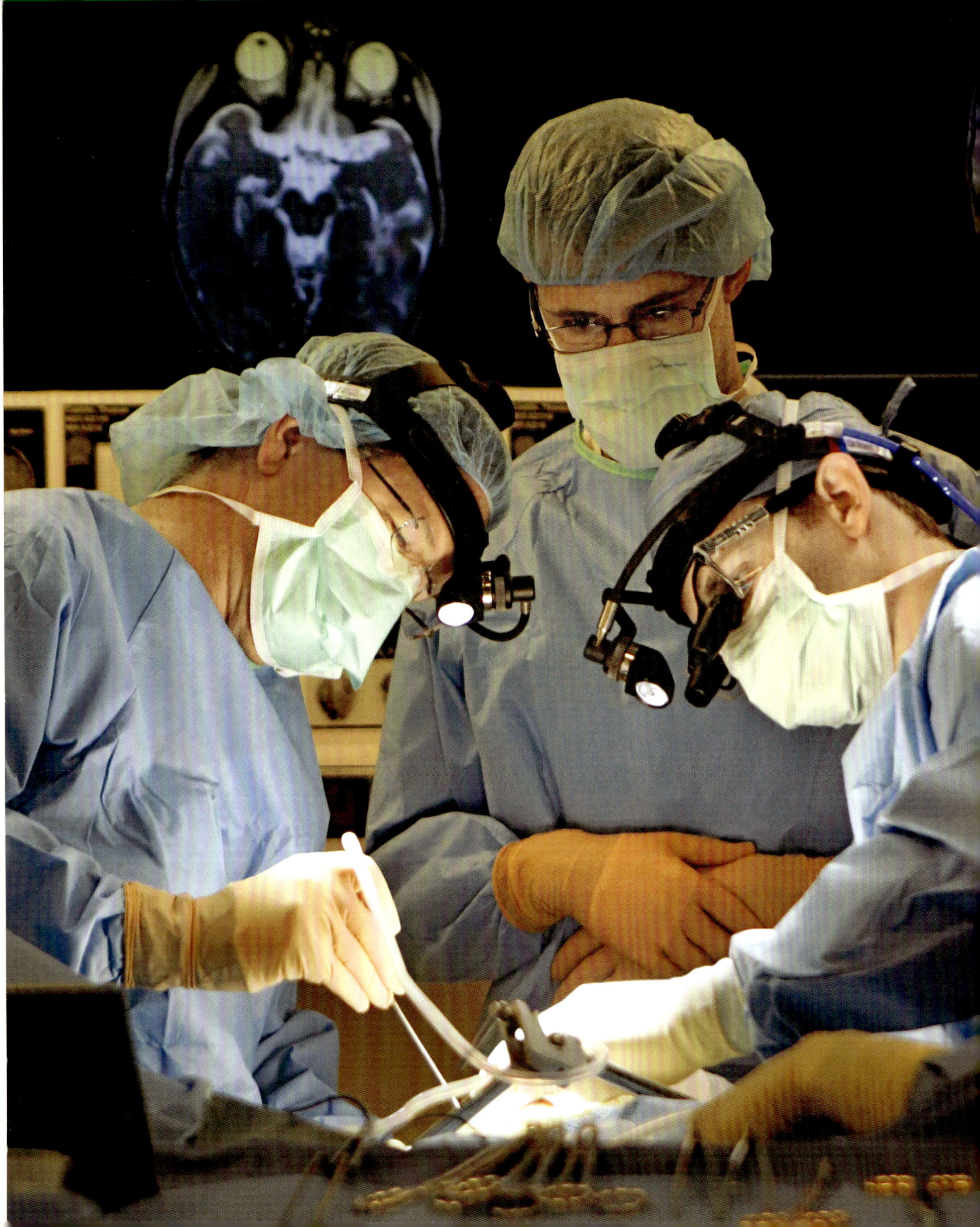

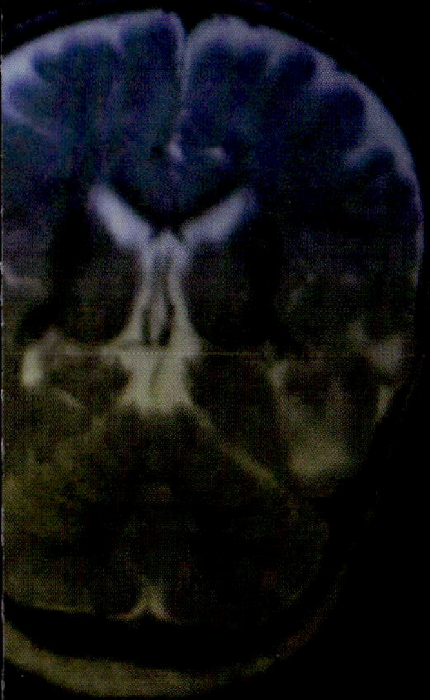

MEDIZIN

124 GESCHICHTE DER MEDIZIN
128 KEIMTHEORIE DER KRANKHEIT
132 MODERNE MEDIZIN
140 KREBS
146 BILDGEBUNG & DIAGNOSE
156 CHIRURGIE
160 GEHIRNFUNKTION

GESCHICHTE DER MEDIZIN

Um 2500 v. Chr.

Im Schatten der Pyramiden

Ägyptische Medizin

Die Ärzte im alten Ägypten galten als die besten der Antike. Manche Wissenschaftler gehen davon aus, dass ihr großes Wissen mit der ägyptischen Praxis der Mumifizierung zusammenhing. Auf jeden Fall sind Botschaften von Herrschern benachbarter Länder überliefert, in denen die ägyptischen Pharaonen gebeten wurden, ihnen Heiler zu schicken, um Mitgliedern ihres Hofstaats zu helfen.

Aus erhalten gebliebenen Papyrustexten weiß man einiges über ägyptische Heilverfahren. Der »Papyrus Edwin Smith« ist nach dem US-Amerikaner benannt, der den Papyrus im Jahr 1862 erwarb, das Dokument wurde später der New York Historical Society geschenkt. Der Papyrus ist im Wesentlichen ein medizinisches Textbuch mit 48 Fallbeispielen und Anweisungen für Ärzte. Das vorliegende Dokument wurde um 1600 v. Chr. verfasst, ist aber eindeutig die Kopie eines älteren Texts, der vielleicht um 2500 v. Chr. vom legendären Imhotep formuliert wurde, einem Architekten der pharaonischen Familie und Baumeister der Pyramide von Sakkara.

Eine Vorstellung von dem Inhalt des Dokuments gibt das sechste Fallbeispiel.

Fall 6: Anweisungen zu einer klaffenden Wunde in seinem Kopf, die bis zum Knochen reicht, den Schädel geöffnet und das Gehirn darin freigelegt hat

Nach einer diagnostischen Anweisung endet der Eintrag folgendermaßen:

Darüber sollt ihr sagen: »ein Leiden, das nicht behandelt werden kann«.

Allerdings war die Prognose in den meisten der anderen 47 Fälle günstiger.

Oben: Ein altägyptischer Arzt liest am Bett einer kranken Prinzessin in einem medizinischen Papyrus.

Schon immer haben Menschen versucht, ihren erkrankten Mitmenschen zu helfen und sie zu heilen.

Um 300 v. Chr.

Erstens nicht schaden

Hippokratische Medizin

Der hippokratische Eid, von dem wohl jeder schon einmal gehört hat, gehört zu den ältesten Zeremonien des Arztberufes, die wir kennen. Der Eid ist nach dem griechischen Arzt Hippokrates (um 460–um 377 v. Chr.) benannt, der vielen als Vater der Heilkunst gilt. Er lebte auf der Insel Kos vor der Küste der heutigen Westtürkei, wo er eine Ärzteschule gründete, deren Einfluss bis in unsere Zeit reicht.

Hippokrates' wichtigster Beitag zur Medizin und zur Wissenschaft ist die Erkenntnis, dass Krankheiten natürliche Ursachen haben. Eine Krankheit ist keine Strafe der Götter, sondern wird von etwas in der Natur hervorgerufen, das wir studieren und verstehen können. Hippokrates lehrte, dass der Körper aus vier »Säften« besteht und dass Krankheiten durch eine Störung des Gleichgewichts dieser Säfte entstehen.

Der Grundsatz »Erstens nicht schaden« ist ein bekannter Teil des hippokratischen Eids, dem das ärztliche Handeln folgen soll.

Diese vier Säfte waren Blut, Schleim, gelbe sowie schwarze Galle. Die jahrhundertelang übliche Praxis, Patienten zur Ader zu lassen, entstammt diesem Denken, weil die Ärzte meinten, dass der Körpersaft Blut »Übergewicht« bekommen hatte und reduziert werden musste.

Der auch in Rom tätige griechische Arzt Galen (129–um 215 n. Chr.) stellte eine Sammlung medizinischer Texte zusammen. Vielleicht weil er als Arzt verletzte Gladiatoren und olympische Athleten behandelte, hatte er sich eine detailliertere Kenntnis der menschlichen Anatomie erworben als die meisten seiner Zeitgenossen. Sein Haupteinfluss ging von seinen anatomischen Büchern aus, die in Europa bis weit ins 17. Jahrhundert hinein verwendet wurden. Leider wurden so aber auch seine Irrtümer verbreitet, beispielsweise die Annahme, dass das venöse Blut aus der Leber komme. Wie es häufig beim Wissen der Antike der Fall war, wurden Galens Werke zuerst ins Arabische und dann ins Lateinische übersetzt.

Ungefähr gleichzeitig mit den geschilderten Entwicklungen fand unabhängig davon in China ein ähnlicher Prozess statt. Auch darüber weiß man heute einiges, weil antike Texte erhalten geblieben sind, wie etwa ein Text mit dem Titel *Kanon des Gelben Kaisers über Innere Medizin*, der um 500 v. Chr. entstand, aber offenbar die Kopie eines noch älteren Texts ist. Seine zentrale These besagt, dass verschiedene Körperorgane einen Bezug zu den fünf Elementen – Holz, Feuer, Erde, Metall und Wasser – haben, aus denen für die Chinesen das Universum bestand. Ähnlich wie bei der griechischen war es auch bei der chinesischen Medizin das Ziel, Harmonie zwischen diesen Elementen herzustellen. □

Oben: Die Büste stellt Hippokrates dar, der als Vater der Heilkunst gilt.

8.–13. Jahrhundert

Das Goldene Zeitalter

Medizin im Islam

Die Periode vom 8. bis zum 13. Jahrhundert wird oft als Goldenes Zeitalter der islamischen Kultur bezeichnet. Auf dem Gebiet des islamischen Kalifats entwickelten sich bedeutende Zentren der Gelehrsamkeit. So wurden in der Mathematik mit der Erfindung der Algebra bedeutende Fortschritte gemacht. In der Medizin konnten die Einrichtung von Krankenhäusern, Erkenntnisse über Infektionskrankheiten und Fortschritte in der Chirurgie verzeichnet werden.

Einrichtung von Krankenhäusern

Spezielle Orte zur Behandlung von Kranken gab es zwar schon länger, sie waren aber vor der kulturellen Blütezeit des Islam immer religiösen Einrichtungen angegliedert. Wahrscheinlich wurden die ersten weltlichen Hospitäler in Mitteleuropa, etwa in Paris, von Europäern gegründet, die diese Einrichtungen in der islamischen Welt gesehen hatten.

Übertragbarkeit von Krankheiten

Zwar fußte die islamische Medizin auf der hippokratischen Tradition, welche die Ursache von Krankheiten in einem Ungleichgewicht der Säfte innerhalb des Körpers sah, aber manche islamische Ärzte lehrten bereits, dass einige Krankheiten von außerhalb des Körpers kamen. Damit näherten sie sich in gewissem Sinne bereits Louis Pasteurs (1822–1895) Keimtheorie der Krankheiten (siehe Seite 128) an.

Fortschritte in der Chirurgie

Islamische Chirurgen entfernten bereits Katarakte, also Trübungen der Augenlinsen, und führten auch andere Operationen durch. Der vielleicht wichtigste Beitrag der islamischen Welt zur Medizin war jedoch kein besonderer einzelner Vorgang, sondern die von einer sorgfältigen Befragung und eingehender Beobachtung geleitete Behandlung. Ein Beispiel für dieses im modernen Sinne empirische Vorgehen gab Muhammad ibn Zakariya al-Razi (865–925), bekannt als Rhazes, als er einen Bauplatz für ein neues Krankenhaus in Bagdad suchte. Er legte Fleischstücke an verschiedenen Stellen in der Stadt aus und ließ das Hospital dort erbauen, wo das Fleisch am langsamsten verdarb. □

1543

Einschnitte

Die Geburt der modernen Chirurgie

Gegen Ende des Mittelalters schwanden die religiösen Vorbehalte gegen die Durchführung von Sektionen immer mehr, und die Leichenöffnung gehörte bald zur medizinischen Ausbildung, wenn auch ihre Umsetzung eher seltsam war: Die Studenten sahen zu, während ein Techniker die Autopsie durchführte und ein Professor gleichzeitig aus dem Werk Galens vorlas. Wenn das, was die Studenten dann sahen, allerdings nicht zu dem passte, was Galen schrieb, übergingen sie das schweigend.

Der junge Belgier Andreas Vesalius (1514–1564) wollte jedoch nicht schweigen. Er hatte an der Richtstätte von Brüssel beobachtet, wie Leichen verwesten und sezierte später Leichen im Rahmen seiner Vorlesungen an der Universität von Padua. Dabei entdeckte er viele Fehler in Galens Schriften.

Der islamische Arzt Al-Razi legte Fleischstücke in der Stadt aus und ließ dann ein Krankenhaus dort erbauen, wo das Fleisch am langsamsten verdarb.

Unterstützt von dem Maler Jan Stephan van Calcar (1499–1546), einem Schüler Tizians, veröffentlichte Vesalius im Jahr 1543 sein monumentales Werk *Über den Aufbau des menschlichen Körpers*, das zu den Grundlagen der modernen Anatomie gehört. Generell mussten Mediziner nicht länger akzeptieren, was in antiken Schriften stand, sondern konnten die Dinge selbst überprüfen.

Ein Beispiel für diesen neuen Geist ist auch im Werk des italienischen Anatomen Giovanni Morgagni (1682–1771) zu finden. Er führte mehr als 600 Sektionen durch und veröffentlichte im Jahr 1761 die daraus abgeleiteten Ergebnisse in einer Briefesammlung, deren Haupterkenntnis war, dass Krankheiten durch die Fehlfunktion bestimmter Organe verursacht wurden und nicht durch das Ungleichgewicht von Körpersäften, wovon jahrhundertelang ausgegangen wurde. □

Oben links: Ein islamischer Arzt untersucht die Augen eines Jungen. Islamische Chirurgen waren geübt in der Kataraktentfernung.

Gegenüber: Auf Andreas Vesalius' Erkenntnisse gehen die ersten detaillierten Darstellungen der menschlichen Anatomie zurück.

VNDECIMA
MVSCVLO-
RVM TA-
BVLA.

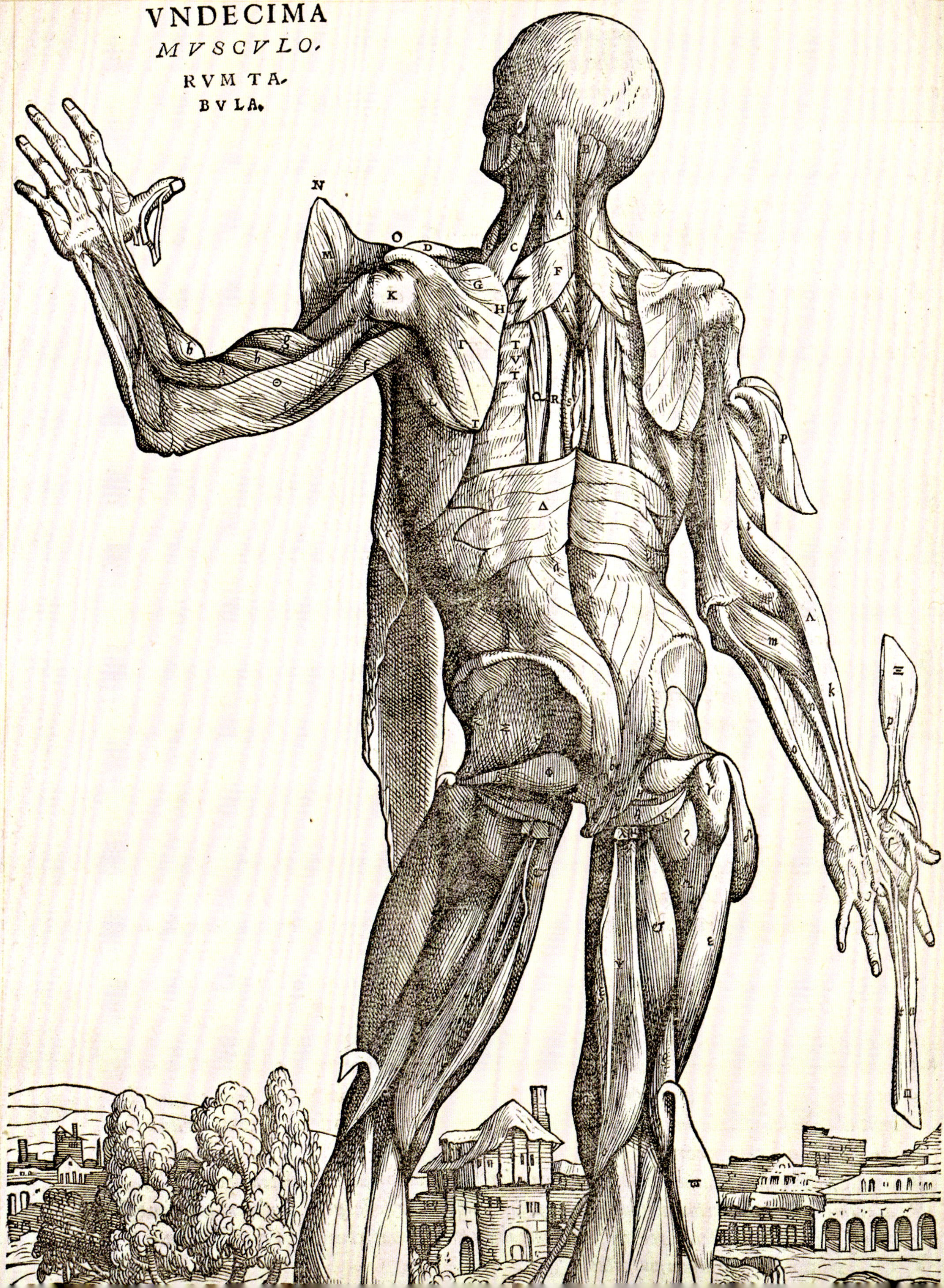

KEIMTHEORIE DER KRANKHEIT

▷ 1862

Die Entdeckung der mikrobiellen Welt

Louis Pasteur

Die Frage, wie Lebewesen entstehen, ist uralt. Man hatte zum Beispiel beobachtet, dass Fleisch, wenn es der Luft ausgesetzt ist, bald voller Maden ist, was zur Theorie der Spontanzeugung führte, der Vorstellung, dass Leben aus Unbelebtem entsteht, wenn die Bedingungen stimmten. Zwar hatte bereits der italienische Arzt Francesco Redi (1626–1697) im Jahr 1668 experimentell bewiesen, dass Maden nur dann im Fleisch entstehen, wenn es nicht vor Fliegen geschützt ist, aber das reichte nicht aus, um der Ansicht von Spontanzeugung den Garaus zu machen.

Die Versuche des französischen Naturwissenschaftlers Louis Pasteur (1822–1895) setzten nicht nur dem Glauben an die Spontanzeugung ein Ende, sondern wiesen auch den Weg zur Keimtheorie der Krankheiten, was bis heute einen der bedeutendsten medizinischen Fortschritte überhaupt darstellt. Seine Experimente waren ähnlich einfach wie die von Redi. Er kochte Brühe, die er entweder in verschlossenen oder in offenen Flaschen aufbewahrte. Die Brühe, die der Luft ausgesetzt war, wurde rasch von Pilzen besiedelt, während in den luftdichten Flaschen nichts wuchs. Offensichtlich kam die Verunreinigung aus der Luft, nicht aus der Brühe. Es war nur noch ein kleiner Schritt zum Argument, dass auch Infektionen und Krankheiten von Mikroorganismen verursacht werden, die für das bloße Auge nicht sichtbar sind.

Pasteur wies im Jahr 1862 zusammen mit Kollegen nach, dass das Erhitzen von Milch die darin enthaltenen schädlichen Mikroben tötet – heute nennen wir das Pasteurisation. Seine Theorie, dass Mikroben auch die Erreger von Krankheiten sind, was wir heute als Keimtheorie der Krankheit bezeichnen, wurde von dem britischen Chirurgen Joseph Lister (1827–1912) aufgegriffen und hatte Anteil an der Einführung der antiseptischen Chirurgie (siehe Seite 157). □

Eines der fiktiven Raumschiffe des *Star Trek*-Universums trägt den Namen »Pasteur«, nach dem Mann, dem die Menschheit so viel zu verdanken hat.

Oben links: Die einfachen Experimente des französischen Wissenschaftlers Louis Pasteur führten zur Keimtheorie der Krankheit, einem der wichtigsten medizinischen Fortschritte aller Zeiten.

Krankheiten können von Organismen verursacht werden, die für das bloße Auge unsichtbar sind.

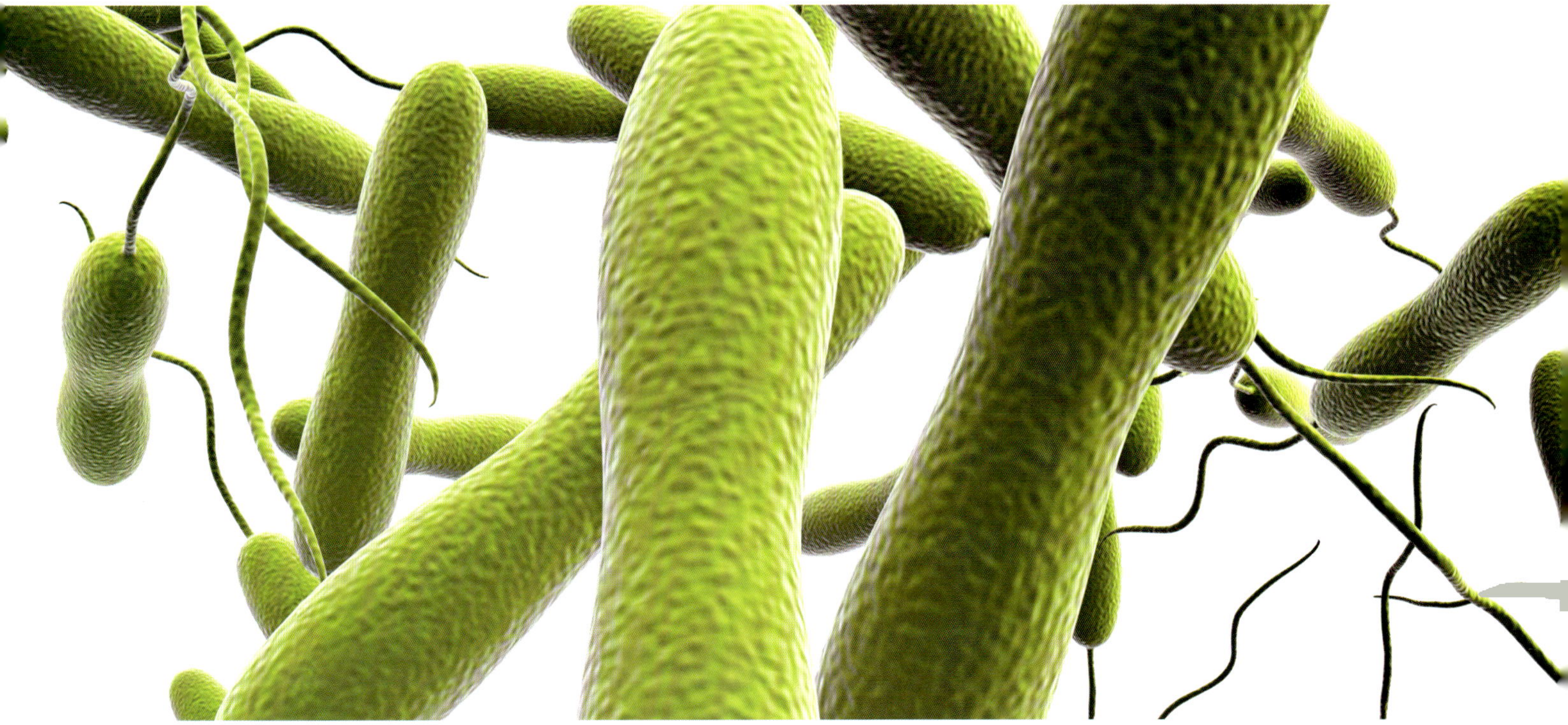

1854

In den Zeiten der Cholera

John Snow und die Wasserpumpe in der Broad Street

Im 19. Jahrhundert kam es immer wieder zu Choleraausbrüchen, deren Ursache niemand kannte. Das änderte sich, als der angesehene Londoner Arzt John Snow (1813–1858) zu vermuten begann, dass es einen Zusammenhang zwischen Cholerafällen und der städtischen Wasserversorgung gab. Eine genaue Untersuchung des Londoner Wasserversorgungssystems war aber enorm mühsam, weil jahrhundertelanges Bauen zu einem unglaublich komplexen Leitungssystem geführt hatte.

London bezog sein Wasser aus der Themse, in die auch die Abwässer geleitet wurden. Snow hatte mit der vorherrschenden Ansicht zu kämpfen, dass Wasser, das klar aussah, auch trinkbar sein musste. Im Jahr 1854 konnte er aber aufzeigen, dass die Cholerafälle sich im Bereich einer öffentlich zugänglichen Wasserpumpe in der Londoner Broad Street häuften. Er überredete die Behörden, den Schwengel zu entfernen. Die Menschen konnten kein Wasser mehr aus der Pumpe schöpfen, und die Cholera kam zum Stillstand. Damit war zwar die Ursache der Krankheit noch immer nicht bekannt, doch Snows Arbeit ebnete einem öffentlichen Gesundheitswesen den Weg.

Bereits der italienische Anatom Filippo Pacini (1812–1883) beschrieb das Bakterium *Vibrio cholerae*, das die Cholera hervorruft, als er im Jahr 1854 Sektionen vornahm. Obwohl er seine Ergebnisse veröffentlichte, scheinen die meisten Wissenschaftler, auch John Snow, sie nicht gekannt zu haben. Erst im Jahr 1884 erforschte der deutsche Wissenschaftler Robert Koch (1843–1910) das Bakterium eingehend und identifizierte es sicher als mikrobiellen Auslöser der Seuche.

Oben: Diese Computeranimation zeigt das Bakterium, das Cholera auslöst.

▷ 1928

Ein wichtiger Unfall

Antibiotika

»Als ich am frühen Morgen des 28. Septembers 1928 erwachte, hatte ich wirklich nicht die Absicht, die ganze Medizin mit der Entdeckung des ersten Antibiotikums der Welt zu revolutionieren, aber ich glaube, genau das habe ich getan«, sagte später der schottische Biologe Alexander Fleming (1881–1955).

Als Fleming nach einem Urlaub in sein Labor zurückkam, bemerkte er etwas Seltsames. Er hatte in Petrischalen Bakterien angezüchtet, und ein paar der Schalen waren von einem Pilz befallen worden. Um die Stelle herum, an welcher der Pilz sich in einer Schale ausgebreitet hatte, gab es einen bakterienfreien Bereich. Fleming erkannte, dass irgendetwas in dem Pilz die Bakterien rundherum abgetötet hatte. Die chemische Analyse zeigte, dass es sich dabei um Penizillin handelte, das erste Antibiotikum.

Die ersten Antibiotika in den 1930er-Jahren waren äußerst gefährlich, viele Patienten starben, bevor die Medikamente optimiert werden konnten.

Der Erfolg von Penizillin stellte sich nicht sofort ein. Es war schwer zu isolieren, und Fleming glaubte nicht, dass es in größeren Mengen herstellbar war. Erst unter dem Druck des Zweiten Weltkriegs wurden ausreichend Gelder bereitgestellt, und Howard Walter Florey (1898–1968) sowie Ernst Chain (1906–1979) konnten in Oxford einen Weg finden, reines Penizillin in großen Mengen herzustellen. Es rettete unzählige Leben, und Fleming, Florey und Chain erhielten im Jahr 1945 gemeinsam den Nobelpreis für Medizin.

Penizillin war das erste von vielen Antibiotika, die im Lauf der Zeit entdeckt wurden. Aufgrund der wirtschaftlichen Gegebenheiten ist die Forschung an neuen Antibiotika für die Pharmaindustrie allerdings inzwischen uninteressant (siehe Seite 131). □

Unten: Sir Alexander Fleming entdeckte die antibiotische Wirkung von Penizillin, als er sah, wie ein Schimmelpilz Bakterien in einer Petrischale abtötete.

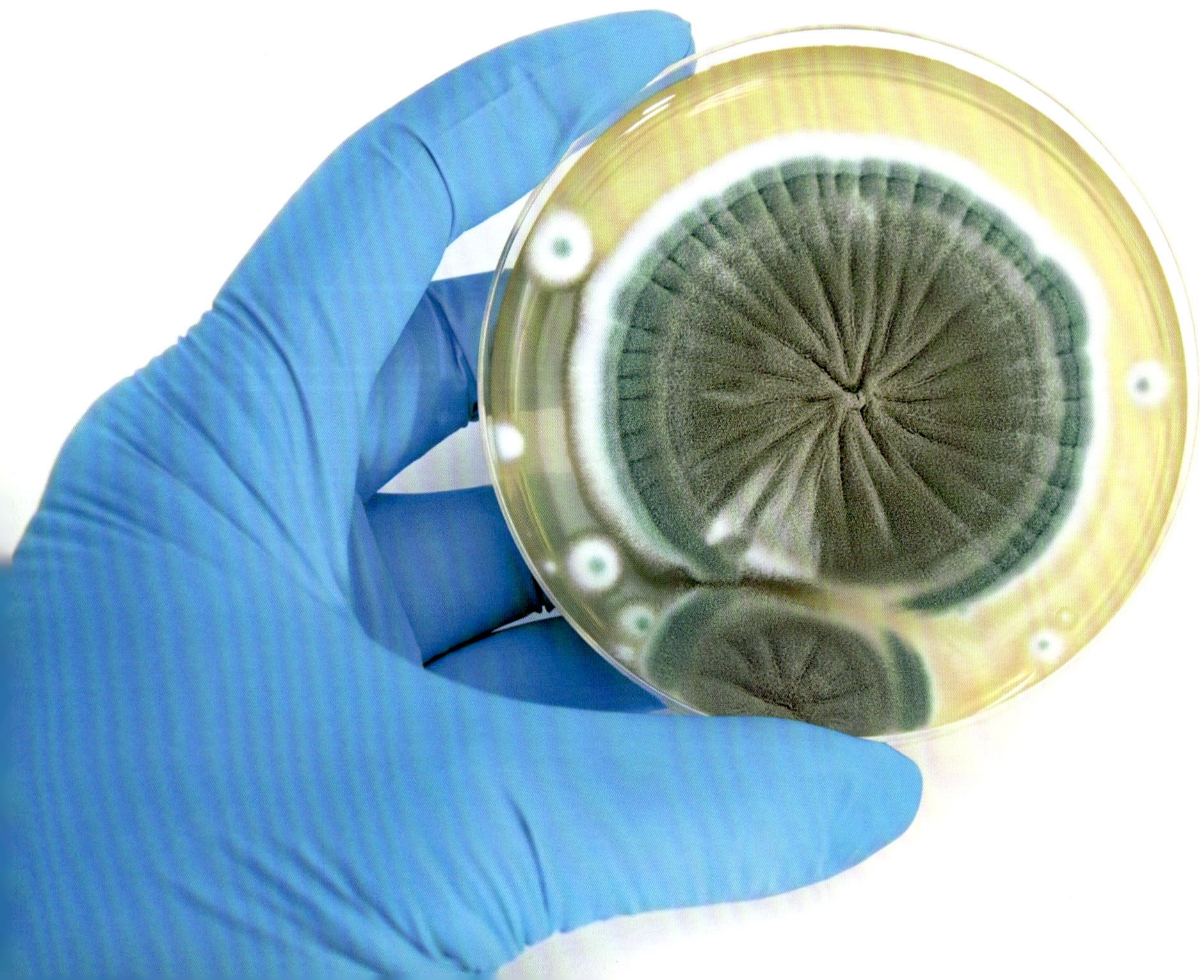

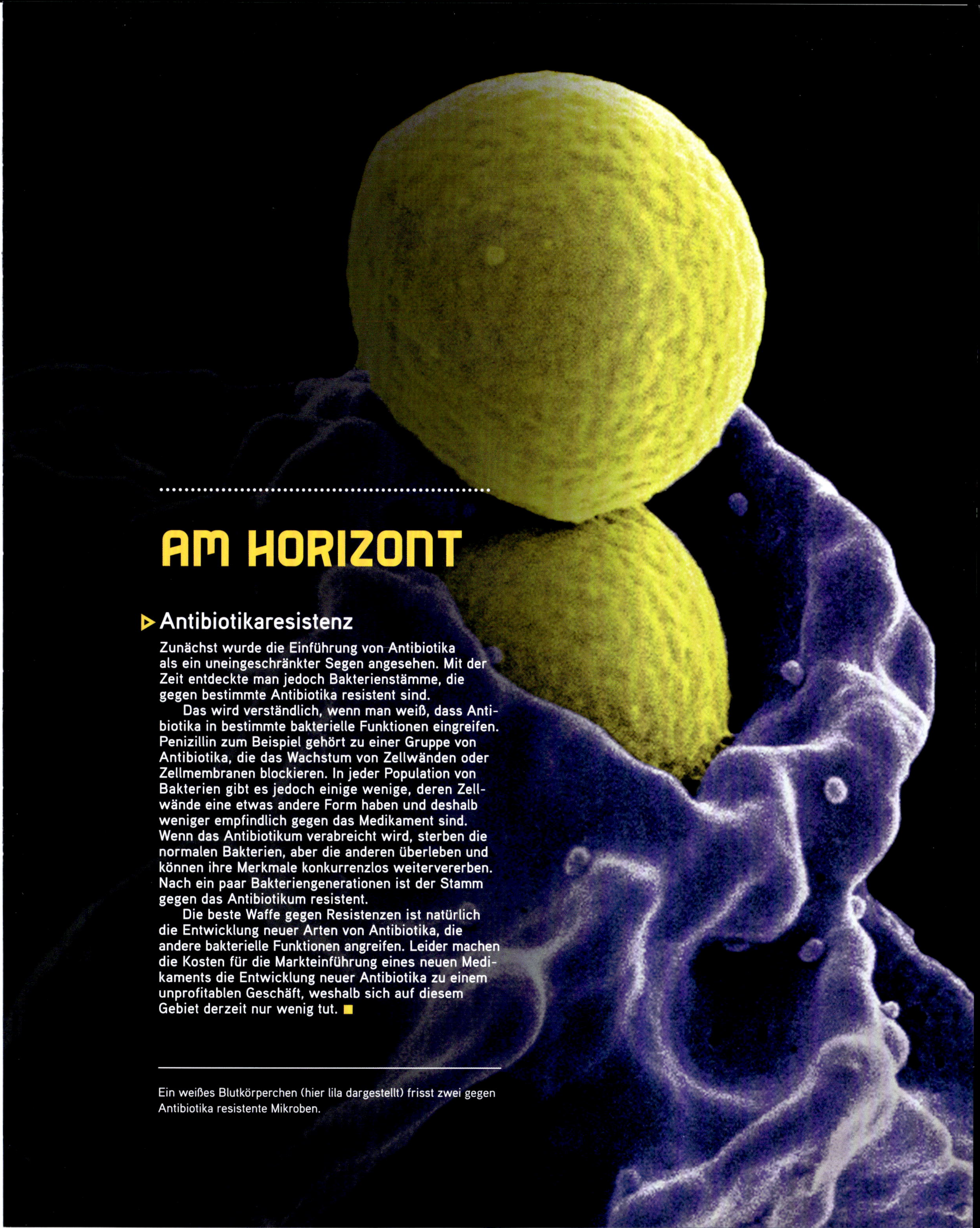

AM HORIZONT

Antibiotikaresistenz

Zunächst wurde die Einführung von Antibiotika als ein uneingeschränkter Segen angesehen. Mit der Zeit entdeckte man jedoch Bakterienstämme, die gegen bestimmte Antibiotika resistent sind.

Das wird verständlich, wenn man weiß, dass Antibiotika in bestimmte bakterielle Funktionen eingreifen. Penizillin zum Beispiel gehört zu einer Gruppe von Antibiotika, die das Wachstum von Zellwänden oder Zellmembranen blockieren. In jeder Population von Bakterien gibt es jedoch einige wenige, deren Zellwände eine etwas andere Form haben und deshalb weniger empfindlich gegen das Medikament sind. Wenn das Antibiotikum verabreicht wird, sterben die normalen Bakterien, aber die anderen überleben und können ihre Merkmale konkurrenzlos weitervererben. Nach ein paar Bakteriengenerationen ist der Stamm gegen das Antibiotikum resistent.

Die beste Waffe gegen Resistenzen ist natürlich die Entwicklung neuer Arten von Antibiotika, die andere bakterielle Funktionen angreifen. Leider machen die Kosten für die Markteinführung eines neuen Medikaments die Entwicklung neuer Antibiotika zu einem unprofitablen Geschäft, weshalb sich auf diesem Gebiet derzeit nur wenig tut. ■

Ein weißes Blutkörperchen (hier lila dargestellt) frisst zwei gegen Antibiotika resistente Mikroben.

1796

Ein kleiner Piekser

Impfungen

Das menschliche Immunsystem ist ein wunderbar komplexes System, das den menschlichen Körper vor Eindringlingen schützen soll. Eine Impfung macht sich zum Schutz vor bestimmten Krankheiten die natürlichen Eigenschaften des Immunsystems zunutze.

Eine der wichtigsten Arten von Zellen im Immunsystem sind die Leukozyten oder weißen Blutkörperchen. Sie werden im ganzen Körper gebildet und gespeichert und sind ständig auf der Suche nach eindringenden Krankheitserregern. Zwei wichtige Kategorien von Leukozyten sind die Phagozyten und die Lymphozyten. Phagozyten – Fresszellen – zerstören eindringende Zellen, die vorher durch bestimmte, an ihre Oberfläche geheftete Moleküle für die Zerstörung markiert wurden. Lymphozyten entstehen im Knochenmark. Diejenigen, die dort ausreifen, heißen B-Zellen (B für steht für »bone marrow«, Knochenmark), während diejenige, die wandern und in der Thymusdrüse ausreifen, T-Zellen (T für »Thymus«) heißen.

Wenn ein Erreger in den Körper eindringt, bringen verschiedene Helferzellen B-Zellen zum Invasionsort. Die B-Zellen bilden Y-förmige Moleküle, die Antikörper genannt werden, die sich an die Oberfläche des Erregers heften und

Die Grippeimpfung muss jährlich erneuert werden, weil das Grippevirus sich durch Mutationen sehr schnell verändert.

Unten: Ein Junge wird geimpft.

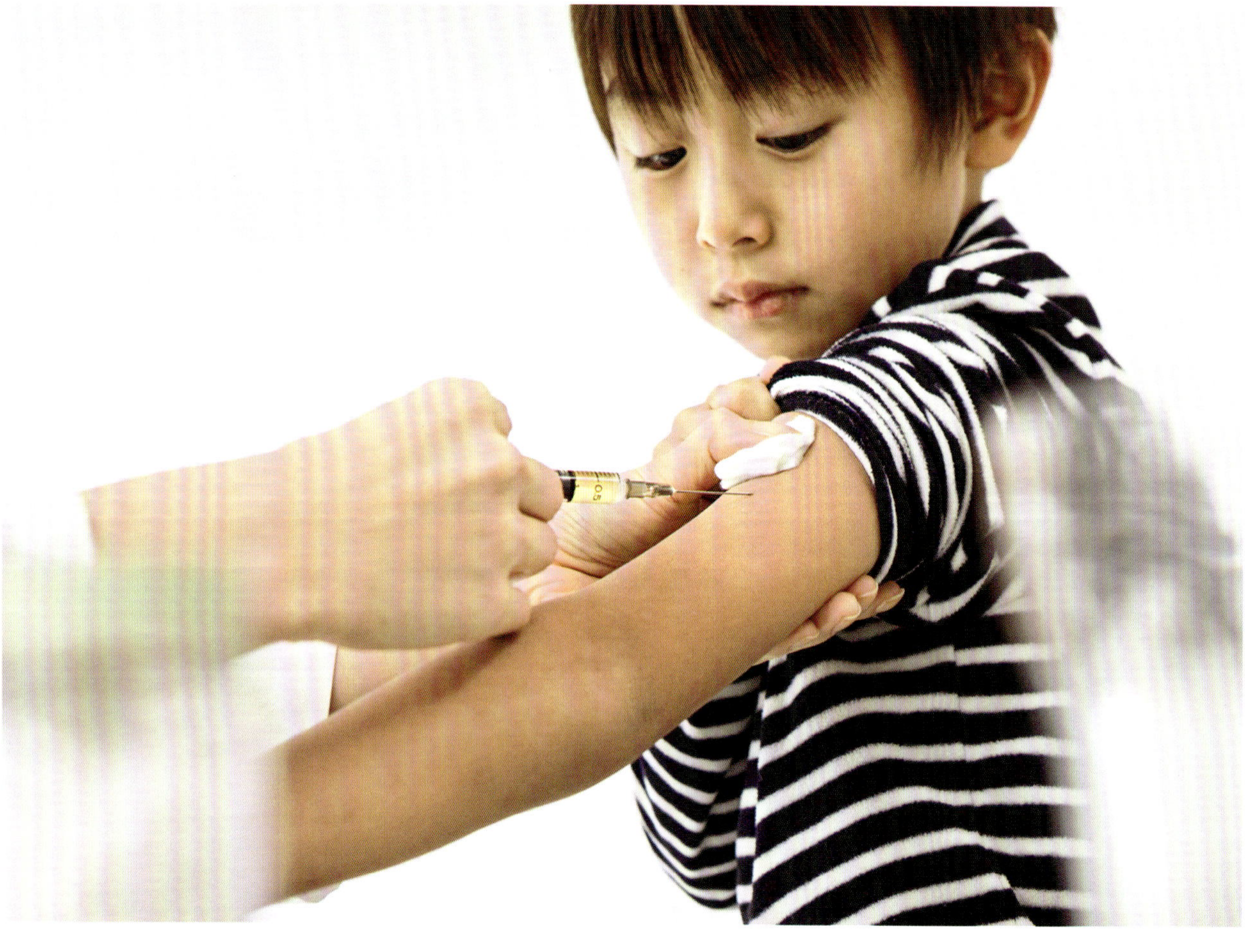

T-Zellen herbeirufen, um ihn zu zerstören. Die Antikörper verbleiben danach als eine Art Gedächtnis im Körper. Sie sind sozusagen molekulare Akten, die konsultiert werden, wenn der gleiche Erreger erneut auftaucht. Auf dieser molekularen Aktenablage baut der Effekt einer Impfung auf.

Der britische Arzt Edward Jenner (1749–1823) hatte beobachtet, dass Melkerinnen, die sich mit harmlosen Kuhpocken infiziert hatten, gewöhnlich nicht an den gefährlichen Pocken erkrankten. Er impfte im Jahr 1796 einen Jungen mit der Lymphflüssigkeit einer an Kuhpocken erkrankten Kuh und ein paar Wochen später, mit dem Eiter eines an Pocken erkrankten Menschen. Als der Junge danach keine Anzeichen der Krankheit zeigte, schloss Jenner daraus, dass sein Vorgehen ihn immun gemacht hatte.

Heute werden Kinder in Industrieländern routinemäßig gegen mehrere Krankheiten geimpft. Die Tatsache, dass viele der Krankheiten bereits aus unserem Bewusstsein verschwunden sind, ist ein Beweis für die Wirksamkeit dieses Verfahrens. Leider weigern sich manche Eltern, ihre Kinder impfen zu lassen, was zur Folge hat, dass einige dieser Krankheiten wieder auftauchen.

Aktuell

Ist es wirksam?

Klinische Studien

Klinische Studien werden durchgeführt, um herauszufinden, ob ein neues Medikament oder eine neue Behandlung wirkt. Außerdem können so mögliche Nebenwirkungen entdeckt werden. Die Studien verlaufen in aufeinander folgenden Phasen.

- **Phase 0:** 10–15 Personen. Was bewirkt das Medikament?
- **Phase I:** 20–80 Personen. Ist das Medikament sicher? Was sind die Nebenwirkungen?
- **Phase II:** 100–300 Personen. Ist das Medikament wirksam? Gibt es ungewöhnliche Nebenwirkungen?
- **Phase III:** 1000–3000 Personen. Endgültige Bestätigung der Wirksamkeit und Sicherheit
- **Phase IV:** Langzeitbeobachtung nach der Zulassung

Der »Goldstandard« für klinische Studien ist die Doppelblindstudie, bei der weder die Patienten noch die Ärzte wissen, welchen Personen ein Medikament und welchen ein Placebo verabreicht wird.

Rechts: Bevor Medikamente wie diese eingesetzt werden können, müssen sie auf ihre Sicherheit und Wirksamkeit überprüft werden.

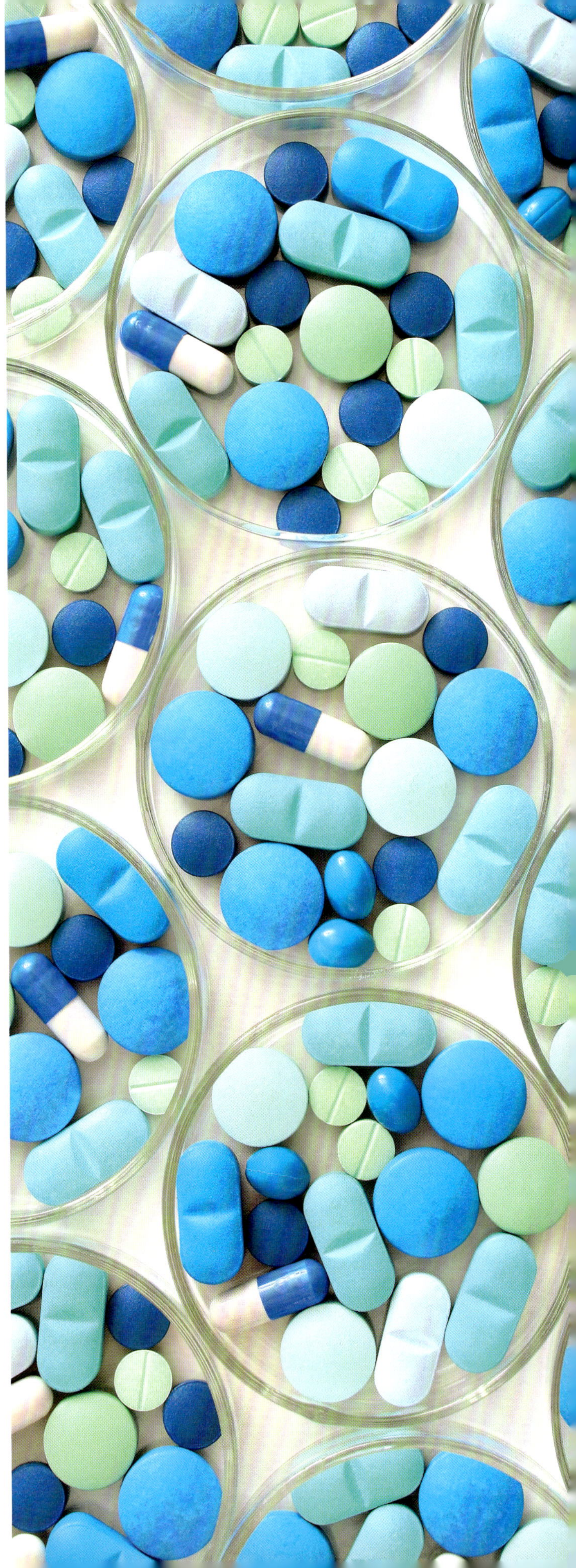

1905

Gebrauchte Teile

Organtransplantationen

Den Gedanken, »schadhafte« Körperteile durch neue zu ersetzen, gibt es schon seit Langem. Damit eine Organverpflanzung jedoch erfolgreich ist, müssen zwei Schwierigkeiten überwunden werden. Die erste ist rein mechanischer Natur: Man muss sicherzustellen, dass zwischen dem neuen Organ und dem Körper des Patienten die richtigen Verbindungen hergestellt werden. Die Bewältigung dieses Problems ist weitgehend eine Sache des chirurgischen Geschicks. Die zweite Hürde, das Immunsystem, ist deutlich schwerer zu überwinden. Wenn neues Gewebe oder ein neues Organ in den Körper eingeführt wird, wird es angegriffen wie jeder andere Eindringling auch. Darum müssen Empfänger eines Transplantats Medikamente einnehmen, die ihr Immunsystem unterdrücken, damit das Transplantat nicht abgestoßen wird.

Heute werden am häufigsten Nieren transplantiert.

Die Geschichte der Verpflanzung von Organen und Geweben ist eine Geschichte der zunehmend besseren Fähigkeit, mit ständig komplexeren Systemen umzugehen. Die erste erfolgreiche Transplantation war eine im Jahr 1823 in Deutschland durchgeführte Hautverpflanzung. Da das Hautgewebe von einer anderen Körperstelle derselben Patientin entnommen wurde, kam es nicht zu der erwähnten Immunreaktion. Die folgende Auflistung zeigt einige weitere Pionierleistungen der Transplantationsmedizin:

- **1905:** erste Hornhauttransplantation in der heutigen Tschechischen Republik
- **1950:** erste Nierentransplantation in den USA
- **1967:** erste Herztransplantation in Südafrika
- **1998:** erste Handtransplantation in Frankreich
- **2006:** erste erfolgreiche Penistransplantation in China. Das Transplantat musste allerdings wieder entfernt werden, weil die Frau des Patienten eine »ernsthafte psychische Ablehnung« gegen das transplantierte Organ entwickelte.

Heute ist die häufigste Organtransplantation die Nierentransplantation. Allein in Deutschland verpflanzten Ärzte zwischen 1963 und 2013 insgesamt 116 650 dieser Organe.

Rechts: Ein Spenderherz wird für die Transplantation vorbereitet.

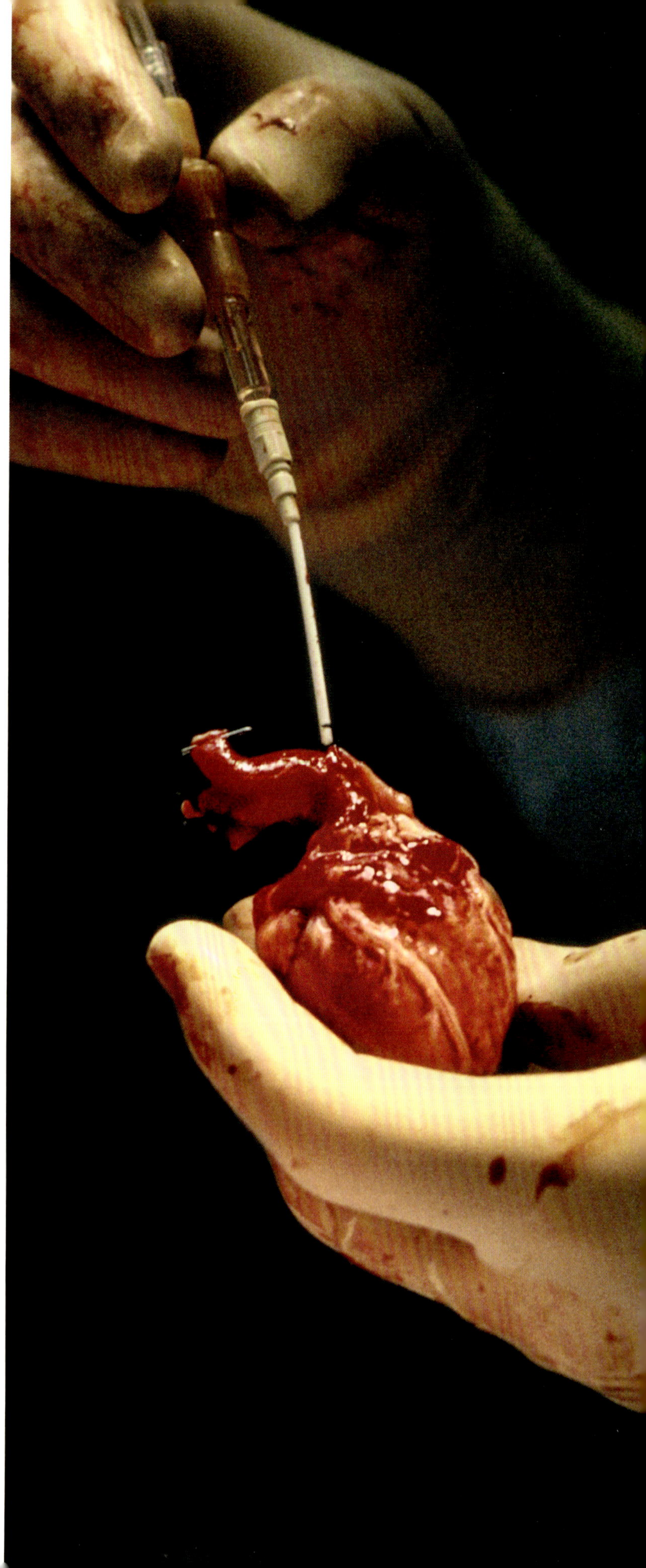

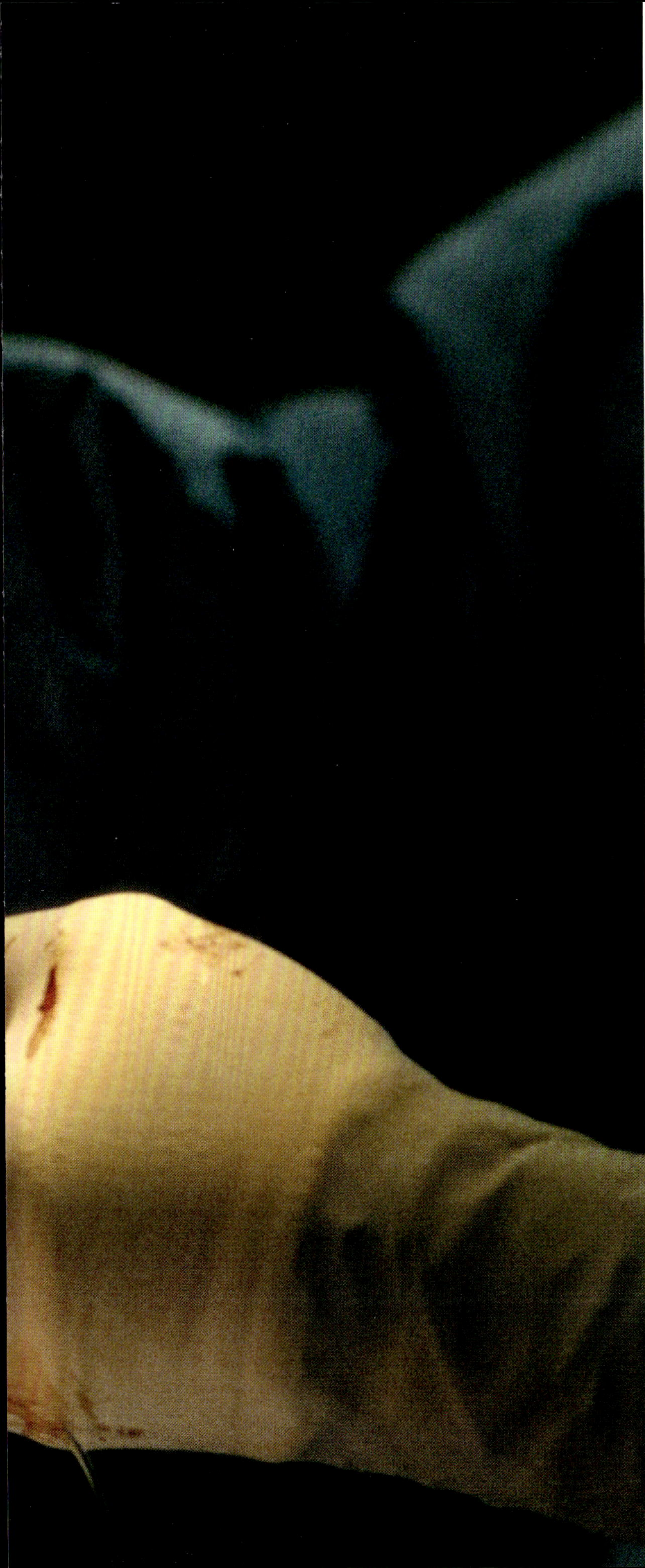

Aktuell

Von Grund auf neu

Gewebezüchtung und regenerative Medizin

Das Problem der Abstoßung eines transplantierten Organs durch das Immunsystem des Patienten gäbe es nicht, wenn das Organ aus Zellen bestünde, welche die eigene DNS des Patienten enthielten. Der Traum eines neuen Felds der regenerativen Medizin ist die Nutzung embryonaler Stammzellenlinien (siehe Seite 112), welche die DNS des Patienten enthalten, um neue Organe zu züchten, die ohne Abstoßungsrisiko verpflanzt werden könnten.

Noch steht davor als Haupthindernis die Tatsache, dass der »Bau« von Geweben oder gar Organen aus solchen Zellen bislang bestenfalls in Ansätzen möglich ist. Zellen sind von einer interzellulären Matrix umgeben, die auch als Medium fungiert, durch das chemische Botschaften von Zelle zu Zelle gelangen. Die experimentelle Forschung sucht zurzeit nach Möglichkeiten, diese Struktur mit Stammzellen zu replizieren, um so komplexere Gewebe und Organe bilden zu können.

Oben: Gezüchtetes Gewebe wird für die Transplantation vorbereitet.

AM HORIZONT

Züchtung von Ersatzgewebe

Obwohl zurzeit Gewebezüchtung und regenerative Medizin noch eine sehr kleine Rolle in der Patientenversorgung spielen, wird sich das wohl in nicht allzu langer Zeit ändern. Weitere Fortschritte werden wahrscheinlich die Züchtung von Gewebe betreffen, das zum Beispiel Knorpel ersetzen kann. Außerdem steht auf diesem Feld die Forschung zur Züchtung von Pankreasgewebe zur Behandlung von Diabetes sowie von Nervengewebe zur Behandlung von Alzheimer und Parkinson im Blickpunkt. ■

In einer Flüssigkeit, die Knorpelzellen enthält, wird ein künstliches Ohr gezüchtet, indem man die Knorpelzellen auf einem ohrförmigen Gerüst wachsen lässt.

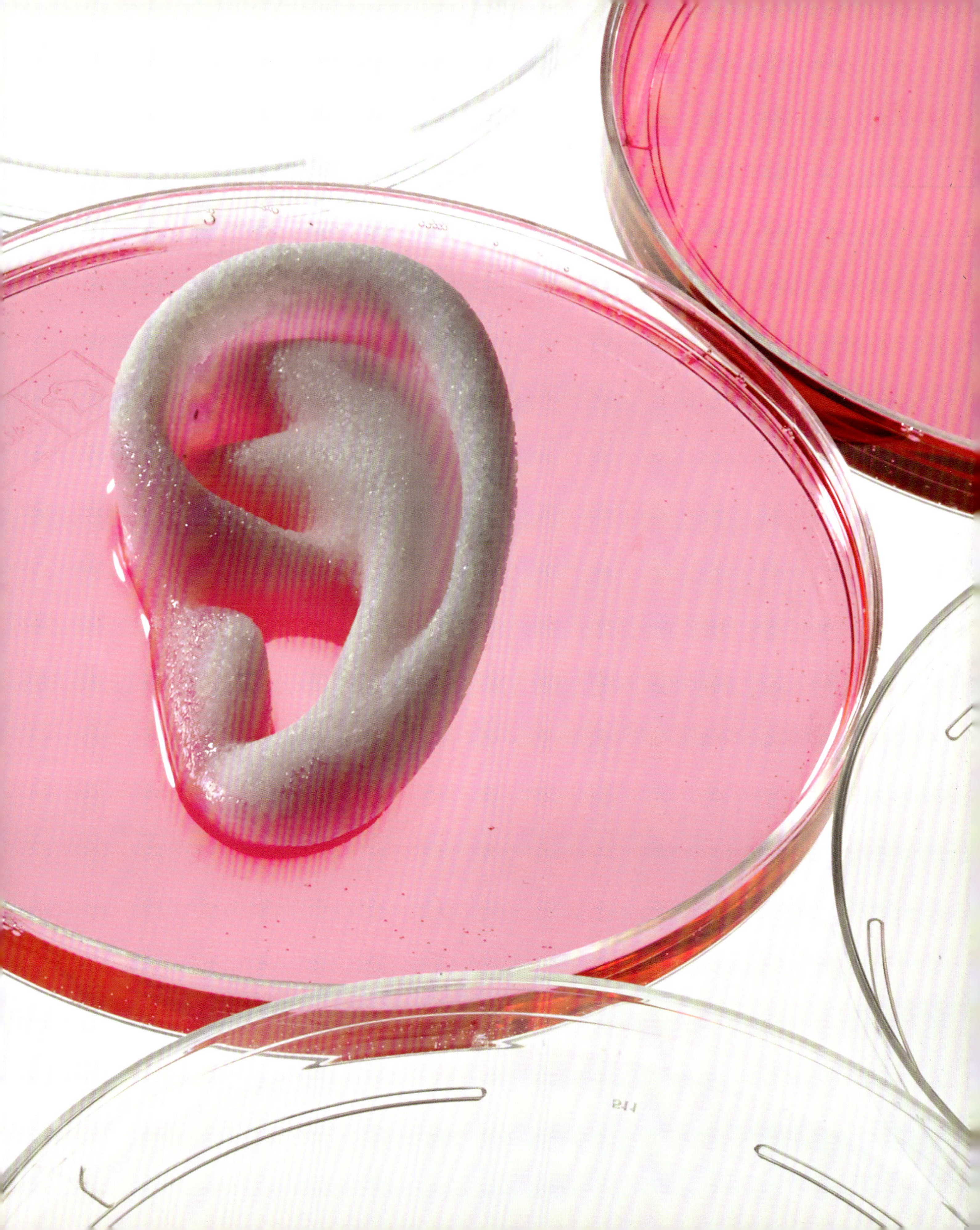

KREBS

Krebs ist ein Sammelbegriff für mehrere Krankheiten, die alle ihre eigene Ursache, Therapie und Prognose haben.

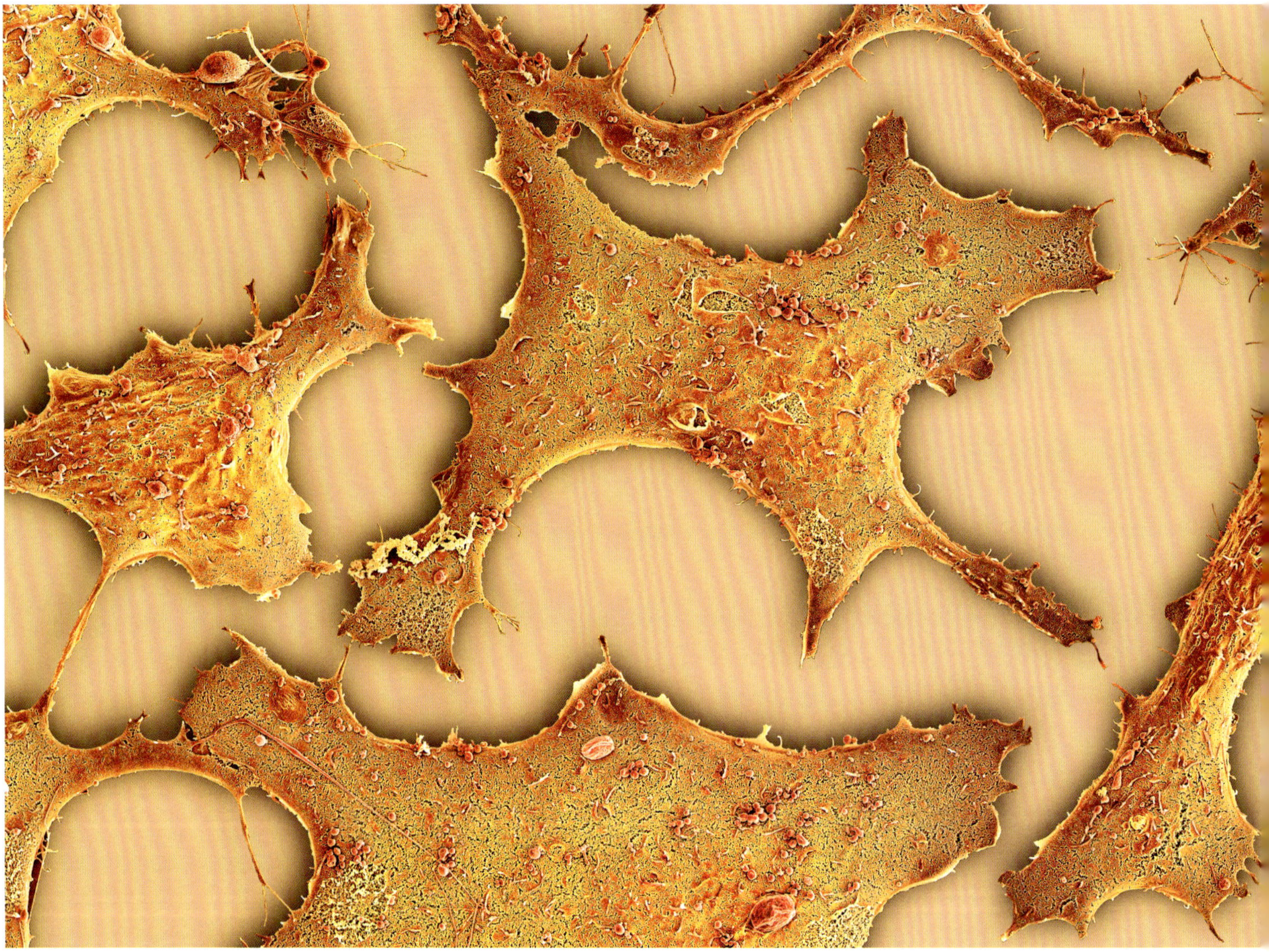

▷ Seit Menschengedenken

Krebs ist anders

Überblick über Krebs

Krebs ist in Deutschland die zweithäufigste Todesursache und eines der am meisten gefürchteten Leiden weltweit. Dabei beschreibt der Begriff Krebs nicht eine einzelne Krankheit, sondern mehr als 100 vergleichbare Erkrankungsformen, unter denen Menschen leiden können.

Krebs wurde seit den Anfängen der Medizin beobachtet und beschrieben. Bereits im jahrtausendealten ägyptischen »Papyrus Edwin Smith« (siehe Seite 124) wird zum Beispiel ein Brustkrebs beschrieben. Der Begriff »Krebs« stammt von Hippokrates (siehe Seite 125), der damit die typischen wuchernden Knoten und Geschwüre beschrieb.

Unter normalen Umständen verläuft die Zellteilung im Körper streng kontrolliert. Zellen teilen sich, solange Organe wachsen, verlangsamen oder beenden die Teilung aber, wenn das Organ aufgebaut ist. Der Kontrollmechanismus

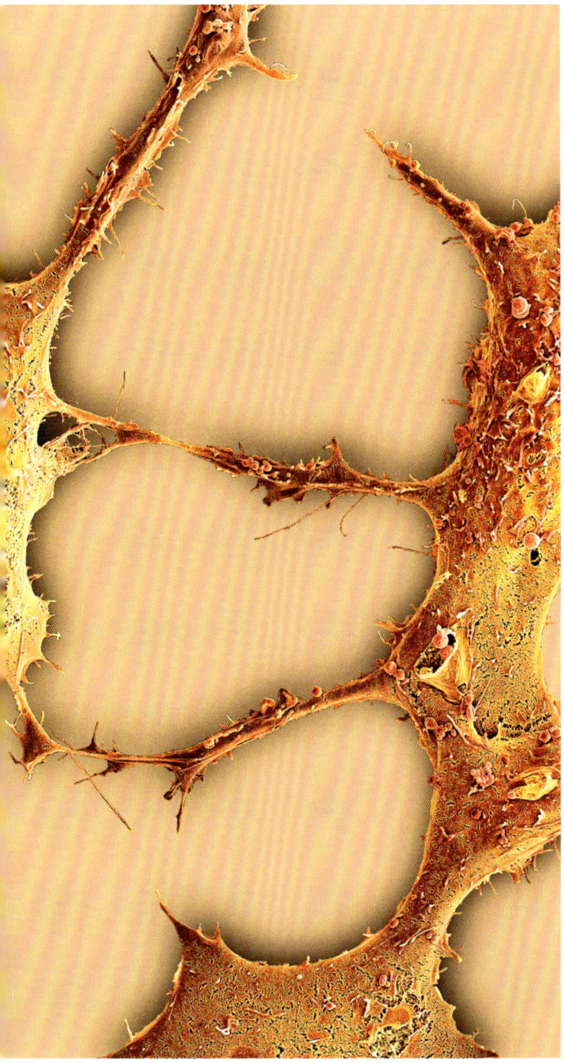

dahinter ist wissenschaftlich noch nicht abschließend erforscht, aber es scheinen dabei sowohl im Zellinneren erzeugte Signale als auch Signale von Nachbarzellen eine Rolle zu spielen. Wenn diese Signalgebung nicht mehr ordnungsgemäß funktioniert, kann eine Zelle sich der Kontrolle entziehen und sich ungehemmt vermehren. Sehr vereinfacht gesagt ist das der Beginn von Krebs. Damit dies jedoch geschehen kann, sind normalerweise mehrere Mutationen nötig. Bei Darmkrebs beispielsweise weiß man, dass dafür vier verschiedene Mutationen notwendig sind, die sich auf vier verschiedene Chromosomen verteilen. Auch reicht das Lösen aus der zellulären Kontrolle zur Krebsentstehung nicht aus. Den neuen Zellen muss es auch gelingen, dem Immunsystem zu entgehen – wie später in diesem Kapitel noch dargestellt wird – und eine eigene Blutversorgung aufzubauen, um sich zu einem richtigen Krebs zu entwickeln.

Für die vielfältigen Krebserkrankungen gibt es auch vielfältige Ursachen. Dazu zählen äußere Einflüsse, wie Chemikalien und Strahlung, aber auch solche, die mit genetischen Faktoren oder Nebenprodukten der normalen Zellchemie zusammenhängen.

Die wohl schlimmste Entwicklung beim Tumorwachstum ist die Bildung von Metastasen. Dabei lösen sich Krebszellen aus ihrem ursprünglichen Tumor und siedeln sich an anderer Stelle im Körper wieder an, wo sie sich dann vermehren. Eine solche Ausbreitung erschwert natürlich jede Behandlungsstrategie.

Links und oben: Alle Krebszellen beginnen ihr Dasein als normale Zellen, bevor sie aus verschiedenen Gründen beginnen, sich unkontrolliert zu teilen.

Die häufigste Krebsart in Deutschland ist Brustkrebs, an dem jährlich mehr als 70 000 Frauen erkranken.

Seit Ende 18. Jahrhundert

Den Krebs loswerden

Konventionelle Krebsbehandlungen

Eine konventionelle Krebstherapie ist auf ein Ziel ausgerichtet, die Krebszellen loszuwerden. Sie kann aus einer Operation, einer Chemotherapie, einer Bestrahlung oder einer Immuntherapie bestehen.

Operation

Die direkteste Behandlung ist die operative Entfernung des Krebses. Sie ist besonders wirkungsvoll bei festen Tumoren, die nicht oder kaum mit normalem Organgewebe vermischt sind. Bei einer Operation muss der Chirurg darauf achten, dass keine Krebszellen zurückbleiben, weil diese Zellen sich später zu einem neuen Tumor entwickeln können. Daher ist es üblich, dass noch während der Operation ein Pathologe Gewebeproben daraufhin überprüft, ob die Ränder der Eingriffstelle krebszellenfrei sind und der Tumor somit rückstandsfrei entfernt wurde.

Chemotherapie

Die ersten Chemotherapien beruhten darauf, dass Krebszellen sich schneller teilen und vermehren als normale Zellen, weshalb Wirkstoffe, die in die Zellteilung eingreifen, mehr Tumorzellen töten als normale Zellen. Die Kunst bei der Anwerndung liegt in der richtigen Dosierung, sodass dem normalen Gewebe möglichst wenig geschadet wird, während gleichzeitig der Tumor vernichtet wird. Chemotherapie wird häufig in Kombination mit anderen Behandlungsarten angewandt.

Moderne Chemotherapien gehen hinsichtlich der Zellen, die sie angreifen, wesentlich selektiver vor und zielen besonders auf Proteine ab, durch welche Krebszellen den Mechanismus außer Kraft setzen, der ein normales

Unten: Chemotherapeutische Wirkstoffe werden oft durch Injektionen verabreicht.

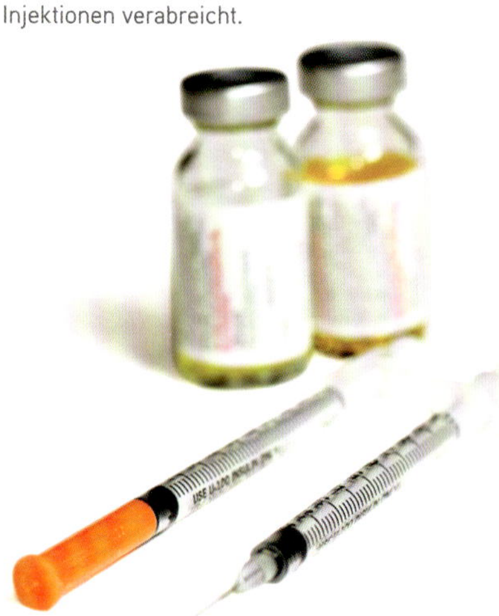

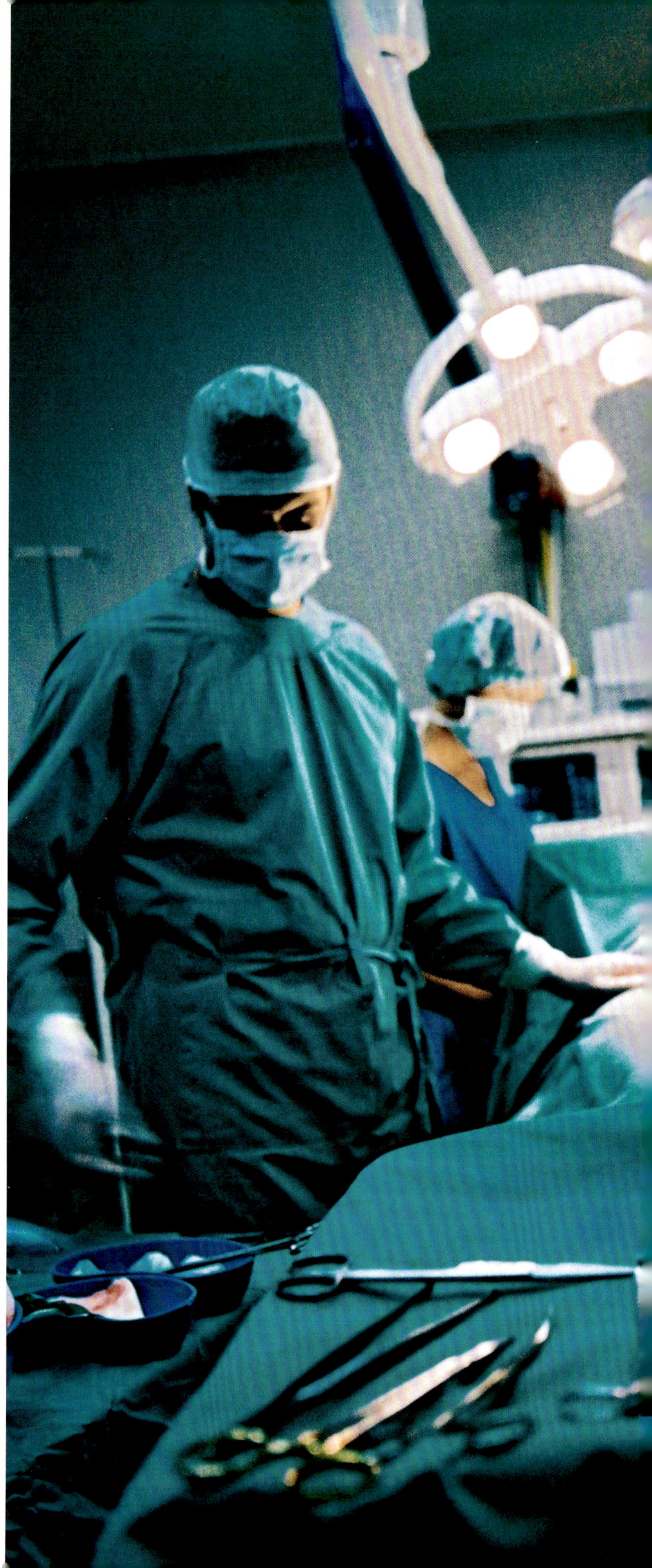

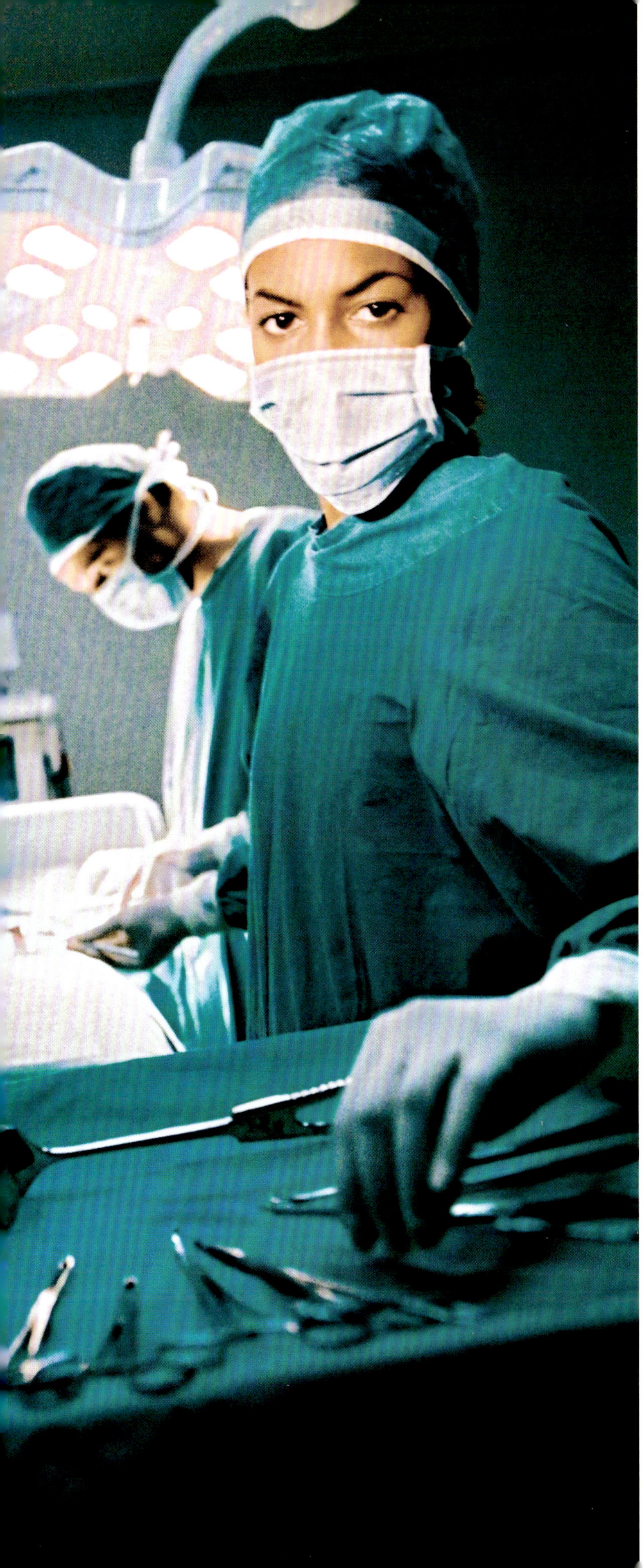

Zellwachstum steuert. Diese Technik wird hauptsächlich bei bestimmten Arten von Leukämie eingesetzt. Da diese Behandlung sich nur auf die Krebszellen auswirkt, ruft diese Chemotherapie nicht die mit den älteren Wirkstoffen verbundenen Nebenwirkungen hervor.

Bestrahlung

Wie die älteren chemotherapeutischen Stoffe ist auch Bestrahlung nicht sehr »zielgenau«. Sie wirkt sich auf alle Zellen aus, die sie trifft. Dabei zerstört sie die komplexen Moleküle, wie DNS, die für das Überleben der jeweiligen Zelle wichtig sind.

Derzeit leben in den Vereinigten Staaten ungefähr 15 Millionen Menschen, die eine Krebserkrankung überlebt haben.

Die Grundidee hinter der Strahlentherapie ist es, ein Maximum an Strahlung direkt auf den Tumor zu richten und dabei das umliegende gesunde Gewebe möglichst zu schonen. Das wird zum Beispiel auch durch eine effektive Ausrichtung der Strahlung erreicht sowie durch die Tatsache, dass Tumorzellen in der Regel eine schlechtere Reparaturfähigkeit für DNS-Schäden haben als normale Zellen.

Immuntherapie

Im Prinzip lag die Geburtsstunde der Krebs-Immuntherapie bereits im Jahr 1891, als ein New Yorker Arzt Bakterien in den Tumor eines Patienten spritzte und hoffte, dass das Immunsystem sowohl die Bakterien als auch den Tumor angreifen würde. Ein Jahrhundert später ließ die US-amerikanische Arzneimittelbehörde Interleukin-2 als erstes immuntherapeutisches Medikament zu. Im Prinzip aktiviert das Medikament die T-Zellen im Immunsystem (siehe Seite 134), damit diese die Tumorzellen attackieren. Leider hat diese Behandlungsart aber aus nachstehend genannten Gründen (siehe Seite 144) bislang eine ziemlich geringe Erfolgsquote.

Die bekannteste Immuntherapie macht sich Antikörper genannte Moleküle zunutze, die sich an bestimmte Proteine auf der Oberfläche von Krebszellen binden. Dort können sie das Immunsystem anregen, die Zelle zu zerstören oder »auszuschalten«. Die Immuntherapie steht im Fokus der Forschung zur Krebsbekämpfung.

Links: Operationen sind und bleiben eine wichtige Waffe im Kampf gegen Krebs.

AM HORIZONT

Die Resistenz von Tumoren gegen das Immunsystem überwinden

Ein Grund für die relativ geringe Wirksamkeit der immuntherapeutischen Medikamente ist die Fähigkeit von Tumoren, sich der Aufmerksamkeit der T-Zellen im Immunsystem zu entziehen. Sie nutzen dazu die sogenannten Checkpoint-Zellen, deren eigentliche Aufgabe es ist, gesundes Gewebe vor T-Zellen zu schützen. Wissenschaftler verwenden Checkpoint-Inhibitoren genannte Moleküle, um die Checkpoint-Zellen zu hemmen, was wiederum den T-Zellen ermöglicht, den Tumor anzugreifen. Das erste Medikament dieser Art wurde Jahr 2011 in den USA von der dortigen Gesundheitsbehörde genehmigt. Die Wirkung der Medikamente ermöglicht es jedoch T-Zellen gelegentlich, auch gesundes Gewebe zu attackieren, was zu schweren Nebenwirkungen führt.

Das Genom nutzen

Da die Sequenzierung der DNS immer billiger und praktikabler wird (siehe Seite 118), ist damit zu rechnen, dass die neuen Techniken eine Rolle bei der Krebsbehandlung spielen werden. Dazu gehört auch eine vorherige Überprüfung hinsichtlich der Anfälligkeit für bestimmte Krebsarten. Jedes Gen liegt in unserem Genom doppelt vor. Ist eine dieser Kopien beschädigt, kann zwar die andere funktionieren, aber man hat keine mehr in Reserve und ist damit anfällig für jeden Krebs, der mit diesem Gen verbunden ist. Die Durchsuchung von Genomen nach dieser Art von Defekten, die in jedem Genom vorhanden sind, könnte zukünftig zur Routine werden.

Ein anderes Verfahren, das in Forschungslaboren bereits erprobt wird, ist die Sequenzierung der Tumor-DNS selbst, wobei man die Moleküle entdecken will, die als Wachstumsfaktoren und Inhibitoren fungieren, womit man quasi molekulare »Gaspedale« beziehungsweise »Bremsen« für den Tumor hätte. So kann man individuelle Tumore gezielt bekämpfen. ■

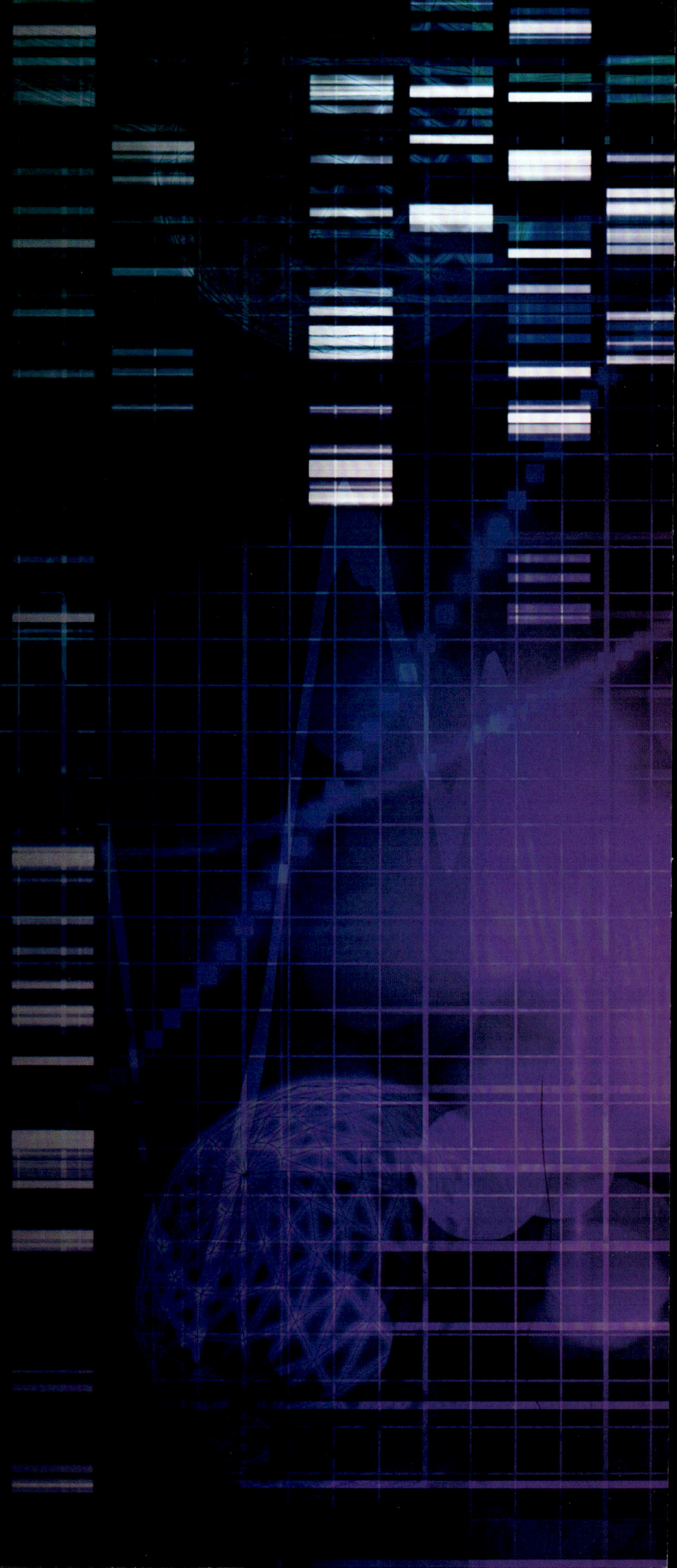

Darstellung einer DNS-Genomsequenz

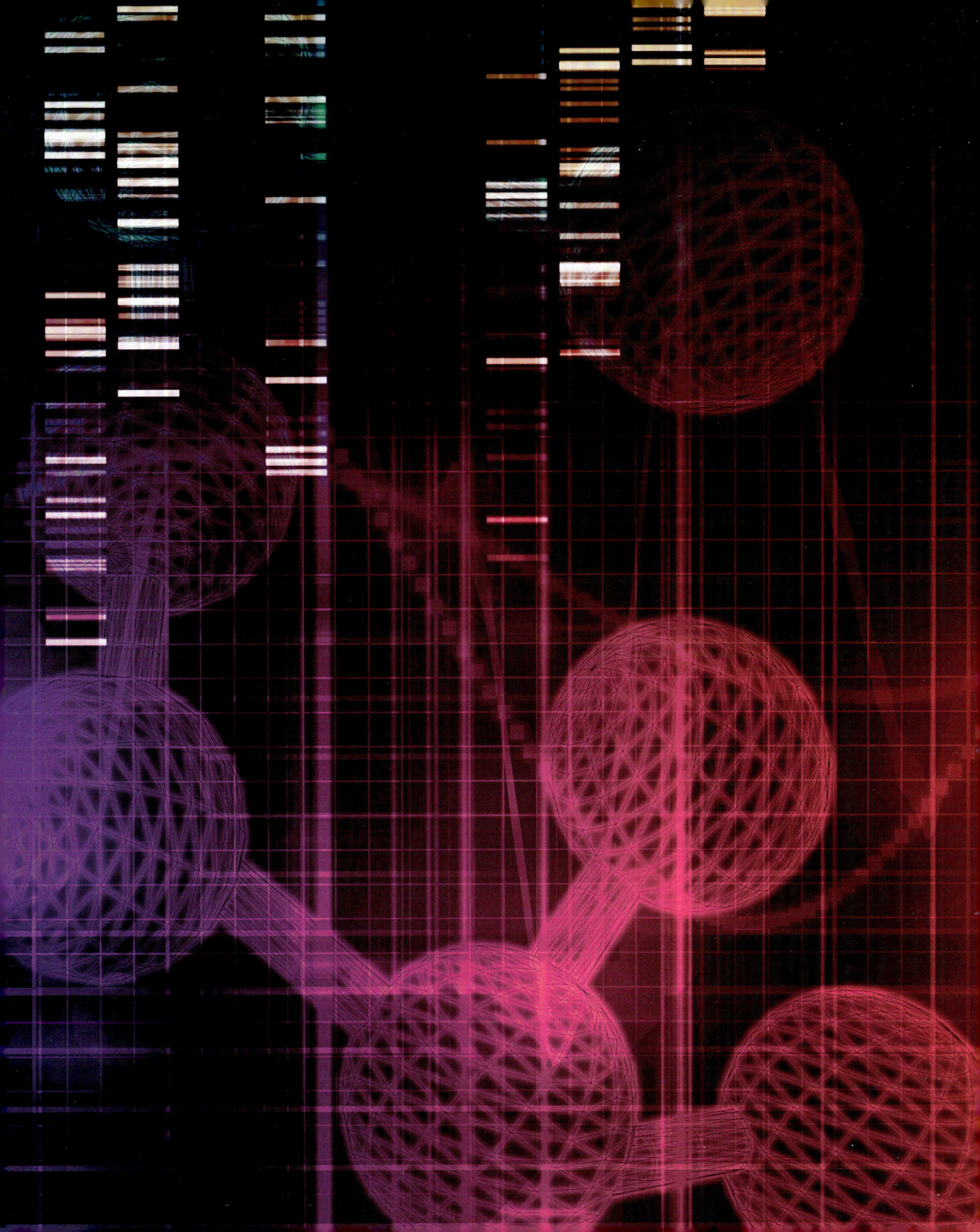

BILDGEBUNG & DIAGNOSE

▷ 1895

Ein zufälliger Blick

Röntgenstrahlen

Als der deutsche Physiker Wilhelm Röntgen (1845–1923) durch Zufall die nach ihm benannten Röntgenstrahlen (siehe Seite 24) entdeckte, war schnell klar, dass sie sehr viele Materialien durchdringen konnten. Eine der ersten Röntgenaufnahmen machte er von der Hand seiner Frau. Die medizinische Verwendbarkeit der Röntgenstrahlen für die Darstellung von Körperteilen wie Knochen und Zähnen wurde rasch erkannt, und noch heute ist die Technik das am häufigsten eingesetzte medizinische bildgebende Verfahren. Im Ersten Weltkrieg schuf und betrieb die zweifache Nobelpreisträgerin Marie Curie (1867–1934) eine mobile Röntgeneinrichtung für die französische Armee. □

Oben: Diese um das Jahr 1900 entstandene Fotografie zeigt Marie und Pierre Curie (Mitte) mit einem unbekannten Mann in ihrem Pariser Labor.

Es gibt viele Möglichkeiten, ins Innere des Körpers zu blicken, ohne ihn aufzuschneiden.

1901

Das verräterische Herz

Elektrokardiograf

Der Elektrokardiograf ist ein Gerät, mit dem die elektrische Aktivität des Herzmuskels aufgezeichnet wird. Bei seiner Anwendung, die heute bei vielen Untersuchungen Routine ist, werden am Körper des Patienten Elektroden befestigt, und der Herzschlag wird eine gewisse Zeit lang auf Papier aufgezeichnet. Die so entstehende Kurve wird Elektrokardiogramm oder kurz EKG genannt. Ein geübter Arzt kann am EKG Abweichungen von der normalen Herztätigkeit ablesen, die auf beginnende Schwierigkeiten und Schäden am Herzmuskel hinweisen.

Die ersten Stethoskope waren einfache hölzerne Rohre, mit welchen die Ärzte die Brust des Patienten abhörten.

Der erste moderne Elektrokardiograf wurde im Jahr 1901 von Willem Einthoven (1860–1927) in den Niederlanden eingesetzt. Einthoven erhielt im Jahr 1924 für seine Arbeit den Nobelpreis für Medizin.

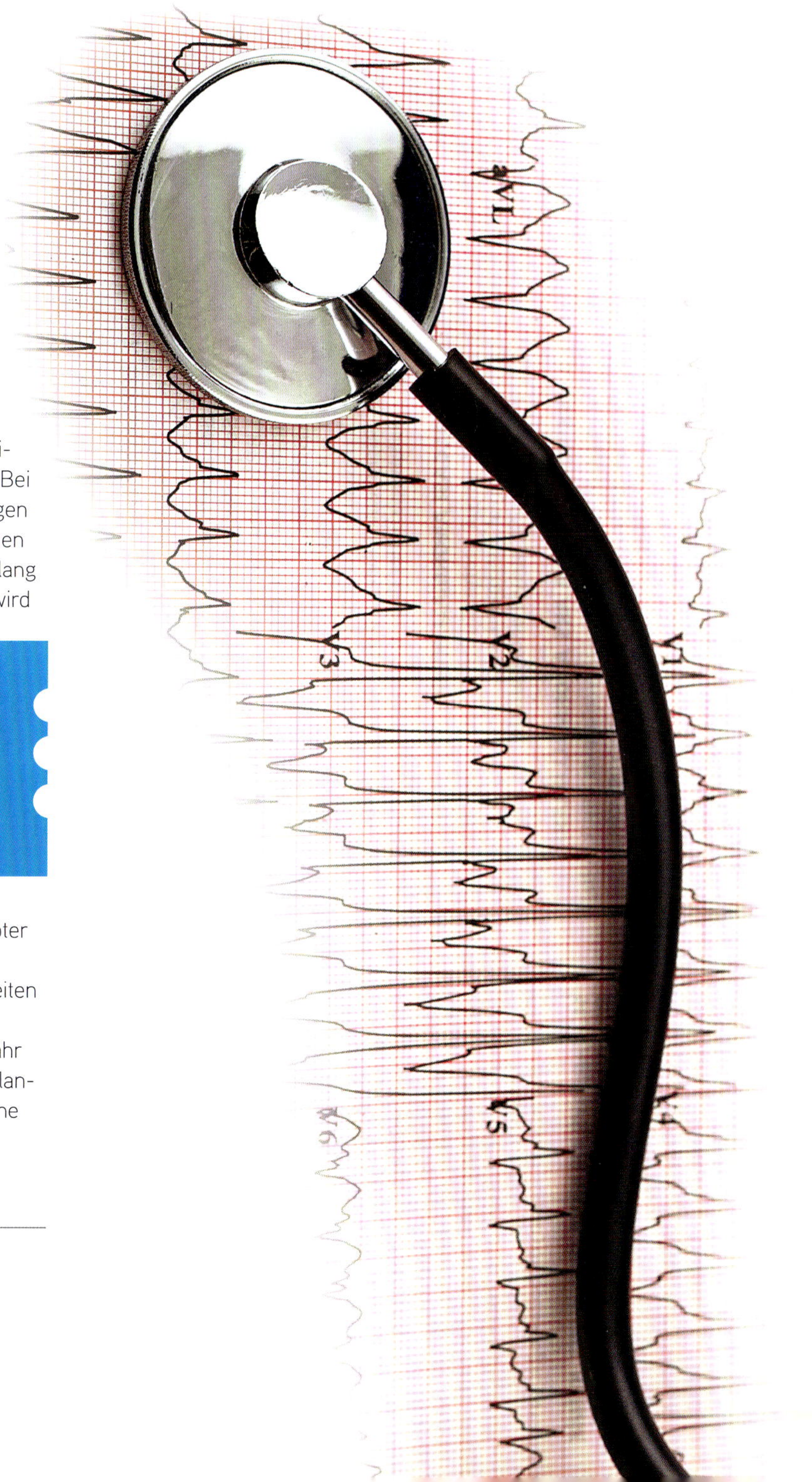

Rechts: Ein Stethoskop liegt auf einem Elektrokardiogramm – beides sind Diagnosewerkzeuge für das Herz.

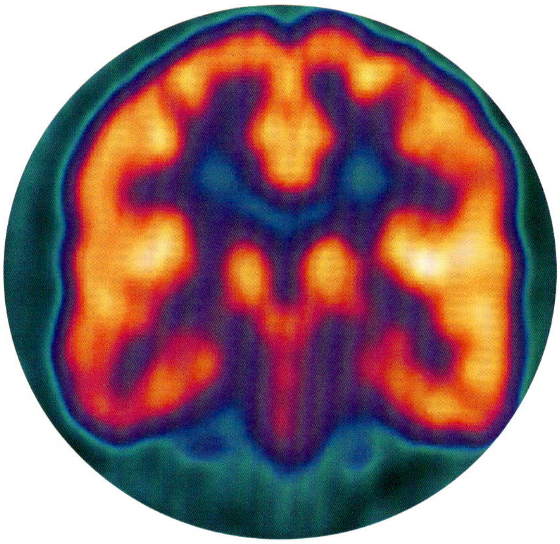

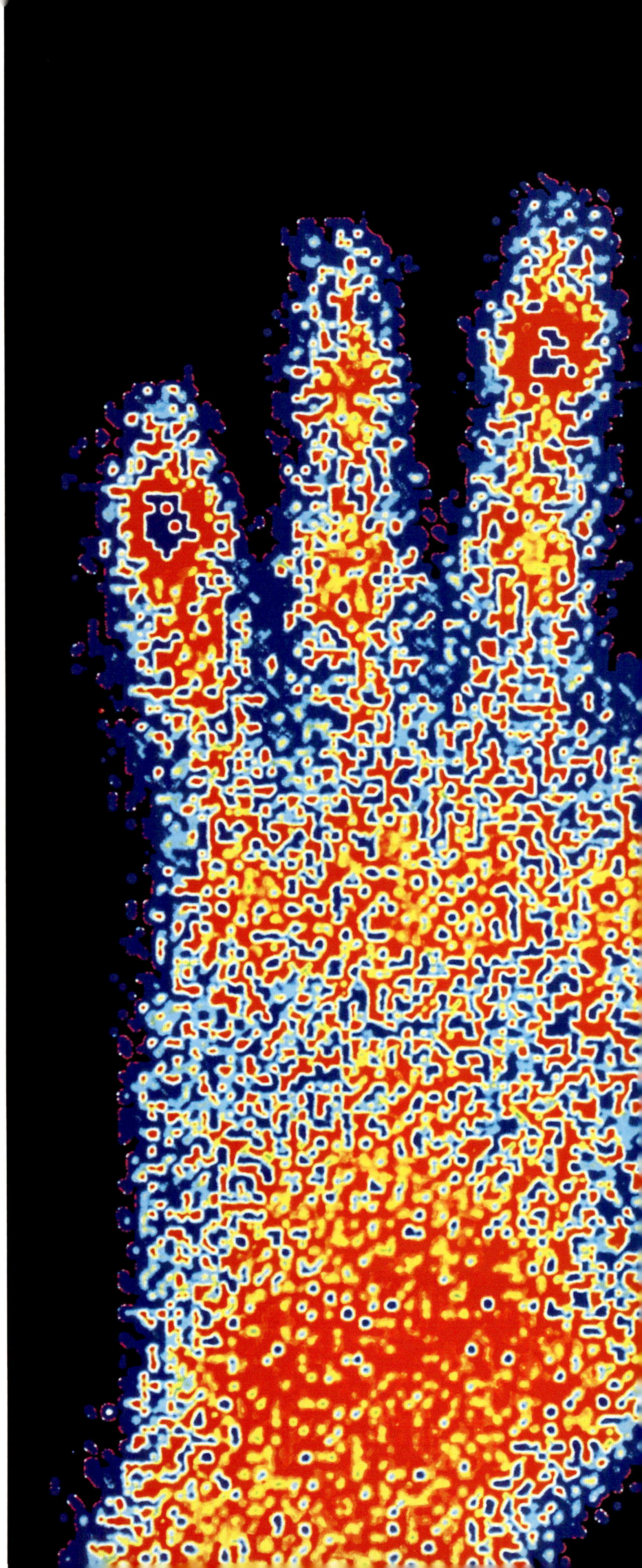

▷ 1935

Isotopen kommen zu Hilfe

Radioaktive Tracer

Die Elektronen eines Atoms, die sein Verhalten weitgehend bestimmen, sind von den radioaktiven Eigenschaften des Atomkerns unabhängig. Mit anderen Worten, ob ein Kern instabil ist oder nicht, hat auf das Verhalten des Atoms im menschlichen Körper keinen Einfluss. Auf diese Tatsache begründet sich die Verwendung von Tracern, radioaktiv markierten Substanzen, in der Diagnostik.

Wenn ein Atom eines radioaktiven Isotops (siehe Seite 25) eines bestimmten Elements in den Körper eingebracht wird, sorgen die Elektronen dafür, dass das Atom im Körper dorthin gelangt, wo das Element sich anreichert. Dort angekommen, zerfällt der Kern. Die Zerfallsprodukte können auch außerhalb des Körpers gemessen und der Ort des Zerfalls kann lokalisiert werden. Diese Technik wurde erstmals im Jahr 1935 medizinisch angewendet, als der ungarische Chemiker George de Hevesy (1885–1966) den Stoffwechsel von Laborratten mithilfe von radioaktivem Phosphor erforschte. □

Oben: Das Bild zeigt einen Gehirnscan mit radioaktiven Tracern.

Rechts: Die radioaktiven Tracer auf dieser Darstellung kennzeichnen die Knochen in den Händen.

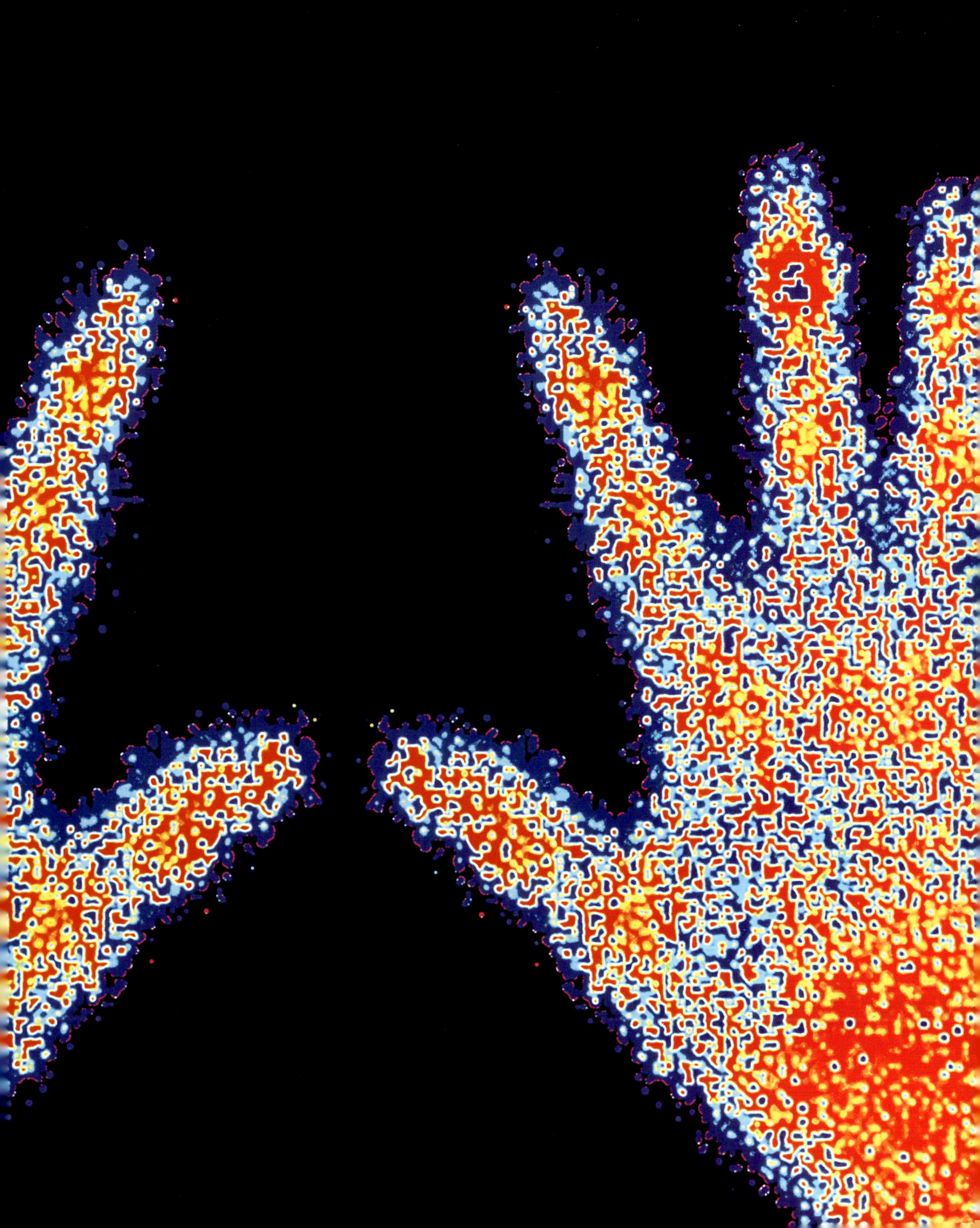

▷ 1940er-Jahre

Laut geben

Ultraschall

Wie der Name schon andeutet, benutzt die Ultraschalltechnologie zur Sichtbarmachung innerer Strukturen Schallwellen. In den 1920er-Jahren kam die Ultrasonografie in der Medizin zuerst als therapeutisches Werkzeug zur Zerstörung ungewollter Gewebe zur Anwendung. Ab den 1940er-Jahren wurde sie auch zur Diagnose eingesetzt.

Die Bestandteile des menschlichen Körpers – Organe, Knochen, Gefäße – haben eine unterschiedliche Dichte. Wenn Schallwellen den Körper durchlaufen, werden sie abhängig von der Dichte mehr oder weniger stark reflektiert. Ein Computer kann aus diesen Reflexionen ein Bild erzeugen, welches das Körperinnere wiedergibt.

Obwohl die Ultrasonografie auch heute noch für diagnostische Zwecke verwendet wird, wie zum Beispiel zur Entdeckung von Gallensteinen, kommt sie vor allem auf dem Gebiet der Geburtshilfe zum Einsatz. Schwangere Frauen erhalten regelmäßig Ultraschallbilder des herwachsenden Fötus, und viele Paare heben sich diese Bilder als erste »Babyfotos« auf. □

Links: Eine werdende Mutter betrachtet die Ultraschallaufnahme ihres ungeborenen Kindes.

Der Gedanke, die Ultrasonografie in der Diagnostik anzuwenden, stammt wohl von Wissenschaftlern, die das Radar entwickelten. Sie sahen die Verbindung zwischen den beim Radar verwendeten Radiowellen und den Schallwellen.

▷ 1972

In Scheiben geschnitten

Computertomografie

Die Computertomografie (CT) ist eine Technik, mit der dreidimensionale Bilder innerer Organe erzeugt werden. Der Begriff »Tomografie« ist abgeleitet vom griechischen Wort für Scheibe, »tomos«. Bei dem Vorgang werden Röntgenstrahlen in verschiedenen Richtungen jeweils durch ein scheibenförmiges Segment des Körpers gesendet. Ein Computer misst dann, wie die Röntgenstrahlen im Strahlengang absorbiert wurden, und erstellt aus den Daten ein Bild von der Dichte des Gewebes an jedem Punkt der Scheibe. Danach bewegt sich das Gerät weiter zur nächsten Scheibe, bis zuletzt ein dreidimensionales Bild von der gewünschten Körperregion entstanden ist. □

Gegenüber: Schnittbilder der Computertomografie einer Leber. Präzise Weichteildiagnosen konnten vor diesem Bildgebungsverfahren nur durch chirurgische Eingriffe gestellt werden.

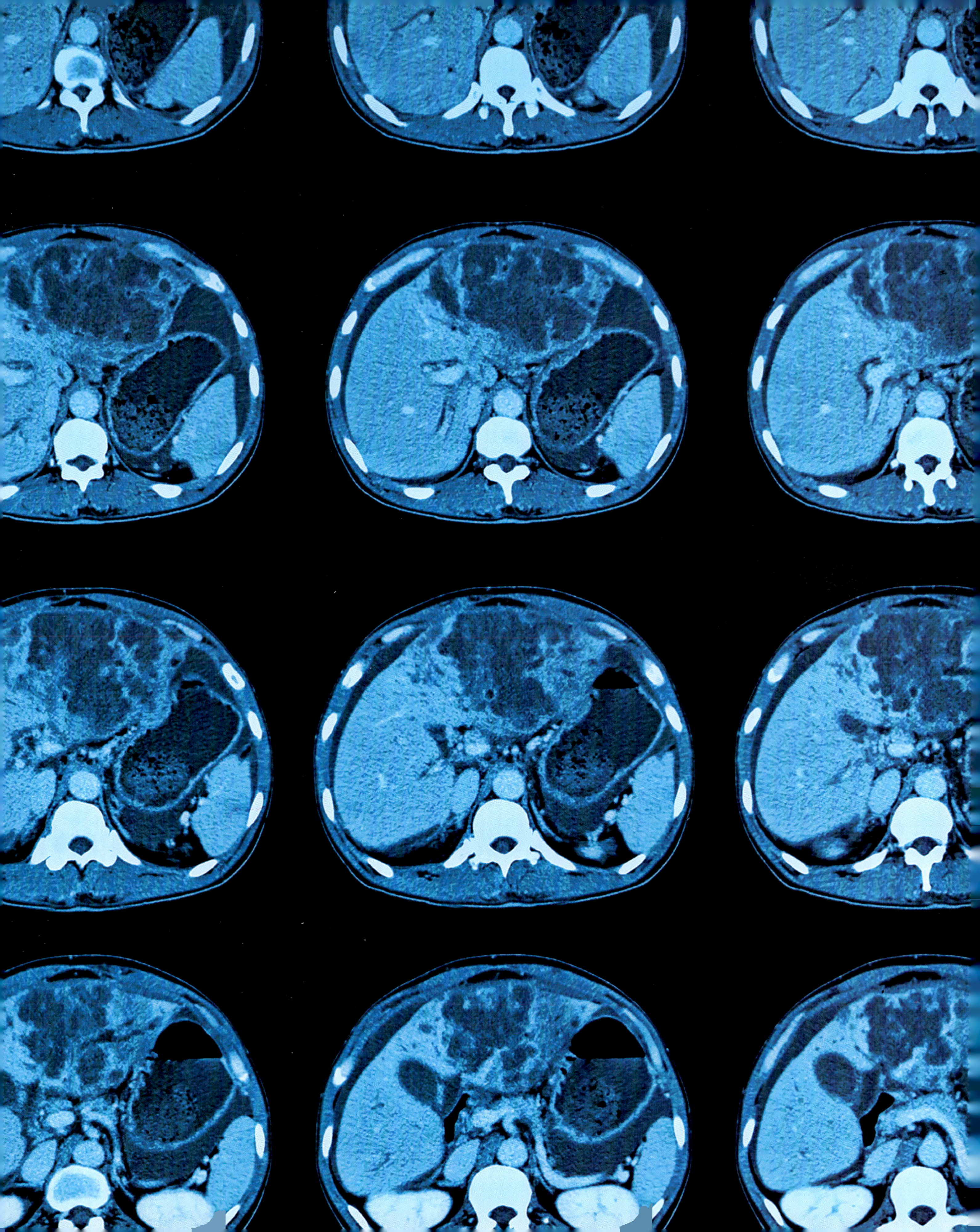

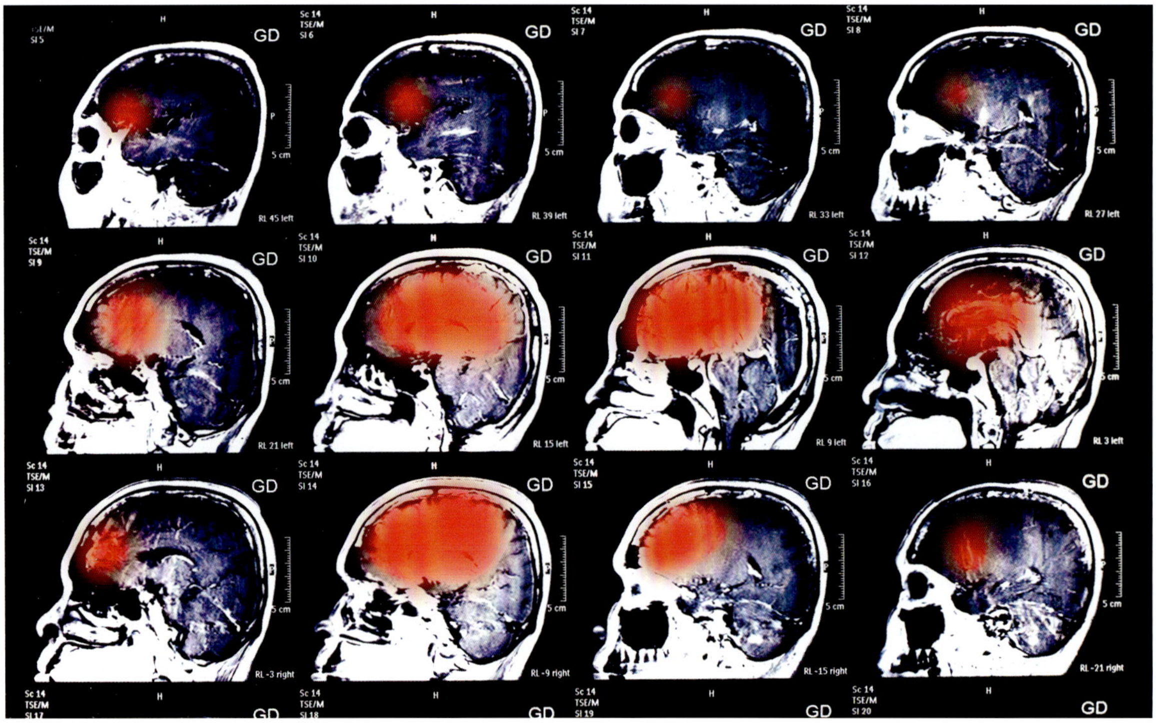

1977

Umdrehen

Magnetresonanztomografie

Wie die Computertomografie ist auch die Magnetresonanztomografie (MRT) eine Technik zur Erzeugung dreidimensionaler Bilder innerer Organe. Anders als beim CT werden hier jedoch keine Röntgenstrahlen verwendet.

Die MRT-Technik nutzt die Tatsache, dass die Atomkerne sich wie kleine Magneten verhalten, wobei Wasserstoffatome für diesen Zweck am häufigsten genutzt werden. Wird ein Material unter den Einfluss eines externes Magnetfelds gebracht, richten die »Kernmagneten« sich nach diesem Feld aus. Sendet man Radiowellen mit der richtigen Energie in das Material, wird deren Ausrichtung abgelenkt. Schaltet man die Radioquelle wieder ab, richten sich die Kernmagneten wieder aus und senden dabei selbst Radiowellen aus. Durch Messung dieser Radiowellen kann man erkennen, wie viel Wasserstoff sich an einer bestimmten Stelle befindet, und auf dieser Basis ein dreidimensionales Bild des Materials erzeugen.

Oben: CT-Aufnahmen nutzen zur Bilderzeugung Röntgenstrahlen, die Magnetresonanztomografie (MRT), mit der diese Schnittbilder erzeugt wurden, Magnetismus und Radiowellen.

Ein Magnetresonanztomograf nutzt supraleitende Magneten (siehe Seite 61), um das erforderliche externe Magnetfeld zu erzeugen. Vor allem für diesen Zweck werden diese Magneten weltweit eingesetzt.

AM HORIZONT

Bessere Testmethoden

Obwohl Bluttests medizinische Routine und relativ billig sind, wird nach Möglichkeiten gesucht, sie zu verbessern. Speichel enthält ungefähr 20 Prozent der im Blut vorhandenen Proteine, vielleich könnte ein Speicheltest daher die unangenehme Blutabnahme einmal überflüssig machen.

Die zurzeit vielleicht interessanteste Entwicklung ist ein Mikrochip. Auf dem briefmarkengroßen Chip ist eine Anordnung von Molekülen aufgebracht, von denen sich jedes nur an eine einzige Molekülart im Blut binden kann. Streicht man eine kleine Menge Blut auf den Chip, kann man mit einer radioaktiven Markierung oder einer anderen Technik ein Muster auf dem Chip sichtbar machen, welches ein Blutbild ergibt. Diese Mikrochip-Technik bietet die Aussicht auf schnellere und billigere Bluttests.

Personalisierte Medizin

Die erste Sequenzierung des menschlichen Genoms kostete noch Milliarden von Dollar und dauerte Jahre (siehe Seite 118). Heute sprechen Wissenschaftler bereits vom »1000-Euro-Genom«, die Kosten der Sequenzierung werden vergleichbar mit denen anderer umfangreicher, aber routinemäßiger Verfahren. Das eröffnet eine neue Sicht auf die Funktionen des menschlichen Körpers, weil eine chemische und keine visuelle Darstellung geschaffen werden kann. Neben Anwendungsmöglichkeiten in der regenerativen Medizin und der Krebstherapie (siehe Seite 137) wären Ärzte in der Lage, individuelle Genome nach Hinweisen auf Anfälligkeit für Krankheiten zu durchsuchen, die man sonst nicht finden könnte. Das wäre der Beginn einer Ära der personalisierten Medizin. ■

Ein Wissenschaftler durchsucht genetische Sequenzen. Jedes erkennbare Zeichen stellt einen DNS-Abschnitt dar, und der daraus resultierende »Strichcode« enthält Informationen über das Genom des Organismus.

CHIRURGIE

1846

Im Äther

Chirurgie und Anästhesie

Bereits in der Antike suchte jede Gesellschaft, deren medizinische Fähigkeiten bis zur Chirurgie fortgeschritten waren, nach Möglichkeiten, den Patienten Schmerzen zu ersparen. Alkohol ist eines der ältesten dafür eingesetzten Mittel, und unter anderen die Sumerer verwendeten Opium. Die moderne Anästhesie begann im Grunde mit dem britischen Chemiker Joseph Priestley (1733–1804), der viele Gase isolierte, darunter auch das als »Lachgas« bekannte Distickstoffoxid.

Der US-amerikanische Arzt Crawford Long (1815–1878), der häufig zusammen mit anderen Lachgas als Droge inhalierte, bemerkte, dass er und seine Freunde keine Schmerzen zu empfinden schienen, wenn sie sich im Rausch versehentlich verletzten. Im Jahr 1842 versetzte er einen Patienten in einen Ätherrausch, bevor er ihm einen Nackentumor entfernte. Er verwendete auch später Äther bei verschiedenen Eingriffen. Da er aber seine Ergebnisse erst im Jahr 1849 veröffentlichte, ist sein Anspruch auf die erste »Äthernarkose« unsicher.

Dieses Verdienst wird meist dem Zahnarzt William T. G. Morton (1819–1868) zugeschrieben, der im Jahr 1846 die Gabe von Äther als Narkosemittel bei einer öffentlichen Vorführung im heute sogenannten Äther-Dom des Massachusetts General Hospital überwachte. Nachdem ein Chirurg einem anästhesierten Patienten eine Geschwulst am Hals entfernt hatte, soll Morton dem Auditorium verkündet haben: »Meine Herren, das ist kein Humbug.«

Seit dieser Zeit sind viele Narkosemittel entwickelt worden, und die Anästhesiologie ist ein wichtiges medizinisches Fachgebiet geworden. Heute unterscheidet man zwischen lokaler und allgemeiner Anästhesie. Die Lokalanästhesie schaltet Nerven nur in bestimmten Bereichen aus. Eine Form der Lokalanästhesie, die oft zur Linderung von Geburtsschmerzen eingesetzt wird, ist die Spinalanästhesie, bei der Medikamente in das Rückenmark gespritzt werden. Die Allgemeinanästhesie wird oft intravenös verabreicht und soll das Bewusstsein aufheben.

Oben links: Inhaliergeräte wie dieses wurden im 19. Jahrhundert zur Äthergabe verwendet. Die Schwämme in dem Gefäß waren mit Äther getränkt.

Im 19. Jahrhundert wurde in England zu Veranstaltungen eingeladen, bei denen die Leute Distickstoffoxid und Äther inhalierten, um – salopp ausgedrückt – »high« zu werden.

Seit die Menschen etwas über innere Organe wissen, haben sie nach Wegen gesucht, um kranke Organe zu »reparieren« oder zu sogar zu entfernen.

1865

Der Keim einer Idee

Antiseptische Chirurgie

Die Bedeutung von Pasteurs Keimtheorie der Krankheit ist kaum zu überschätzen. Sie hat Auswirkungen auf unser aller Leben, von pasteurisierter Milch bis zur Haltbarmachung von Nahrung. Die wohl wichtigste Rolle aber spielt sie weltweit in Krankenhäusern, wo Chirurgen in antiseptischen Operationssälen arbeiten, was letztendlich ebenfalls auf Pasteurs Entdeckung zurückgeht.

Während des deutsch-französischen Krieges in den 1870er-Jahren starben von 13 173 Patienten, an denen eine Amputation vorgenommen wurde, 10 006.

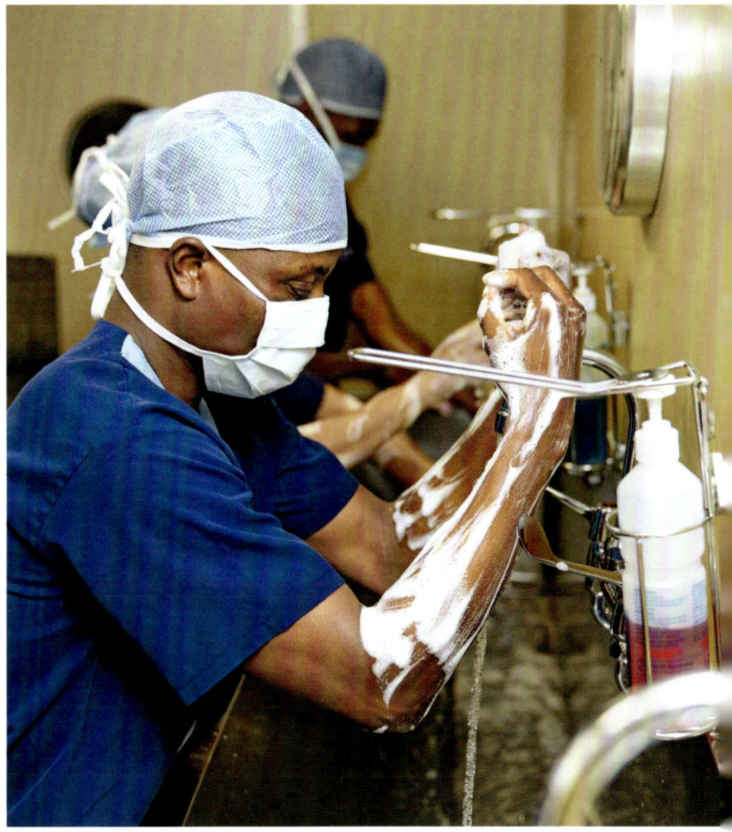

Im frühen 19. Jahrhundert war die Gefahr postoperativer Infektionen zwar bereits bekannt, aber man glaubte, sie würden durch sogenannte Miasmen verursacht, üble Dünste. Deshalb lüftete man Krankenstationen zwar sehr gründlich, konnte aber Infektionen dadurch natürlich kaum eindämmen. Ärzte wuschen sich vor einer Operation nicht einmal die Hände und gingen auch von Patient zu Patient, ohne das zu tun.

Das begann sich zu ändern, als der englische Chirurg Joseph Lister die Abhandlungen von Pasteur las. Er nahm die Vorstellung einer durch Mikroben verursachten Wundinfektion sehr ernst und erkannte, dass von den drei Methoden, die Pasteur zur Vernichtung von Mikroben vorschlug, nämlich Hitze, Filterung und Chemikalien, sich nur Letztere für Operationen eignete, und experimentierte mit dem leicht verfügbaren Industrieprodukt Karbol.

Im Jahr 1865 behandelte er einen Jungen, der bei einem Unfall einen komplizierten Beinbruch erlitten hatte. Die Wunde des Jungen hätte mit großer Wahrscheinlichkeit zu einer tödlichen Infektion geführt, aber Listers antiseptische Operation rettete sein Leben. Danach verlangte Lister von unter ihm arbeitenden Chirurgen, saubere Handschuhe zu tragen und ihre Hände und Instrumente vor einer Operation in einer verdünnten Karbolsäurelösung zu reinigen.

Es dauerte erstaunlich lange, bis sich die antiseptische Chirurgie durchsetzte. Nach Meinung von Fachleuten könnte es daran gelegen haben, dass kaum ein Arzt in dieser Zeit ein Mikroskop hatte und sich die Ärzte daher mikroskopisch kleine Erreger schlicht nicht vorstellen konnten. Besonders die hohe Zahl an Soldaten, die erst nach Operationen starben, führte aber zu ihrer Anerkennung. Um das Jahr 1890 war die antiseptische Chirurgie weithin akzeptiert, und der moderne Operationssaal entstand.

Oben: Ein Chirurg wäscht sich vor der Operation die Hände.

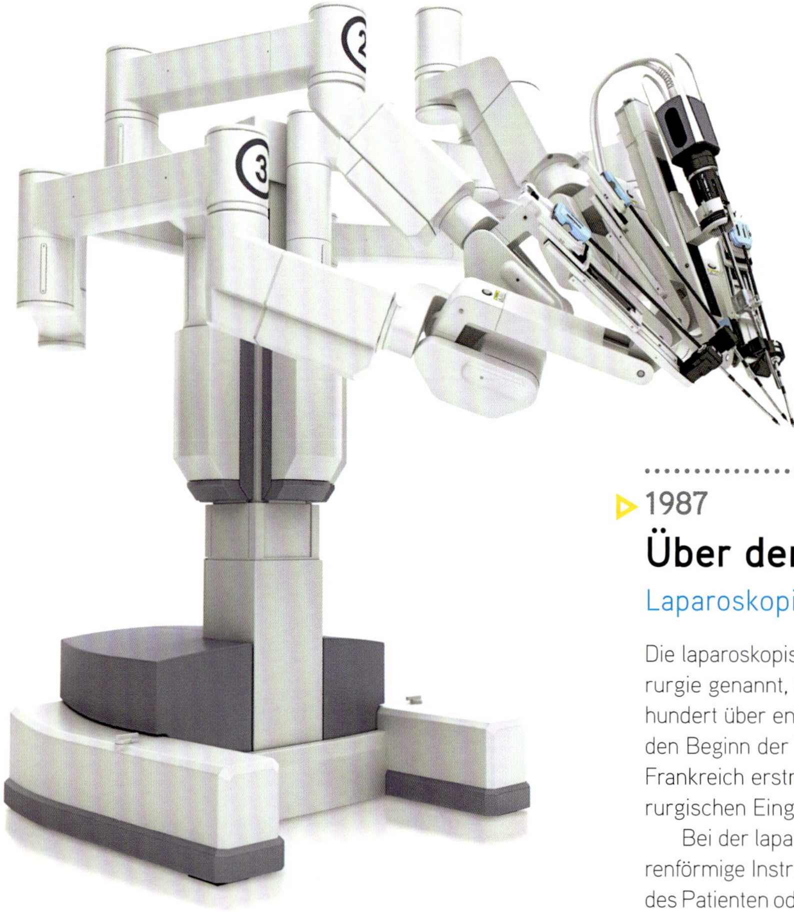

▷ 1987
Über den Bildschirm
Laparoskopische Chirurgie

Die laparoskopische Chirurgie, auch minimalinvasive Chirurgie genannt, hat sich im Grunde das gesamte 20. Jahrhundert über entwickelt. Die meisten Ärzte datieren jedoch den Beginn der Technik auf das Jahr 1987, als Ärzte in Frankreich erstmals Bildschirme einsetzten, um einen chirurgischen Eingriff zu steuern.

Bei der laparoskopischen Chirurgie werden dünne röhrenförmige Instrumente durch kleine Schnitte in den Körper des Patienten oder der Patientin eingeführt. Das Operationsfeld im Inneren des Körpers wird von winzigen Kameras aus auf einen Bildschirm übertragen, sodass der Chirurg feine chirurgische Instrumente über durch die Röhren laufende Kabel steuern kann. Wenn der Eingriff beendet ist, werden die Instrumente entfernt, und es bleibt nur ein kleiner Schnitt zurück. Man spricht darum bei dem Verfahren auch von »Schlüssellochchirurgie«. Die wesentlich kürzere Erholungszeit im Vergleich zu stärker invasiven Techniken ist ein Hauptgrund für die Beliebtheit dieser Methode.

Die laparoskopische Chirurgie wird in der Öffentlichkeit häufig bei den Verletzungen von Leistungssportlern wahrgenommen. Wenn ein Fußballer etwa wegen eines Bänderrisses operiert wird, ist die Narbe, die er davonträgt, heute meistens winzig. □

Die laparoskopische Chirurgie wird vor allem bei der Gallenblasenentfernung, aber auch bei vielen gynäkologischen Eingriffen eingesetzt.

▷ 1985
Weg vom Patienten
Roboterchirurgie

Die menschliche Hand ist wunderbar gebaut – flexibel, beweglich, geschickt –, aber auch ihr sind Grenzen gesetzt. Darum ist die Roboterchirurgie so wichtig geworden. In der Regel steuert ein Chirurg die bei der Operation eingesetzten Roboterinstrumente durch Aktoren genannte Instrumente, welche die Handbewegungen des Chirurgen über einen Computer in Bewegungen der Instrumente umsetzen. Der Chirurg kann aber auch Befehle direkt in den Computer eingeben, der die Instrumente steuert. Wie bei minimalinvasiven Eingriffen können Chirurgen ihre Arbeit auf dem Bildschirm oder direkt durch ein Mikroskop verfolgen. □

Oben: Mit Geräten wie diesen werden Roboteroperationen ausgeführt.

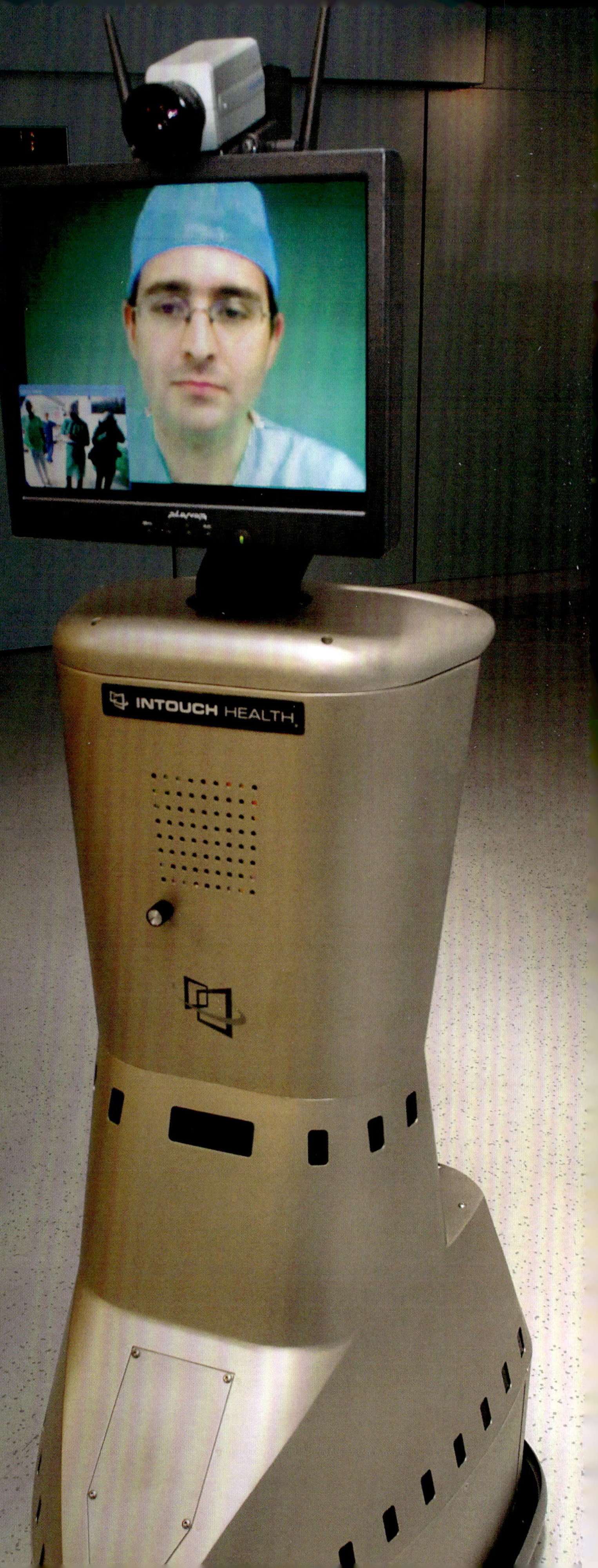

AM HORIZONT

Telechirurgie

Roboterchirurgie kommt bereits in Krankenhäusern weltweit zum Einsatz, doch wir können in Zukunft mit weiteren Fortschritten rechnen. Vorstellbar, aber noch recht weit entfernt vom praktischen Einsatz sind Computerprogramme, die Operationen ohne das direkte Eingreifen von Chirurgen ausführen. Solche Systeme würden das Können der besten Chirurgen der Welt universell verfügbar machen. Die Computerprogramme müssten aber enorm umfangreich und komplex sein, um gegebenenfalls alle Komplikationen zu meistern, die in der Realität auftreten können.

Ein anderer Fortschritt betrifft den Umstand, dass der Chirurg nicht mehr persönlich im Operationssaal zugegen sein muss. Er kann sogar an einem ganz anderen Ort der Welt sein als der Patient und muss nur die richtigen Befehle an das Robotersystem geben. Dieses Vorgehen wird Telechirurgie genannt.

Die erste ferngesteuerte Operation wurde im Jahr 2001 durchgeführt, als ein Chirurg in New York die Gallenblase eines Patienten in Frankreich entfernte. Sie wird heute unter anderem in Kanada für Operationen in entlegenen arktischen Regionen eingesetzt. Letztlich kann Telechirurgie allerdings nicht ohne medizinische Überwachung vor Ort ablaufen. In der Regel müssen ein Anästhesist, ein Aufsichtschirurg und Pflegepersonal zugegen sein. ■

Mit einem System wie diesem kann ein Chirurg von einem entfernten Ort aus eine Operation leiten und überwachen.

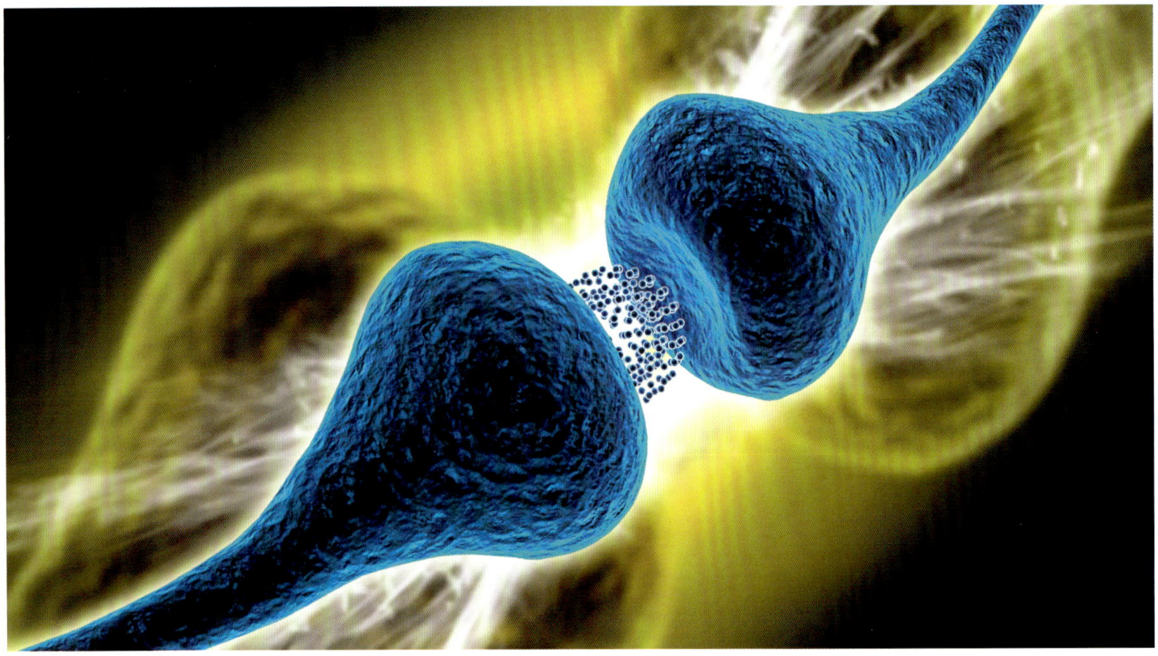

▷ 1888

Achten Sie auf den Spalt

Wie Neuronen arbeiten

Ende des 19. Jahrhunderts begannen Wissenschaftler mit mikroskopischen Untersuchungen des Gehirns und erkannten Zellen, die heute Neuronen genannt werden. Das passte zur Zelltheorie, die Schleiden und Schwann vertraten (siehe Seite 110). Ursprünglich dachte man, dass das gesamte Nervensystem in der Art eines Stromkreises miteinander verbunden sei. Im Jahr 1888 zeigte der spanische Physiologe Santiago Ramón y Cajal (1852–1934) jedoch, dass es keine direkte Verbindung zwischen den Neuronen gab. Er begründete die moderne Erforschung des Gehirns und des Nervensystems und etablierte damit die Neuronenlehre.

Ramón y Cajal wies nach, dass an der Stelle, wo man erwartete, dass zwei Neuronen sich berühren, ein Spalt liegt, den er Synapse nannte. Für diese Entdeckung erhielten er und der Italiener Camillo Golgi (1843–1926) im Jahr 1906 den Nobelpreis für Medizin. Obwohl sich ihre Arbeit so ähnelte, trafen sich diese beiden Männer nur einmal persönlich im Rahmen der Nobelpreisverleihung.

Offensichtlich musste es für Nervensignale eine Möglichkeit geben, die Synapse zu überbrücken. Die Frage, ob dies durch einen elektrischen oder einen chemischen Prozess geschieht, beantwortete im Jahr 1921 der österreichische Pharmakologe Otto Loewi (1873–1961). In seinem Experiment entfernte er zwei Fröschen die Herzen. Eines war noch mit einem großen Nerv verbunden und schlug weiter, das andere war davon abgetrennt und schlug nicht mehr. Er schaffte es, den Herzschlag des abgetrennten Herzens wieder zu erzeugen, indem er es in die Lösung legte, in der auch das weiter durch den Nerv angeregte Herz lag. Das bewies, dass die Weiterleitung von Nervensignalen über Synapsen auf chemischem Wege erfolgte. Loewi erhielt im Jahr 1936 den Nobelpreis für Medizin für die Entdeckung des Neurotransmitters, der später die Bezeichnung Acetylcholin erhielt.

Ein Neuron besteht aus einem Zellkörper, der den Kern und andere Organellen enthält, einer großen Faser, dem Axon, das Nervensignale nach außen trägt, und vielen kleinen Fortsätzen, den Dendriten, die ebenfalls diese Signale weiterleiten können. Wenn eine Nervenzelle »feuert«, bewegen sich elektrisch geladene Ionen auf den Oberflächen von Axonen und Dendriten hin und her und übertragen das Signal zu den Synapsen. An der Synapse gibt das Neuron eine Flut von Molekülen ab, die Neurotransmitter genannt werden. Sie überqueren den Spalt und heften sich an Rezeptoren des nächsten Neurons an.

Was das Gehirn als System so komplex macht, ist die Tatsache, dass jedes Neuron viele Verbindungen haben kann. Es ist nicht ungewöhnlich, dass ein Neuron im Gehirn mit 1000 anderen verbunden ist. Es gibt zwischen 80 und 100 Milliarden Neuronen im menschlichen Gehirn, was bedeutet, dass sie insgesamt etwa 100 Billionen Verbindungen bilden können. Es ist daher kein Wunder, dass es für den menschlichen Verstand eine so gewaltige Aufgabe ist, das menschliche Gehirn zu verstehen! □

Oben: Die künstlerische Darstellung zeigt Neurotransmitter beim Überqueren des Spalts an der Synapse zweier Neuronen.

1991

Ein Aufleuchten

Funktionelle Magnetresonanztomografie

Bei MRT-Scans (siehe Seite 161) werden die magnetischen Eigenschaften von Atomkernen zur Darstellung detaillierter Bilder innerer Organe genutzt – das ist die strukturelle MRT. Die funktionelle MRT (fMRT) modifiziert diese Technik zur Bildgebung des Gehirns in Echtzeit.

Wenn ein Neuron im Gehirn »feuert«, benötigt es dafür zusätzlichen Sauerstoff. Die fMRT entdeckt anhand des Eisens in den Hämoglobinmolekülen die leicht erhöhte Blutzufuhr und macht so die Teile des Gehirns sichtbar, die jeweils aktiv sind. Die Bilder können dramatisch sein und bestätigen das Bild vom Gehirn der »vielen Dörfer«. Das Denken an einen Hund, das Reden über einen Hund und das Malen eines Bildes von einem Hund lassen zum Beispiel jeweils ganz verschiedene Teile des Gehirns aufleuchten.

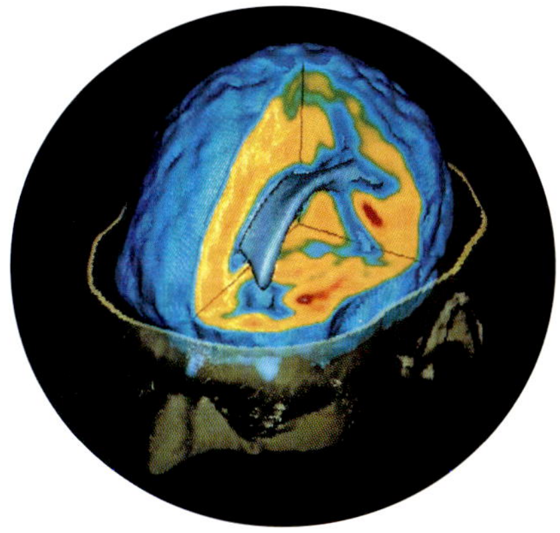

Die fMRT-Technik kann jedoch nicht den Blutfluss zu einzelnen Neuronen aufzeigen, sondern nur zu Bereichen, die beiderseits des Neurons liegen, und es ist auch unwahrscheinlich, dass die Darstellung in absehbarer Zeit genauer werden wird. □

Oben: Die leuchtenden Bereiche auf dieser fMRT-Aufnahme des Gehirns werden im Moment der Aufnahme mit mehr Sauerstoff versorgt als die anderen.

AM HORIZONT

Alzheimer und Parkinson

Diese Krankheiten, die beide nach dem Arzt benannt sind, der sie jeweils als Erster beschrieb, sind die häufigsten mit dem Gehirn zusammenhängenden Erkrankungen. Die Alzheimer-Krankheit ist die Folge einer Anhäufung von Proteinen mit der Bezeichnung Beta-Amyloide in den für das Gedächtnis und die intellektuelle Aktivität zuständigen Hirnarealen. Dies führt zu Demenz. Die Parkinson-Krankheit wird durch die Zerstörung von Zellen im Gehirn verursacht, die Dopamin, einen Neurotransmitter, produzieren. Eine Folge davon sind unkontrollierte Bewegungen. Beide Krankheiten sind zurzeit noch unheilbar.

Im Rahmen der Alzheimer-Krankheit arbeiten Forscher daran, Medikamente zu entwickeln, welche die Produktion von Beta-Amyloiden blockieren. Bei der Parkinson-Krankheit konzentriert man sich darauf, die Symptome der Krankheit zu lindern. In beiden Fällen versucht man derzeit noch eher, das Fortschreiten der Krankheit zu verlangsamen, anstatt sie zu heilen. Man kann nur hoffen, dass das Verständnis von den Vorgängen im Gehirn eines Tages so gut sein wird, dass der Ausbruch dieser Krankheiten verhindert werden kann. ■

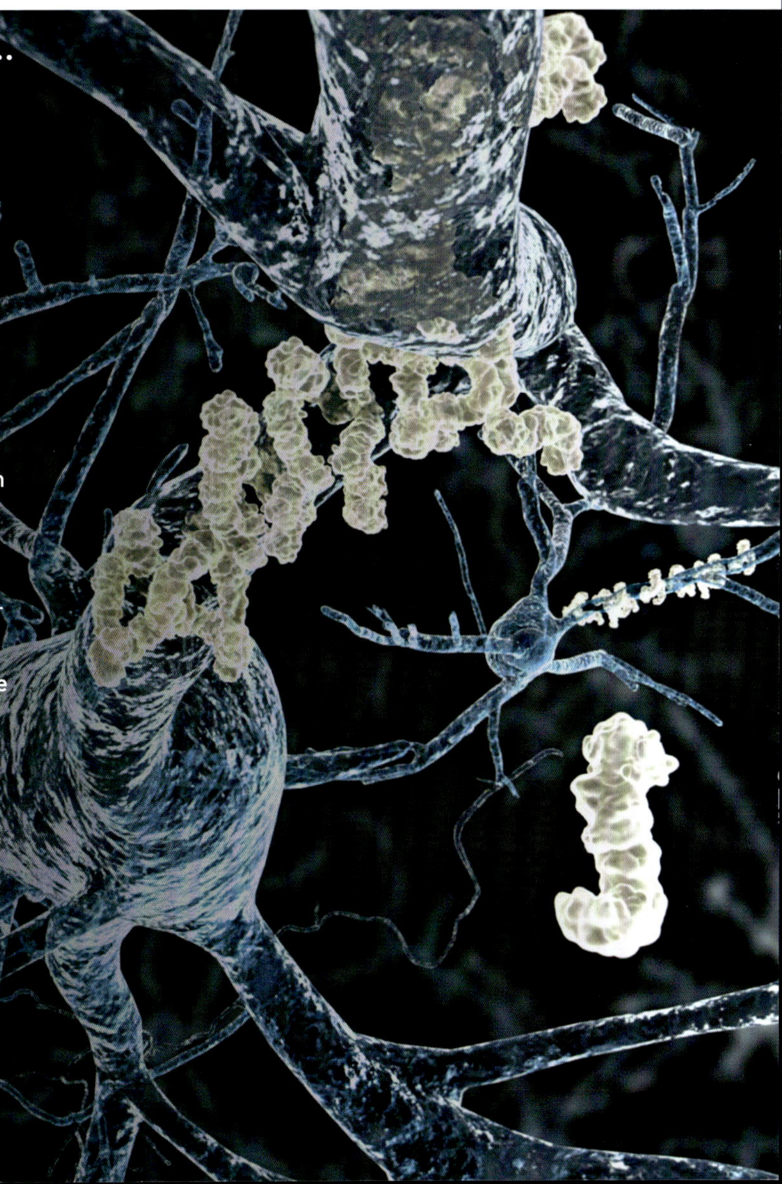

Die Alzheimer-Krankheit steht mit dem Aufbau sogenannter Plaques (hier weiß dargestellt) im Gehirn in Verbindung.

PLANETOLOGIE & ASTRONOMIE

166 DAS SONNENSYSTEM VERSTEHEN
170 DAS SONNENSYSTEM ERFORSCHEN
190 DIE ERDE – UNSER HEIMATPLANET
198 DAS SYSTEM ERDE
202 EXOPLANETEN
206 KOSMOLOGIE

DAS SONNENSYSTEM VERSTEHEN

Oben: Von Pierre-Simon Laplace stammt das erste mathematische Modell der Entstehung des Sonnensystems.

19. Jahrhundert

Die große Zusammenballung

Die Laplace-Hypothese

Der polnische Geistliche Nikolaus Kopernikus (1473–1543) definierte das erste praktikable Modell unseres Sonnensystems als eine Ansammlung von Objekten, die um die Sonne kreisen. Der französische Physiker und Mathematiker Pierre-Simon Laplace (1749–1827) lieferte ein erstes mathematisches Modell, wie dieses System entstanden sein könnte.

Seine sogenannte Nebularhypothese geht von einer großen Wolke aus Staub und Gas im interstellaren Raum aus. Wir kennen viele solcher Wolken – sie werden Nebel genannt – der lateinische Begriff für »Wolke, Dunst, Nebel« ist *nebula*. Unter dem Einfluss ihrer gegenseitigen Anziehungskraft beginnen alle Teile der Wolke sich in Richtung des Zentrums zu bewegen. So, wie eine Eiskunstläuferin sich schneller dreht, wenn sie ihre Arme anlegt, rotiert die Wolke immer schneller, je mehr sich ihre Masse um das Zentrum sammelt. Im Inneren der Wolke entsteht ein massives zentrales Objekt, in dem die Kernfusion (siehe Seite 27) einsetzt und einen leuchtenden Stern erzeugt. Von diesem letzten Umstand wusste Laplace allerdings noch nichts, er konnte daher die Sternentstehung selbst nicht erklären.

Alles Material, das nicht Teil der Sonne geworden war, verblieb in einer dünnen rotierenden Scheibe. In dieser Scheibe entstanden die Planeten, Monde, Asteroiden und Kometen des Sonnensystems.

Als Pierre-Simon Laplace seine Gedanken zur Entstehung des Sonnensystems Napoleon darlegte, fragte der Kaiser ihn, wo Gott in seiner Theorie vorkäme. Laplace soll geantwortet haben: »Sire, ich habe dieser Hypothese nicht bedurft.«

Unser Sonnensystem ist wunderbar komplex und voller unterschiedlicher, interessanter Himmelskörper. Dabei ist es nur eines unter Tausenden von Sonnensystemen.

20. Jahrhundert

Immer im Kreis herum

Das Sonnensystem – ein Überblick

In einem Sonnensystem hängt die Art der Entstehung eines Planeten von seiner Entfernung zum Zentralgestirn ab. In der Nähe einer Sonne lässt deren Hitze Stoffe, wie Wasser und verschiedene Gase, verdampfen, und ein von der Sonne ausgehender intensiver Teilchenstrom schleuderte diese flüchtigen Stoffe aus dem Innenraum des Sonnensystems hinaus. Deshalb sind die sonnennächsten inneren Planeten Merkur, Venus, Erde und Mars relativ klein und fest. Sie entstanden durch die Zusammenballung kleiner Materiebrocken zu Planetesimalen von Stein- bis zu Berggröße, und die Planetesimale vereinten sich zu etwa marsgroßen Protoplaneten. Es folgte ein unglaubliches kosmisches Billardspiel, bei dem die Protoplaneten miteinander kollidierten, voneinander abprallten, dabei zerbrachen, sich wieder zusammenballten und in einigen Fällen sogar aus dem Sonnensystem hinausgeschleudert wurden. Der Erdmond zum Beispiel entstand bei der Kollision eines marsgroßen Objekts mit der jungen Erde.

Jenseits der Umlaufbahn des Mars liegt die »Frostlinie«. Weiter entfernt von der Sonne sind die Temperaturen so niedrig, dass flüchtige Stoffe von den Planeten aufgesammelt werden konnten. Darum sind die äußeren Planeten Jupiter, Saturn, Uranus und Neptun relativ groß und bestehen hauptsächlich aus Gasen, wie Wasserstoff und Helium. Im Bereich zwischen den inneren und äußeren Planeten liegt der Asteroidengürtel, der von kleinen, felsigen Objekten gebildet wird. Sie sind Gesteinstrümmer, die sich – wahrscheinlich aufgrund des Gravitationseinflusses von Jupiter – nie zu einem Planeten formen konnten. Zurzeit ist das beste Bild von der Entstehung der äußeren Planeten das Nizza-Modell, benannt nach der Stadt in Frankreich, in der es entwickelt wurde, welches eine turbulente Wanderung der Planeten beschreibt, bis sie am Ende auf ihren derzeitigen Bahnen landeten.

Jenseits der äußeren Planeten befindet sich der Kuipergürtel. Das ist der Teil der äußeren »Scheibe« des Sonnensystems, in dem sich nie Planeten bildeten und der darum noch die ursprünglichen Baumaterialien enthält, aus denen das System besteht. Der Zwergplanet Pluto ist das innerste Objekt in dieser Region, aber es gibt dort auch noch andere Objekte in Plutogröße. Schließlich ist das ganze System von einer kugelschalenförmigen Region von »schmutzigen Schneebällen« umgeben, der Oortschen Wolke. Von dort stammen viele der Kometen, die wir von Zeit zu Zeit sehen.

Unten: Das Sonnensystem mit den Planeten und dem Asteroidengürtel

AM HORIZONT

▷ Weiterentwicklung von Computermodellen

Das Detailwissen über die Entstehung des Sonnensystems stammt überwiegend aus Computermodellen. Da die Kenntnisse über die daran beteiligten Stoffe immer besser und die Computer immer leistungsstärker werden, kann man davon ausgehen, dass diese Modelle weiterentwickelt werden. Die Grundlagen der Nebularhypothese werden sich nicht ändern, aber wir werden wohl ein immer detaillierteres Bild des Geschehens bekommen. ■

Dieses Bild des Weltraumteleskops Hubble zeigt »Sterngeburten« im Carinanebel.

DAS SONNENSYSTEM ERFORSCHEN

1610

Eine revolutionäre Sicht auf den Himmel

Galileo und sein Teleskop

Der Italiener Galileo Galilei (1564–1642) machte bereits früh aufregende Entdeckungen mit einem Teleskop. Als er von der Erfindung eines solchen Geräts in den Niederlanden erfuhr, entwarf er eine verbesserte Version. Er betrachtete als erster Forscher den Sternenhimmel mit einem Teleskop, und was er sah, erschütterte die überlieferte Weltsicht in ihren Grundfesten.

Er sah zum Beispiel Sonnenflecken beziehungsweise Sonnenfleckengruppen, Berge auf dem Mond, die Venusphasen und die vier größten Monde des Jupiter.

Die Astronomie seiner Zeit, die sich noch auf die Ansichten des antiken Griechenlands stützte, sah die Himmelswelt als vollkommen und unveränderlich an. Auf der Sonne konnte es daher keine »Schandflecken« geben, und den Mond stellte man sich als perfekte Kristallkugel vor. Besonders aber glaubte man, dass die Erde der Mittelpunkt des Universums sei und sich alles am Himmel um sie drehte. Dann aber könnte die Venus keine Phasen haben, und es dürften sich keine Himmelskörper um den Jupiter drehen. Irgendetwas an der bestehenden Vorstellung stimmte offensichtlich nicht.

Galileo veröffentlichte seine Beobachtungen im Jahr 1610 in seinem Buch *Sidereus Nuncis* (Sternenbote). Da es auch noch auf Italienisch anstatt in der Wissenschaftssprache Latein verfasst war, markiert dieses Werk eine Wende in der Wissenschaftsgeschichte.

Rechts: Die künstlerische Darstellung zeigt Galileo, der Geistlichen die Oberfläche des Mondes erklärt.

Kurz bevor ein Schiff aus den Niederlanden mit Kisten voller Teleskope eintraf, verkaufte Galileo seine Technik der Teleskopherstellung den Seestreitkräften der Stadt Venedig für eine nette Summe.

Das Sonnensystem wurde mit Teleskopen und Raumsonden erforscht und im Fall des Mondes durch Besuche von Menschen.

1741

Der gekippte Planet

Uranus kommt in Sicht

Uranus und Neptun sind für das bloße Auge nicht sichtbar, erst nach der Entwicklung leistungsstarker Teleskope wurden diese Planeten entdeckt. Der Uranus wurde im Jahr 1781 von dem Berufsmusiker und Amateurastronomen Sir William Herschel (1738–1822) mit einem im Hof seines Hauses im englischen Bath aufgestellten Teleskop entdeckt, woran man auch erkennt, dass es vor der Einrichtung der Straßenbeleuchtung in den Städten so dunkel war wie auf dem Lande. □

Uranus ist der einzige Planet im Sonnensystem, dessen Rotationsachse sehr weit aus seiner Bahnebene gekippt ist und der daher »auf der Seite« liegt.

Unten: Das Bild zeigt die beiden Hemisphären des Uranus.

1801

Der Größte im Asteroidengürtel

Die Ortung des Asteroiden Ceres

Dem italienischen Astronomen Giuseppe Piazzi (1746–1826) gelang in der Neujahrsnacht des Jahres 1801 eher zufällig die Entdeckung von Ceres. Mit einem Durchmesser von kaum 1000 Kilometern ist Ceres das größte Objekt des Asteroidengürtels. Lange vermutete man, der Asteroidengürtel bestünde aus den Überresten eines zerfallenen Planeten, heute nimmt man eher an, dass er aus Material besteht, welches sich möglicherweise aufgrund des Gravitationseinflusses des Jupiters nie zu einem Planeten formen konnte.

Links: Giuseppe Piazzi ist der Entdecker von Ceres im Asteroidengürtel.

Unten: Der »weiße Fleck« auf Ceres ist vermutlich entstanden, als Wasser an die Oberfläche stieg und dort gefror.

Die Vorstellung, dass der Asteroidengürtel die Überreste eines zerstörten Planeten seien, war die Inspiration für Supermans fiktiven Heimatplaneten Krypton. Supermans Vater setzte das Baby in eine Rakete zur Erde, bevor der Planet explodierte.

▷ 1846

Eine seltsame Umlaufbahn

Neptun

Zur Entdeckung von Neptun führte eine interessante Kette von Ereignissen. Bei der Beobachtung der Umlaufbahn von Uranus tauchten merkwürdige Abweichungen auf, der Planet schien nicht dem Gesetz der Gravitation zu gehorchen. Zwei Astronomen, John Couch Adams (1819–1892) in England und Urbain Le Verrier (1811–1877) in Frankreich, stellten fest, dass die Abweichungen sich mit der Existenz eines anderen Planeten erklären ließen, der eine Gravitationskraft auf Uranus ausübte und dessen Bahn weiter außen lag. Sie berechneten den Platz des Planeten im Sonnensystem, und tatsächlich fanden im Jahr 1846 Astronomen in Berlin dort einen Planeten, den sie Neptun nannten. □

Oben: Die Fotografie zeigt den britischen Mathematiker und Astronomen John Couch Adams, einen von zwei Wissenschaftlern, welche die Existenz des Neptuns mit ihren Berechnungen der Auswirkung seiner Gravitation auf den benachbarten Planeten Uranus nachwiesen.

Rechts: So könnte man den Neptun von seinem größten und nächsten Mond Triton aus sehen.

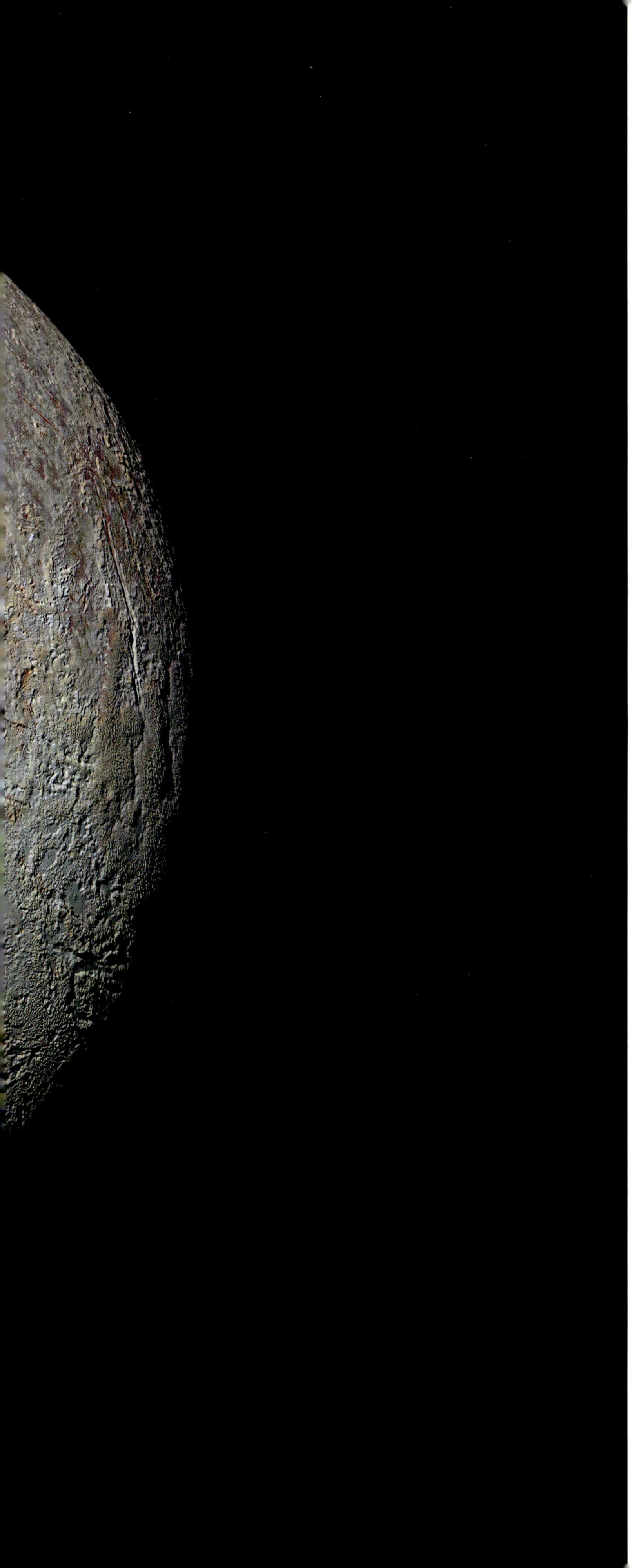

▷ 1930

Planet X

Pluto der Problemplanet

Die Entdeckung von Pluto im Jahr 1930 gilt als letzter bedeutender Schritt bei der Erforschung unseres Sonnensystems. Heute wird er auch als erster Schritt zur Erforschung dieses noch weitgehend unbekannten äußeren Bereichs des Systems gesehen.

Diese Gedanken lagen Clyde Tombaugh (1906–1997), dem Farmerssohn aus Kansas, wohl eher fern, als er durch ein selbst gebautes Teleskop blickte und ein paar Skizzen vom Mars machte. Er sandte sie an das Lowell-Observatorium in Flagstaff in Arizona, und bat um eine Beurteilung. Stattdessen erhielt er ein Jobangebot.

An der Sternwarte wurde er mit der Suche nach dem Planeten X betraut, von dem man vermutete, dass er sich außerhalb der Neptunbahn befand. Er fotografierte immer im Abstand von ein paar Wochen die gleiche Himmelsregion

Der Vorbeiflug der Raumsonde New Horizons an Pluto im Jahr 2015 war ein großer Erfolg des US-amerikanischen Raumfahrtprogramms.

und suchte durch Vergleiche der Aufnahmen nach einer Bewegung in der richtigen Entfernung. Im Jahr 1930 zahlte sich die Fleißarbeit aus: Tombaugh hatte einen neuen Planeten entdeckt.

Aber der bereitete von Anfang an Probleme. Pluto hätte ein Gasriese sein müssen, war aber klein und felsig. Seine Umlaufbahn war zu den Bahnen anderer Planeten geneigt, und er verbrachte einen Teil seiner »Jahresrunde« sogar innerhalb der Neptunbahn. Mit der Entdeckung des Kuipergürtels (siehe Seite 176) wurden die Gründe für diese Auffälligkeiten ersichtlich. Pluto war nicht der äußerste der Planeten, er war der innerste Teil des Kuipergürtels, des Übergangs zur nächsten großen Region des Sonnensystems. Auf dieser Grundlage stufte die Internationale Astronomische Union im Jahr 2009 Pluto als Zwergplaneten ein und bezeichnete alle weiteren größeren Himmelskörper im Kuipergürtel als »Plutoiden«. □

Links: Das detaillierte Bild des Pluto wurde von der Raumsonde New Horizons aufgenommen.

1951

Kosmische Überreste

Der Kuipergürtel

Jenseits von Pluto bildet Material, das von der Entstehung des Sonnensystems übrig geblieben ist, einen um das Sonnensystem reichenden flachen Gürtel, der sich rund 50-mal weiter in den Weltraum erstreckt, als die Erde von der Sonne entfernt ist. Er wurde nach dem niederländisch-US-amerikanischen Astronomen Gerard Kuiper (1905–1973) benannt, der seine Existenz im Jahr 1951 voraussagte. Der in seiner Zusammensetzung dem Asteroidengürtel zwar ähnelnde, aber vermutlich eisreichere Kuipergürtel wird derzeit noch erforscht.

Seit dem Jahr 1992 finden Astronomen Objekte im Kuipergürtel, die im Grunde als Planeten zu beschreiben sind. Sie ähneln in der Größe Pluto, liegen aber noch weiter draußen. Man vermutet zusammen mit all den kleineren Trümmerteilen ein Dutzend oder mehr solcher Objekte dort draußen. Diese (Zwerg-)Planeten werden heute als Plutoiden bezeichnet und als dritter Planetentyp neben den inneren und den äußeren Planeten betrachtet. □

Oben: Die künstlerische Darstellung zeigt eines der großen Objekte im Kuipergürtel, das von seinen Entdeckern »Xena« getauft wurde und einen eigenen Mond hat.

Rechts: Auf dieser künstlerischen Darstellung der kleinen felsigen Objekte des Kuipergürtels sind diese Objekte viel näher beieinander als in der Realität.

▷ 1971

Vergangenes, gegenwärtiges oder zukünftiges Leben?

Mars, unser nächster Nachbar

Die Erforschung des Sonnensystems konzentriert sich derzeit stark auf den Mars. Im Lauf der letzten Jahrzehnte hat sich eine wahre Flotte von Orbitern und Landungssonden aus vielen Ländern auf den Weg zu unserem nächsten Nachbarplaneten gemacht. Beginnend mit Mariner 9, einer Sonde, die in den Jahren 1971 und 1972 den Mars umkreiste, haben diese Besuche viele teilweise überraschende Informationen gebracht.

Schon früh gab es Bilder von geologischen Formationen, die wie Flusstäler aussahen und vermuten ließen, dass in geologisch betrachtet jüngerer Zeit noch flüssiges Wasser auf der Marsoberfläche vorhanden war. Heute gibt es Hinweise auf Salzvorkommen auf der Oberfläche, die denselben Schluss zulassen. Vielleicht sind sie aber eher die Überreste von Salzschlamm und nicht von frei fließendem Wasser. Die Wissenschaft geht davon aus, dass der Mars in den ersten Milliarden Jahren seiner Existenz, bevor er seine Atmosphäre ins All verlor, über riesige Meere verfügte und sich nicht allzu sehr von der Erde unterschied. Auch der Rover Curiosity, der noch immer Daten von der Marsoberfläche sendet, fand Hinweise darauf, dass bei der Ausformung der von ihm untersuchten Gesteine flüssiges Wasser beteiligt war.

Die Existenz von Wasser auf dem Mars wird nicht angezweifelt, seine Polkappen bestehen schließlich teilweise aus Wassereis. Das Vorhandensein in flüssigem Aggregatzustand würde allerdings bedeuten, dass Leben auf dem Planeten existieren könnte. □

Oben: Fotos von der Marsoberfläche lassen vermuten, dass es irgendwann in seiner Geschichte fließendes Wasser auf dem Planeten gegeben hat.

Rechts: Der Rover Curiosity erbringt auf dem Mars einen unschätzbaren Beitrag zu unserem Wissen über den Roten Planeten.

▷ 1995

Flüssiges Wasser auf dem Jupitermond Europa

Galileo erkundet Jupiter und seine Monde

Die Raumsonde Galileo wurde im Jahr 1989 gestartet und erreichte 1995 den Jupiter. Sie fand einen Planeten vor, der völlig anders war als die erdnahen Planeten, denn Jupiter ist der erste Planet, der jenseits der »Frostlinie« (siehe Seite 167) liegt. Er hat einen festen Kern, der 20- bis 40-mal größer ist als jener der Erde und der von Schichten von Wasserstoff und Helium umgeben ist. Wegen des hohen Drucks auf dem Jupiter besteht ein Teil der äußeren Schichten aus metallischem Wasserstoff, einem Stoff, der auf der Erde nur experimentell für Bruchteile von Sekunden in Labors erzeugt werden konnte. In der Atmosphäre, die größtenteils aus Wasserstoff, Helium und Ammoniak besteht, gibt es Wolkenbänder, die durch Jupiters schnelle Rotation entstehen – der Jupitertag dauert nur zehn Stunden.

Oben: Diese Schnittansicht zeigt die innere Struktur des Jupiters.

Obwohl die Raumsonde Galileo viele Informationen über den Jupiter zur Erde schickte und sogar eine Tochtersonde in seine Atmosphäre eintauchen ließ, betrafen die wichtigsten Entdeckungen die Monde des Riesenplaneten. Sie entpuppten sich als eigenständige Welten.

Io, der innerste Mond, ist zum Beispiel von Vulkanen übersät – mehr als 400 nach der letzten Zählung –, und bei Vulkanausbrüchen ausgeworfenes Material verleiht dem Mond ein pockennarbiges Aussehen.

Was Galileo jedoch auf dem Jupitermond Europa, dem sechstgrößten Mond des Sonnensystems, entdeckte, elektrisierte die Welt der Wissenschaft. Europa hat eine ebene Oberfläche aus Wassereis, und die Abwesenheit von Kratern darin zeigt, dass sie nach geologischen Maßstäben noch jung ist. Das lässt die Vermutung zu, dass unter einer dicken Eisschicht ein Ozean aus flüssigem Wasser liegt. Messungen durch Galileo bestätigten diese Vermutung: Es war der erste Nachweis von flüssigem Wasser außerhalb der Erde. Ozeane werden auch durch die Gezeitenbewegung erwärmt. Während Europa sich in Jupiters Gravitationsfeld bewegt, wird der Mond von den Gezeitenkräften regelrecht durchgeknetet, und dadurch steigen in ihm die Temperaturen.

Die Existenz eines Ozeans unter dem Eis hat Europa zum Hauptkandidaten für die Möglichkeit von extraterrestrischem Leben in unserem Sonnensystem gemacht. Die NASA und die Europäische Weltraumagentur haben Pläne für weitere Missionen, bei denen Bohrungen durch die über dem Wasser liegende Eisschicht erfolgen sollen. Größere Wassermassen wie auf Europa sind auch auf anderen Jupitermonden und erst kürzlich auf dem Saturnmond Enceladus gefunden worden. □

Um eine mögliche Verunreinigung des Mondes Europa mit irdischen Bakterien zu vermeiden, wurde Galileo im Jahr 2003 gezielt in die Jupiteratmosphäre gelenkt, wo die Sonde verglühte.

AM HORIZONT

Erforschung von Europa

Die Europäische Weltraumagentur plant den Start der Sonde Jupiter Icy Moon Explorer (JUICE) im Jahr 2022. Sie soll 2030 im Jupiterorbit eintreffen und eine gründliche Untersuchung der Jupitermonde Ganymed, Kallisto und Europa vornehmen, die alle über eisbedeckte Ozeane verfügen. Die Messung der Dicke der Eisschicht ist ein wichtiger erster Schritt auf der Suche nach Leben in diesen Ozeanen. ■

Künstlerische Darstellung von JUICE auf einer Umlaufbahn um Jupiter

2015

Jenseits des Pluto

Vielleicht kein Planet, aber trotzdem faszinierend

Im Jahr 2015 flog die Sonde New Horizons an Pluto vorbei und lieferte uns eine erste Nahaufnahme des Zwergplaneten, dessen enorme Komplexität überraschte. Es gibt Hinweise auf geologisch junge Oberflächenveränderungen, die ihre Ursache möglicherweise in etwas Ähnlichem wie der irdischen Plattentektonik (siehe Seite 195) haben. Gebirgszüge aus Wassereis, das bei den niedrigen Temperaturen hart wie Stahl ist, wechseln sich ab mit Gletschern aus festem Stickstoff und Ebenen, welche vielleicht die Becken verschwundener Seen sind, die einst mit irgendeiner Flüssigkeit gefüllt waren. Auf jeden Fall werden Wissenschaftler Jahre brauchen, um die Geheimnisse von Pluto zu lüften.

Es dauerte mehr als ein Jahr, bis alle Daten zur Erde gesendet worden waren, welche die Raumsonde New Horizons bei ihrem Vorbeiflug an Pluto gesammelt hatte.

Oben: Die künstlerische Darstellung zeigt New Horizons auf dem Weg zu Pluto und seinem Mond Charon.

Links: Ein Blick auf die Plutooberfläche von der Sonde New Horizons aus

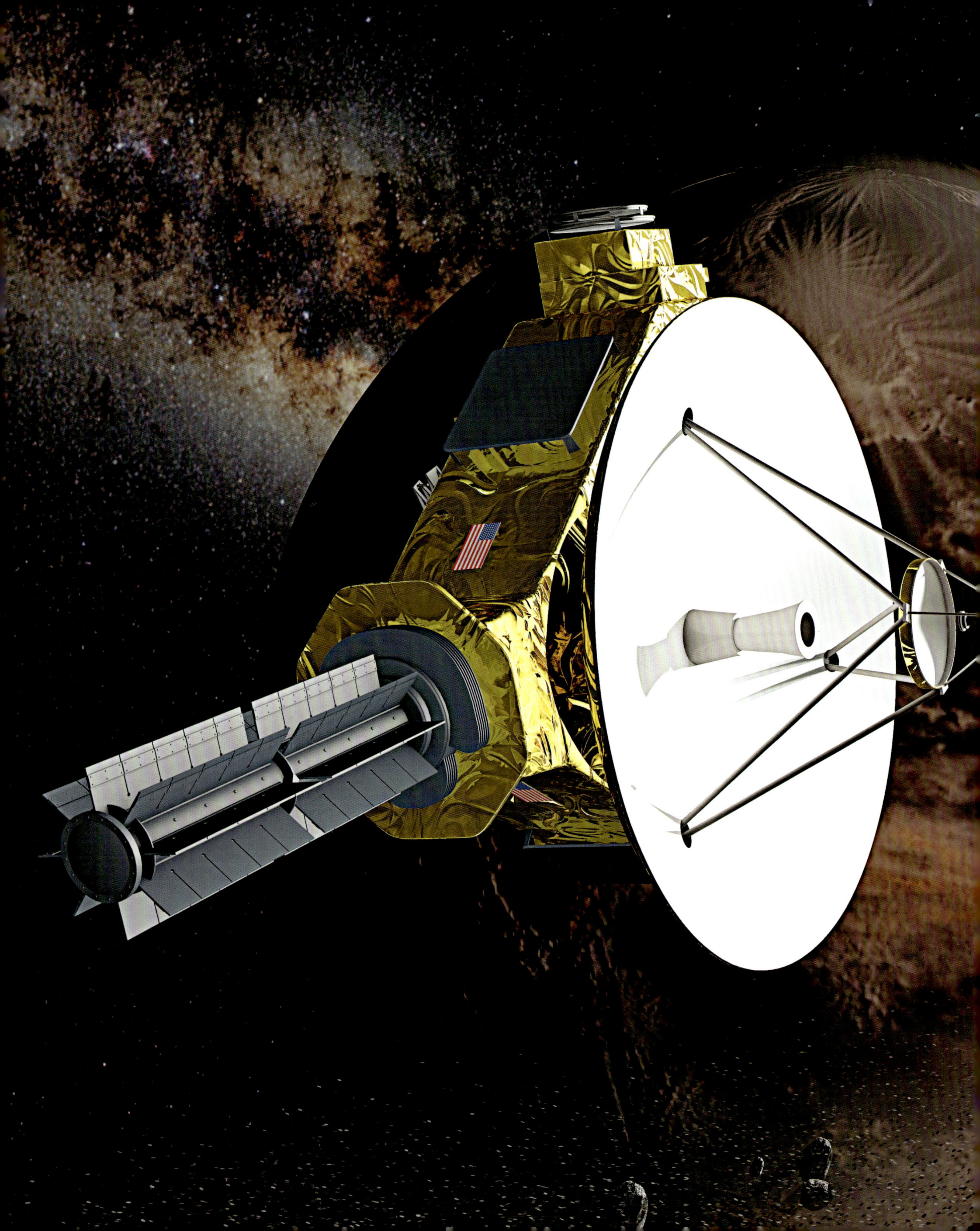

AM HORIZONT

Die Erforschung des Kuipergürtels

Nachdem sie Pluto passiert hatte, flog die Raumsonde New Horizons weiter in den Kuipergürtel hinein, wo sie Milliarden von Kilometern weiter draußen als nächstes Ziel im Jahr 2019 das kleine Objekt 2014MU69 erreichen soll. Das wird insofern ein wichtiges Ereignis sein, weil es zeigen könnte, ob der erstaunlich komplexe Pluto typisch für die Strukturen ist, die wir noch finden werden. Sollte das der Fall sein, darf die Wissenschaft mit Überraschungen rechnen, wenn sie ihre Aufmerksamkeit noch weiter hinaus auf die Grenzen unseres Sonnensystems richtet.

New Horizons ist jetzt auf dem Weg in den Kuipergürtel.

DIE ERDE – UNSER HEIMATPLANET

Etwa die Hälfte der Wärme aus dem Erdinneren ist von den Ereignissen aus der Zeit des Großen Bombardements übrig geblieben. Die andere Hälfte resultiert aus radioaktivem Zerfall.

Die Erde ist der einzige Planet in unserem Sonnensystem, dessen Oberfläche sich ständig verändert.

▷ Vor 4,5 Milliarden Jahren

Die große Aufteilung

Die Entstehung der Erde

Wie die anderen inneren Planeten unseres Sonnensystems entstand die Erde, als sich unzählige kleine Stücke Materie in der kollabierenden Scheibe verbanden, die unser junges System bildete (siehe Seite 166). Als sich dann Planetesimale zu einem Protoplaneten zusammenballten, trat die entstehende Erde in eine Umlaufbahn um die Sonne ein und sammelte in der Folgezeit eine große Menge planetarischer Trümmer. Diese Periode eines regelrechten Meteoritenregens wird das Große Bombardement genannt. Jeder Einschlag heizte den Planeten aufs Neue auf, sodass er eine glutflüssige Kugel blieb. In der Schmelze begann ein Prozess der Differenzierung. Die schwersten Materialien, wie Eisen und Nickel, sanken zum Zentrum und bildeten den Erdkern, der aus einer äußeren flüssigen Schicht und, näher am Zentrum, einem aufgrund des extremen Drucks festen inneren Kern besteht.

Über dem Kern bilden leichtere Materialien, wie Basalt, die dicke Schicht des Erdmantels. Ganz außen bilden die leichtesten Materialien, wie Granit, die äußerste Schicht, auf der die Kontinente schwimmen. Die Erdoberfläche oder Erdkruste besteht aus zwei Schichten. Eine Schicht aus Basaltgestein bildet die Meeresböden und eine höhere, leichtere aus Granit den Teil der Kruste, welche die Kontinente bildet. Ein vergleichbarer Ausdifferenzierungsprozess fand auf allen inneren Planeten des Sonnensystems statt. □

Oben und gegenüber: Die Schnittansichten der Erde zeigen die beiden Schichten des Erdkerns, den Mantel und die äußere Kruste.

19. Jahrhundert

Die große Debatte

Katastrophismus gegen Gradualismus

Im 18. Jahrhundert begann eine wissenschaftliche Debatte über die Geschichte der Erde. Eine Gruppe orientierte sich an der biblischen Sintflut und glaubte, dass Veränderungen auf unserem Planeten durch plötzliche Katastrophen vonstattengehen. Man nannte sie damals Neptunisten, heute werden sie als Katastrophisten bezeichnet. Die andere Gruppe vertrat die Ansicht, dass die Erde sich durch allmähliche Veränderungen entwickelte. Die bekanntesten der sogenannten Gradualisten waren die Engländer James Hutton (1726–1797) und Sir Charles Lyell (1797–1875).

Indizien für den Gradualismus lieferten geologische Formationen. So fand Hutton im Jahr 1785 eine Formation am Ufer des Flüsschens Tilt in Schottland, die zeigte, wie rötlicher Granit in den darüberliegenden kristallinen Schiefer eingebrochen war. Das stützte Huttons Theorie, dass Gesteine sich ständig bilden und geologische Prozesse über lange Zeitspannen stattfanden.

Auch eine zweite charakteristische Formation befindet sich in Schottland in der Nähe der Stadt Jedburgh. Sie besteht aus zwei Lagen Sedimentgestein, wobei die untere Lage nicht horizontal, sondern vertikal geschichtet ist. Da sich Sedimentgesteine nur als horizontale Schichten bilden, lässt sich die vertikale Formation nur durch eine Abfolge von Ereignissen erklären. Geologische Kräfte hatten eine konventionelle horizontale Sedimentschichtung aufgewölbt beziehungsweise um 90 Grad in die Senkrechte gedreht. Dann hatten sich darüber wieder neue Sedimente waagerecht abgelagert. Auch diese Formationsart sprach für weitgehend stetige und gleichförmige Abläufe bei geologischen Veränderungen.

Charles Lyell untermauert mit vielen vergleichbaren Beobachtungen die Theorie, dass allmähliche Prozesse, die ständig stattfinden, über lange Zeiträume das Gesicht der Erde gestalten. Sein Grundsatz »die Gegenwart ist der Schlüssel zur Vergangenheit« ist heute weltweit anerkannt.

Rechts: Am Fluss Tilt in Schottland fanden Wissenschaftler Indizien für geologische Prozesse, die sich über enorm lange Zeiträume erstrecken. Man kann auf dem Foto erkennen, wie rötlicher Granit in den grauen kristallinen Schiefer eingedrungen ist, was darauf hinweist, dass geologische Prozesse die Erde seit Jahrmilliarden verändern.

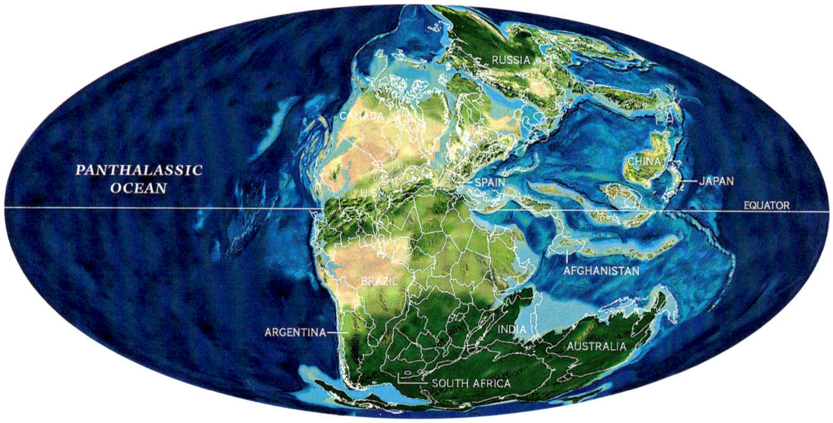

1960er-Jahre

Alles andere als unbeweglich

Die Entdeckung der Plattentektonik

Wenn man auf einer Karte der Erde Afrika nach Westen schieben könnte, würde die westafrikanische Küstenlinie recht genau an die Ostküste Südamerikas passen. Dies ist ein Baustein der in den 1920er-Jahren vom deutschen Meteorologen und Geowissenschaftler Alfred Wegener (1880–1930) formulierten Theorie der Kontinentaldrift. Anhand weiterer Sachverhalte, wie geologische Formationen, die sich von Südamerika nach Afrika fortsetzen, schlussfolgerte er, dass vor rund 200 Millionen Jahren alle Kontinente in einer einzigen Landmasse vereint waren, die er Pangaea (»ganze Erde«) nannte. Nach und nach drifteten die Kontinente auseinander.

Das änderte sich erst in den 1960er-Jahren, als das Forschungsschiff Eltanin im Zuge der Erforschung der Ozeane Magnetfeldmessungen auf dem Meeresboden vor der nordamerikanischen Westküste vornahm.

Unterseeische Gesteine können Eisenverbindungen enthalten, die gemeinsam ein schwaches Magnetfeld bilden, das wie eine Kompassnadel zum Nordpol zeigt. Das Forschungsschiff schleppte ein Instrument, das dieses Feld und seine Ausrichtung maß.

Als Ergebnis zeigte sich ein merkwürdiges Muster im Magnetismus der Gesteine auf dem Meeresboden. Es wies erst nach Norden, dann nach Süden, dann wieder nach Norden und so weiter. Zudem zeigte sich eine Symmetrie um eine Achse in der Mitte des Musters.

Wissenschaftler verbanden die Ergebnisse mit der Tatsache, dass das Erdmagnetfeld sich periodisch umkehrt, sodass der Nordpol manchmal in Kanada und manchmal

Wenn Sie Ihr Alter mit 2,5 multiplizieren, erhalten Sie die Strecke in Zentimetern, die sich Amerika und Europa seit dem Jahr Ihrer Geburt auseinanderbewegt haben.

Als der in der Welt der Wissenschaft hoch angesehene Wegener seine Theorie veröffentlichte, löste sie heftige Debatten aus. Amerikanische Geologen beispielsweise meinten, er habe seine geologischen Formationen falsch beschrieben. Vor allem aber wurde seine Theorie abgelehnt, weil sich schlicht kaum jemand vorstellen konnte, dass Kontinente sich bewegten.

Oben: So sah die Oberfläche der Erde in der Zeit von Pangaea aus. Die heutigen nationalen Grenzen sind weiß eingezeichnet.

in der Antarktis liegt – in der Geschichte der Erde sind Hunderte solcher Umpolungen bekannt. Die Daten des Forschungsschiffs legten nahe, dass heißes Magma flüssig an die Erdoberfläche kam, wo es sich magnetisch nach dem Nordpol zu diesem Zeitpunkt ausrichten konnte. War das Gestein abgekühlt, war die Ausrichtung nicht mehr veränderbar. Quoll neues Magma hervor, nachdem das Magnetfeld der Erde sich wieder einmal umgekehrt hatte, wurde auch das Magnetfeld darin anders ausgerichtet. Der Wechsel der magnetischen Ausrichtung in den benachbarten Gesteinsschichten verriet den Wissenschaftlern,

Oben: Bei einer sogenannten konvergenten Plattengrenze stoßen zwei Platten aneinander, wobei als Ergebnis eine Platte unter die andere abtaucht. Die Anden sind so entstanden.

Rechts: Bei einer divergenten Plattengrenze werden zwei Platten durch aufquellendes Magma auseinandergeschoben. So ist der mittelatlantische Rücken entstanden.

Unten: Eine Transformstörung, bei der zwei Platten seitlich aneinander vorbeigleiten, hat zum Beispiel die berühmte San-Andreas-Verwerfung zwischen Pazifischer und Nordamerikanischer Platte entstehen lassen.

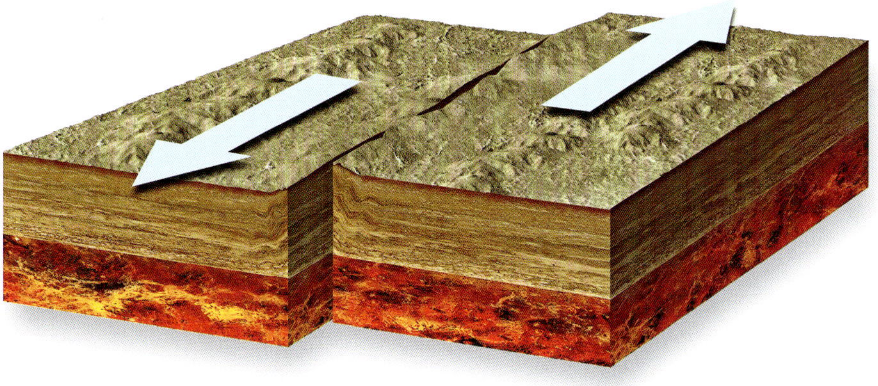

dass in größeren zeitlichen Abständen der Meeresboden aufriss und heißes Magma sich zwischen bereits erstarrte Gesteinsschichten legte und diese auseinanderdrückte. Das führt von der Aufrisszone aus zu einer Ausdehnung des Meeresbodens, und die Aufrisszone selbst bildet die Symmetrieachse des Musters.

Das Innere des Planeten ist als Folge des Großen Bombardements sowie des radioaktiven Zerfalls heiß. Der Erdmantel wird so von unten aufgeheizt, heißes Magma steigt an manchen Stellen auf, kühlt ab und sinkt dann an anderen Stellen wieder ab. Dieser Prozess vollzieht sich über Jahrmillionen, aber im Endeffekt werden die wie Platten aus leichterem Material auf der glutflüssigen Masse treibenden Kontinente durch Kräfte aus dem Erdinneren bewegt. Der Vorgang ist unter dem Begriff Plattentektonik bekannt. □

AM HORIZONT

Asteroideneinschläge

Die Debatte zwischen Katastrophisten und Gradualisten flammte in den 1980er-Jahren in einem etwas anderen Zusammenhang wieder auf, als Wissenschaftler immer stärkere Belege dafür fanden, dass das Aussterben der Dinosaurier durch den Einschlag eines riesigen Asteroiden vor etwa 65 Millionen Jahren verursacht wurde – eine unvorstellbar große Katastrophe. Der Einschlagkrater wurde unter Sedimenten vor der Küste von Yucatán gefunden. In der Folgezeit fand man eine Vielzahl von Beweisen für mehrere solcher Einschläge, und die Diskussion dreht sich um die Frage, wie stark die Evolution des Lebens auf der Erde von diesen Ereignissen beeinflusst wurde.

Erdbebenvorhersage

Wenn Sie einen Bleistift mit immer größerer Kraft biegen, werden Sie sicher voraussagen können, dass er irgendwann bricht, aber es ist extrem schwierig vorherzusagen, wann genau das geschehen wird. Das Gleiche passiert an Transformstörungen, wo mehr oder weniger große Platten der Erdkruste in entgegengesetzter Richtung aneinander vorbeigleiten. Die Seiten dieser Verwerfung verhaken sich ineinander, während sich die Platten bewegen. Ganz sicher werden sie sich irgendwann schlagartig voneinander lösen, aber wann genau das geschieht, kann man kaum voraussagen. Aus diesem Grund konzentriert man sich zum Beispiel in Kalifornien mehr auf die Bewältigung von Erdbeben als auf deren Vorhersage. Dies geschieht beispielsweise durch Bauvorschriften, nach denen Gebäude auch den Belastungen stärkerer Erdbeben standhalten sollen. Spezielle Systeme sollen vor Bebenwellen warnen, was auch den Behörden ein paar wertvolle Minuten Zeit gibt, um Gas- und Stromleitungen abzuschalten sowie Einsatzfahrzeuge aus Gebäuden zu holen, bevor die Bebenwelle zuschlägt. ■

Das Bild zeigt die Folgen eines Erdbebens, das im Jahr 2011 in der Türkei 604 Menschen tötete und Tausende verletzte.

DAS SYSTEM ERDE

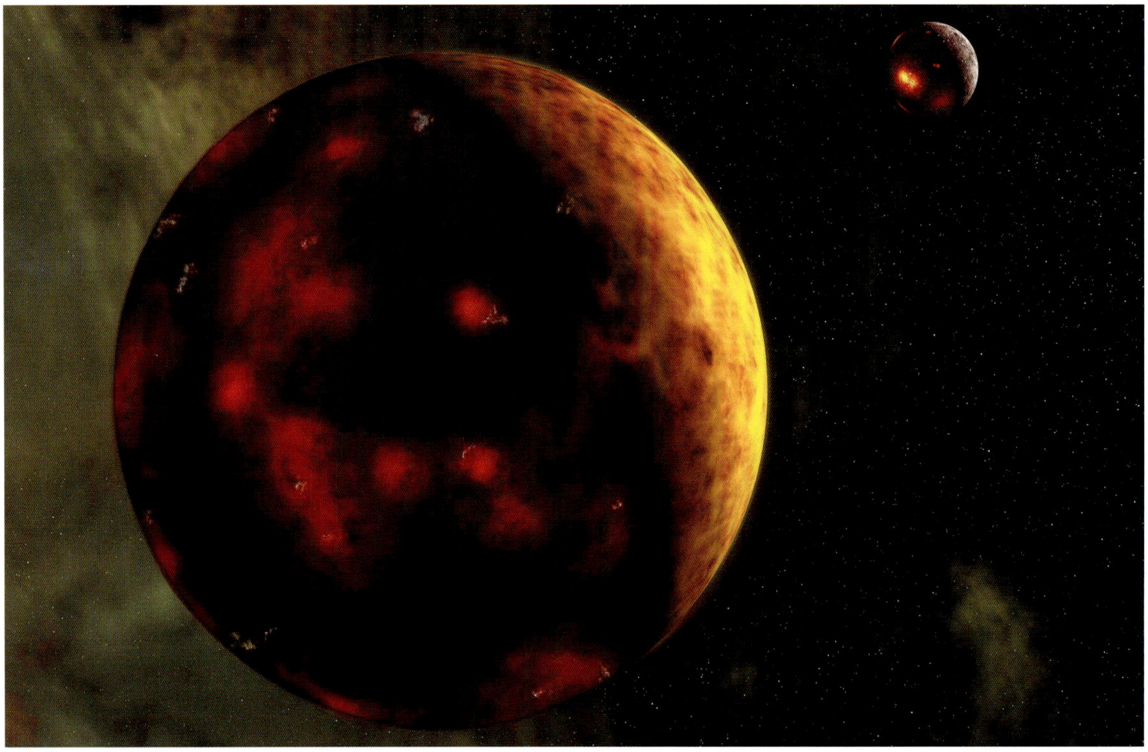

20. Jahrhundert

Alles läuft in Zyklen ab

Kreisläufe der Erde

Die Erde begann ihr Dasein als glutheiße, sauerstofflose Kugel im All. Als sie sich abkühlte, erstarrte das Oberflächenmagma, das man heute noch bei Vulkanausbrüchen sehen kann, zu festem Gestein.

Außerdem bildete sich um den Planeten eine Atmosphäre, die teils von Vulkanen gebildet, teils von Meteoriten und Kometen mitgebracht wurde. Als die Erdatmosphäre auf etwa 100 Grad Celsius abgekühlt war, geschah etwas Außergewöhnliches: Der Dampf in der Atmosphäre kondensierte, und es begann zu regnen. Der Regen füllte die Becken und Senken der Erdoberfläche, und die ersten Meere bildeten sich.

Der Gesteinskreislauf

Unter anderem vom Regen ausgewaschene und in den Meeren gebildete Sandkörner und Gesteinsbrocken sammeln sich an und verwandeln sich unter Druck und mithilfe verschiedener chemischer Prozesse wieder zu Gestein. Tektonische Aktivität schiebt die Gesteine zu Gebirgen zusammen, welche unter dem Einfluss des Regens und anderer Umweltbedingungen wieder erodieren und als Sand und Geröll ins Meer gespült werden, wo sie neues Sedimentgestein bilden. Dieser ununterbrochene Prozess der Umstrukturierung wird Gesteinskreislauf genannt.

Oben: Die künstlerische Darstellung der frühen Erde und des frühen Mondes zeigt auf beiden die rot glühenden Spuren frischer Einschläge.

Viele regelmäßige Abläufe auf unserer Erde bilden gemeinsam ein wunderbar aufeinander abgestimmtes System.

Rechts: Kajakfahrer paddeln an einem Gletscher vorbei, der Teil des Wasserkreislaufs der Erde ist.

Gelegentlich kann tektonische Aktivität Gesteine in große Tiefen drücken, wo Temperatur und Druck ihre Moleküle zu neuen Mineralformen ordnen. Diese Gesteine, die ihre Form verändert haben, nennt man metamorphe Gesteine. So wird zum Beispiel aus Kalkstein, der sich auf dem Meeresboden aus Plankton- und Korallenskeletten gebildet hat, Marmor.

Der Wasserkreislauf

Die Sonne lässt Oberflächenwasser aus Meeren, Seen und Flüssen in die Atmosphäre verdunsten, von wo aus es als Regen oder Schnee wieder zur Erde zurückfällt. Es bildet dort entweder unterirdische Wasserschichten oder fließt in Flüssen zurück in die Seen und Meere – das ist der Wasserkreislauf.

Der Wasserkreislauf der Erde ist annähernd geschlossen, es geht so gut wie kein Wasser verloren. In den Eiszeiten war viel Wasser in Gletschern gespeichert, darum sank der Meeresspiegel dramatisch. Viele heute vom Meer bedeckte Teile der Erdoberfläche waren Festland, weshalb zum Beispiel manche Vorfahren der Ureinwohner Amerikas trockenen Fußes von Sibirien nach Alaska wandern konnten.

Atmosphärische Zirkulation, Wetter und Klima

Auch in der Erdatmosphäre herrschen zyklische Bewegungen. Die kurzfristigen Effekte als Ergebnis dieser Zyklen nennen wir Wetter, die langfristigen Klima. Die beiden Begriffe bezeichnen unterschiedliche Sachverhalte: Auch in Hamburg kann das Wetter an manchen Tagen heiß und trocken sein, das Klima in Hamburg aber ist trotzdem kühl und regnerisch.

Als Motor, der die atmosphärische Zirkulation antreibt, fungiert die Tatsache, dass mehr Sonnenenergie in die Tropen als zu den Polarregionen gelangt. Innerhalb der Atmosphäre versucht das System, dieses Energie- und Temperaturungleichgewicht durch Luftmassenbewegungen wieder auszugleichen. Würde die Erde sich nicht drehen, würde Luft einfach nur am Äquator aufsteigen, zu den Polen wandern, dort abkühlen, absinken und nahe der Oberfläche wieder zum Äquator zurückkehren. Auf der Nordhalbkugel würde immer Nord- und auf der Südhalbkugel immer Südwind herrschen. Aufgrund der Erdrotation sind die Luftmassenbewegungen aber komplizierter. So wehen in Äquatornähe Oberflächenwinde eher aus Osten, in den mittleren Breiten eher aus Westen und in den Polarregionen wieder eher aus Osten.

Der Wärmetransport in der Atmosphäre folgt auch den großen Meeresströmungen. Der Golfstrom zum Beispiel trägt Wärme nordwärts und sorgt in Europa für deutlich höhere Temperaturen, als es die geografische Lage sonst erlauben würde. Das Wasser des Golfstroms kehrt im Kanarenstrom, der entlang der Westküsten von Europa und Afrika fließt, zum Äquator zurück.

Der US-amerikanische Sachbuchautor John McPhee setzte die Kenntnis des Gesteinskreislaufs mit der Entdeckung einer »Tiefenzeit« gleich.

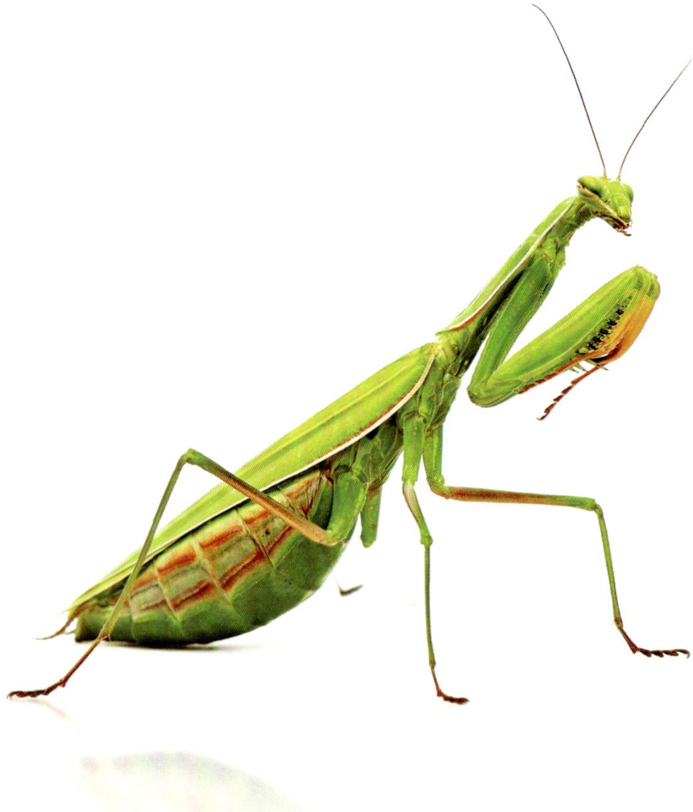

▷ 20. Jahrhundert

Das Leben geht weiter

Ökologie und Ökosysteme

Betrachtet man auch die Auswirkungen der Systeme des Lebens auf der Erde, werden weitere Aspekte sichtbar. Zum Beispiel ist die Tatsache, dass 20 Prozent der Atmosphäre aus Sauerstoff bestehen, ein direktes Ergebnis der Fotosynthese, die eine Anzahl von Lebewesen betreibt.

Ökosystem ist der Schlüsselbegriff bei der Einordnung solcher Funktionsweisen des Lebendigen im Rahmen einer Betrachtung der ganzen Erde. Alle Lebewesen in einem bestimmten definierten Gebiet sowie deren nicht belebte Umwelt bilden gemeinsam ein Ökosystem. So kann ein Ökosystem je nach Definition ein kleiner Rasenfleck oder der ganze Planet sein.

Was Wissenschaftler besonders im Auge haben, wenn sie Ökosysteme untersuchen, ist die Diversität, das heißt die Menge und besonders die Anzahl der unterschiedlichen dort vorkommenden Pflanzen- und Tierarten. Wenn wir das globale Ökosystem betrachten, führt uns das zu der Frage, wie viele Arten von Pflanzen und Tieren es auf der Erde gibt.

Trotz inzwischen jahrhundertelanger systematischer Forschung sind bei Weitem noch nicht alle Arten auf unserem Planeten katalogisiert, sodass wir ihre Gesamtzahl nur schätzen können. Es gibt etwas mehr als eine Million bekannte Arten, woraus Wissenschaftler anhand mathematischer Modelle eine Gesamtzahl der Arten von sieben bis acht Millionen ableiten. Weniger wissenschaftlich fundierte Schätzungen gehen sogar von bis zu 30 Millionen Arten aus. □

Oben: Die Gottesanbeterin ist eine von Millionen von Insektenarten. Jede Art ist ein Teil des Ökosystems und trägt zu seinem Gleichgewicht bei.

Insekten machen den prozentual größten Teil der Tierarten aus. Der britische Biologe J. B. S. Haldane (1892–1964) antwortete auf die Frage, was seine Naturstudien ihn über Gott gelehrt hätten: »Er hat ein enormes Interesse an Käfern.«

AM HORIZONT

Klimawandel

Das Klima ändert sich, seit es die Erde gibt. Es hat Zeiten gegeben, als der Planet viel kälter war und zum Beispiel die Meere zufroren, und Zeiten, in denen es viel wärmer war, und heiße Sümpfe die heutigen Polarregionen prägten. Heute stellt sich jedoch die Frage, ob die Menschheit durch die Verbrennung fossiler Energieträger und den Ausstoß von immer mehr Kohlendioxid in die Erdatmosphäre einen Anteil an der festzustellenden Erwärmung des globalen Klimas hat.

Aussterben

Auch aufgrund des Fossilberichts (siehe Seite 84) weiß man, dass 99 Prozent der Arten, die jemals auf der Erde lebten, heute ausgestorben sind. Manchmal findet dieses Aussterben plötzlich und dramatisch statt, dann spricht man von einem Massenaussterben. Vor ungefähr 65 Millionen Jahren traf zum Beispiel ein Asteroid die Erde und löschte zwei Drittel aller Arten aus, die damals existierten, darunter die Dinosaurier. Man geht heute davon aus, dass es mindestens fünf, vielleicht aber mehr als ein Dutzend solcher Aussterbevorgänge auf der Erde gegeben hat. Für die meisten von ihnen suchen Wissenschaftler noch immer nach den konkreten Ursachen. ■

Ein großer Teil der Emissionen aus diesem Schornstein besteht aus Wasserdampf, aber es können auch Schadstoffe darunter sein.

EXOPLANETEN

▷ 1992

»... um neue Welten zu erforschen«

Die Suche nach Exoplaneten

Die alten Griechen glaubten, dass die Erde der Mittelpunkt des Universums sei, daher wäre für sie die Suche nach anderen Erden gleichbedeutend mit der Suche nach anderen Universen gewesen – ein Gedanke, den sie ablehnten. Im Mittelalter sahen Theologen wiederum in der Leugnung der Möglichkeit, dass es noch andere Welten gibt, einen Zweifel an Gottes Allmacht, und das war Ketzerei. Doch sichere Beweise für Planeten in anderen Sonnensystemen gibt es erst seit dem Jahr 1992.

Eine Methode, Exoplaneten zu identifizieren, ist die Radialgeschwindigkeitsmessung von Sternen: Wenn ein Planet genau zwischen der Erde und seinem Stern ist, wird der Stern minimal in Richtung der Erde gezogen. Ist der Planet von der Erde aus gesehen hinter dem Stern, wird Letzterer etwas von der Erde weggezogen. Die Bewegung des Sterns erzeugt winzige, aber von der Erde aus messbare periodische Wechsel in seiner Helligkeit, aufgrund derer man auf die Existenz eines Exoplaneten schließen kann. Der erste Exoplanet, der im Jahr 1992 entdeckt wurde, umkreist jedoch einen Pulsar. Pulsare sind das, was zurückbleibt, wenn ein großer Stern zu einer Supernova explodiert, ein Ereignis, das eigentlich kein Planet überleben kann.

Es ist erstaunlich, dass kaum ein anderes Sonnensystem dem unsrigen gleicht.

Wie auch immer die Pulsarplaneten entstanden – sie könnten sich zum Beispiel erst nach der Explosion gebildet haben –, Astronomen fanden schon bald auch dort Exoplaneten, wo man sie eigentlich erwartete, nämlich in der Nähe von »normalen« Sternen. Doch auch hier gab es Überraschungen. Die entdeckten Planeten waren um ein Vielfaches größer als Jupiter und umkreisten ihre Sterne in größerer Nähe als der Merkur unsere Sonne. Daher nahm man an, dass diese sogenannten »heißen Jupiter« die einzige Exoplanetenart seien. Tatsächlich hat jedoch lediglich ein großer Planet, der eng um seinen Stern kreist, den größten gravitativen Einfluss auf den Stern, weshalb man solche Planeten mithilfe der Radialgeschwindigkeitsmethode am ehesten entdeckte.

Oben links: Das Kepler-Weltraumteleskop entdeckte über 4000 Planeten in anderen Sonnensystemen.

Es gibt mehr Planeten als Sterne in der Milchstraße.

Die Suche nach Exoplaneten machte im Jahr 2009 mit dem Start des Kepler-Weltraumteleskops einen Riesenschritt voran. Das Teleskop erfasst die Helligkeit von 145 000 Sternen. Verdunkelt sich einer vorübergehend in gleichmäßigen Zeitabständen, ist das ein Hinweis darauf, dass vor ihm ein Planet vorbeizieht. Mit dieser sogenannten Transitmethode kann man Planeten unabhängig von ihrer Größe und Entfernung zum Stern entdecken.

Seit dem Start des Kepler-Weltraumteleskops haben Wissenschaftler bereits 4000 Planeten nachgewiesen, die um andere Sterne kreisen. Ihre Verschiedenartigkeit ist unglaublich, wie die folgenden Beispiele zeigen:

- Ein Planet ist seinem Stern so nah, dass tagsüber auf ihm Temperaturen herrschen, welche die Oberflächenmineralien verdampfen lassen, die dann in der kühleren Nacht als Gesteinsregen niedergehen.
- Es gibt vagabundierende Planeten, die frei durch den Weltraum ziehen und keinen Stern umrunden.
- Man hat einen Planeten gefunden, dessen Masse nur etwa zwei Drittel der Saturnmasse beträgt, der zugleich aber mehr als 60 Prozent größer ist als der Saturn, weshalb er eine Dichte hat, die mit der von Styropor vergleichbar ist.

Man sollte sich also im Klaren darüber sein, dass unser eigenes System nur eine von vielen Möglichkeiten darstellt, wie Planetensysteme aussehen können. □

▷ 2010

Genau richtig

Leben auf erdähnlichen Planeten

Wenn man über Exoplaneten nachdenkt, ergibt sich zwangsläufig die Frage, ob dort Leben existiert. Da bislang nur auf der Erde Leben bekannt ist, konzentriert sich die Untersuchung von Exoplaneten auf die Umstände, die erforderlich sind, damit Leben ähnlich dem unseren überhaupt entstehen kann. Ein bedeutender Aspekt ist das Vorhandensein von dauerhaft flüssigem Wasser an der Oberfläche.

Wenn ein Planet seinem Stern zu nah ist, würde alles Wasser an seiner Oberfläche verdampfen. Ist er zu weit entfernt, würde es gefrieren. Zwischen diesen beiden Extremen liegt die sogenannte kontinuierlich habitable Zone, in der Oberflächenmeere möglich sind. In unserem Sonnensystem liegt nur die Erde wirklich in dieser Zone.

Die Suche nach Leben konzentriert sich also auf Planeten, die nicht zu heiß und nicht zu kalt sind, sondern genau das richtige Mittelmaß zwischen den Extremen bieten. □

Oben: Dies ist eine Auswahl der vom Kepler-Weltraumteleskop entdeckten Planeten.

AM HORIZONT

Die habitable Zone

Es werden immer mehr Exoplaneten nachgewiesen, und darunter sind auch einige wenige, welche die Bedingungen für Leben erfüllen könnten, weil sie in der kontinuierlich habitablen Zone ihres Sterns liegen. Je »erdähnlicher« solche Entdeckungen sind, desto größer sind die folgenden Schlagzeilen. Dabei ist jedoch zu bedenken, dass falls und wenn wir Leben im Weltall finden, es keineswegs wie das auf der Erde sein muss. Es gibt in unserem eigenen Planetensystem einige von Eis bedeckte Meere auf den Monden der äußeren Planeten (siehe Seite 182), und bereits das Leben, das sich dort entwickelt haben könnte, muss nicht identisch sein mit dem auf der Erde.

Planetenjäger der Zukunft

Es wird noch viele Missionen geben, die nach Exoplaneten suchen und diese letztlich auch erforschen. Die Europäische Weltraumorganisation startete im Jahr 2013 die Raumsonde Gaia. Obwohl sie in erster Linie die genauen Positionen von einer Milliarde Sternen erfassen soll, wird sie auch mithilfe der Transitmethode nach Exoplaneten suchen. Die NASA plant, im Jahr 2019 das Projekt TESS (Transiting Exoplanet Survey Satellite) zu starten. Dieser »Satellit zur Suche von Exoplaneten mit der Transitmethode«, ein Weltraumteleskop, soll Exoplaneten in erdnahen Sonnensystemen aufspüren. Die gewonnenen Daten sollen zukünftigen Generationen von Raumsonden von Nutzen sein.

Die Suche nach Leben im All

Das wichtigste Ziel dieser Raumsonden ist es, Planeten zu finden, auf denen es Leben geben könnte. Für noch ambitioniertere Pläne müssen Instrumente entwickelt werden, welche die Atmosphären von Exoplaneten nach Sauerstoff untersuchen können, denn dieser könnte ein Hinweis auf Leben sein. ■

Das Raumsonde Gaia soll die Milchstraße kartieren.

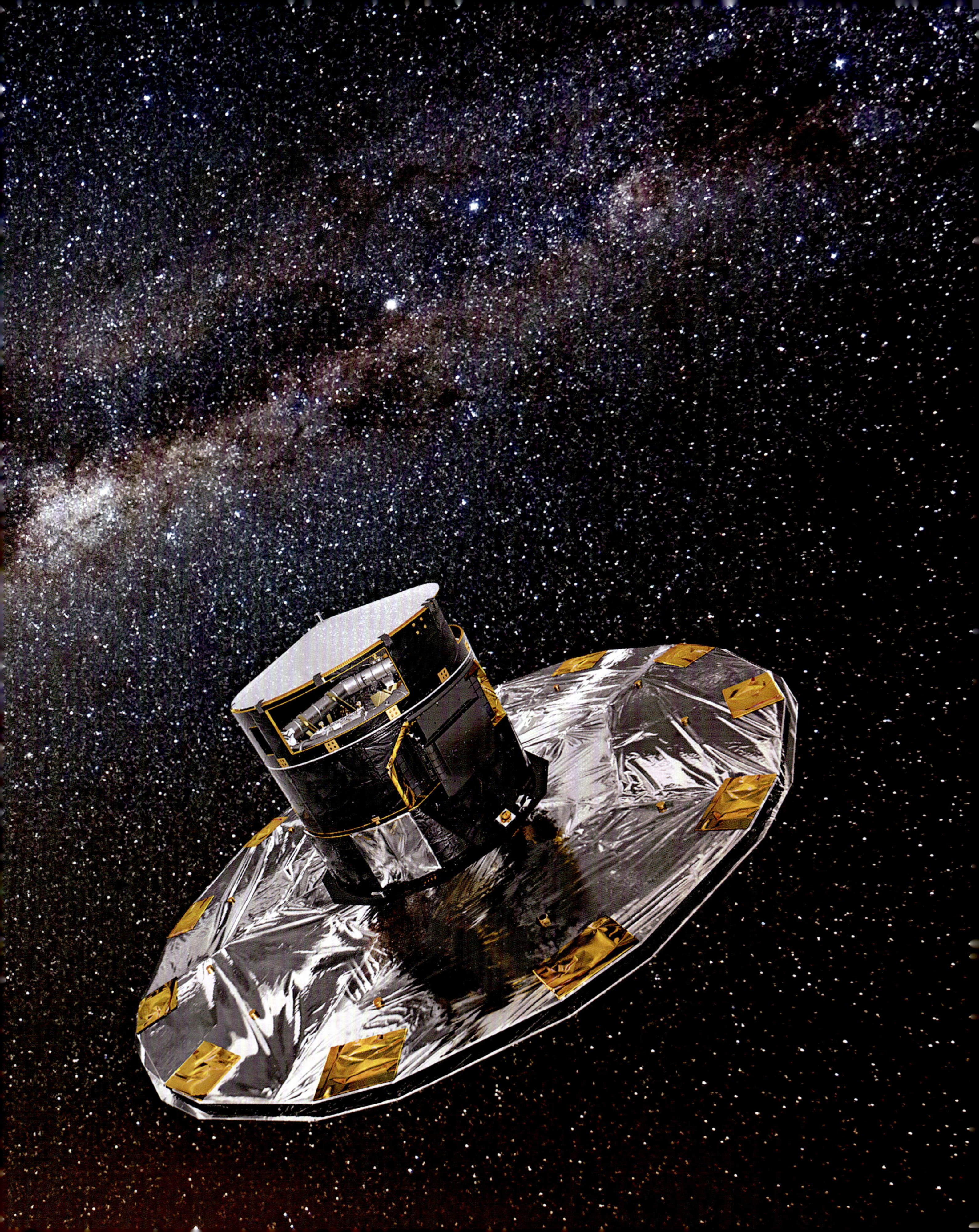

KOSMOLOGIE

▷ 1928

»In einer weit, weit entfernten Galaxie«

Die Entdeckung des Urknalls

Als der US-amerikanische Astronom Edwin Hubble (1898–1953) aus dem Ersten Weltkrieg zurückkehrte, erhielt er eine Stellung am damals größten Teleskop der Welt auf dem Mount Wilson in Kalifornien. Dort machte er sich daran, ein Rätsel zu lösen, mit dem sich die Astronomie schon seit Jahrzehnten beschäftigte. Es wurde das Nebelproblem genannt und betraf Strukturen, die in den Teleskopen jener Zeit wie Nebel oder Wolken aussahen. Waren sie nun Wolken in der Milchstraße oder andere Galaxien beziehungsweise, wie man es damals nannte, »Inseluniversen«?

Hubble suchte einzelne Sterne in den Nebeln heraus, sodass er eine von der Harvard-Astronomin Henrietta Leavitt (1868–1921) entwickelte Technik anwenden konnte, um ihre Entfernung von der Erde zu messen. Indem er die Wellenlänge des von ihnen ausgesandten Lichts maß, konnte er zudem feststellen, dass die Galaxien sich von uns wegbewegen. Mit dieser Kenntnis konnte Hubble zwei Fakten über unser Universum belegen: Materie sammelt sich in Galaxien (wir wissen heute, dass es Milliarden davon gibt), und das Universum dehnt sich kontinuierlich aus.

Mit diesem Wissen ist es möglich, sozusagen »den Film rückwärts laufen zu lassen«, bis zu dem Moment, in dem das Universum seine Existenz als Punkt mit unendlicher Dichte begann. Heute wissen wir, dass dies vor etwas weniger als 14 Milliarden Jahren der Fall war. Dass das Universum in einem heißen, dichten Zustand begann und sich seitdem ausdehnt und dabei abkühlt, ist die grundsätzliche Aussage der Urknalltheorie.

Diese Theorie bestätigte sich 1964, als die US-amerikanischen Astronomen Arno Penzias (geboren 1933) und Robert Wilson (geboren 1936) die kosmische Mikrowellenhintergrundstrahlung entdeckten. Diese Strahlung im Mikrowellenbereich, erfüllt das ganze Universum und ist das Ergebnis der Abkühlung des Universums von seinen heißen Anfängen auf seine derzeitige Durchschnittstemperatur von drei Grad Celsius über dem absoluten Nullpunkt. □

Rechts: Die künstlerische Darstellung soll den Urknall beschreiben, der keine Explosion im All war, sondern die Explosion des Alls selbst.

Das Universum begann in einem heißen, dichten Zustand, dehnt sich seither aus und kühlt dabei ab.

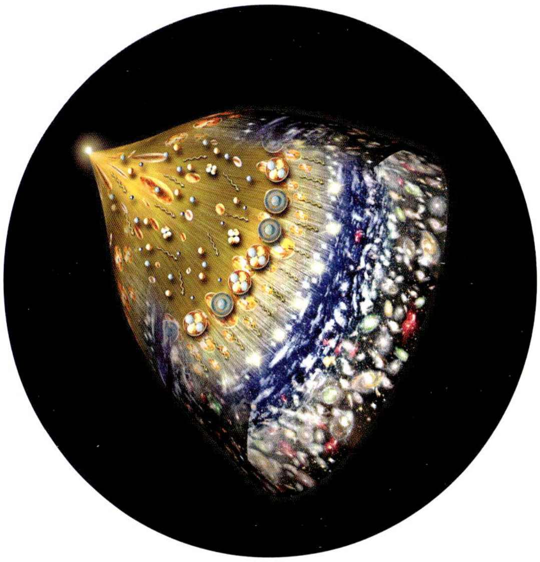

Ende des 20. Jahrhunderts

Am Anfang

Die ersten Sekunden

Je weiter man in die Zeit in Richtung Anfangsereignis zurückblickt, desto höher ist die Temperatur des Universums und desto heftiger sind die Kollisionen seiner Bestandteile. Das wiederum bedeutet, dass in der zeitlichen Nähe des Anfangs Atome, Kerne und sogar Elementarteilchen auseinandergerissen werden (siehe Seite 19). Die Grundkräfte der Natur (siehe Seite 20) vereinigen sich, wenn die Energie der Kollisionen steigt. So sehen wir, dass zur Erforschung des Größten, was wir uns vorstellen können – des Universums – die Erforschung des Kleinsten gehört – der Grundbausteine der Materie und der zwischen ihnen wirkenden Kräfte.

Ein Aspekt der Frühgeschichte des Universums ist die schnelle Zunahme seiner Größe im Alter von zehn bis 35 Sekunden. Was in diesem Zeitraum geschah, wird als Inflation bezeichnet und entspricht dem Wachstum des Universums von etwas, das kleiner ist als ein Proton, zu ungefähr der Größe einer Grapefruit, wobei dies die Ausdehnung des Raums selbst bedeutet, nicht etwa die Ausdehnung von etwas in einem existierenden Raum. Die Annahme der Inflation wurde zuerst von dem theoretischen Physiker Alan Guth (geboren 1947) vorgeschlagen, der damals an der Stanford University tätig war. Dieses extreme Beispiel eines Phasenübergangs wurde in der Folgezeit von vielen Wissenschaftlern im Detail ausgearbeitet.

Oben: Künstlerische Darstellung der Entwicklung des Universums: Der Urknall ist links, gefolgt von der schnellen Expansion aufgrund der Inflation und gipfelnd in einem Universum der Galaxien.

Ende des 20. Jahrhunderts

Die dunkle Seite des Universums

Dunkle Energie und Dunkle Materie

Unsere Kenntnis des Universums erfuhr in der letzten Hälfte des 20. Jahrhunderts zwei bedeutende Erweiterungen. Sie betrafen die Dunkle Materie und die Dunkle Energie – zwei Größen, die trotz der Ähnlichkeiten der Bezeichnungen keinen direkten Zusammenhang haben.

Dunkle Materie

Anfang der 1970er-Jahre wollte die Astronomin Vera Rubin (1928–2016) an der Carnegie Institution of Washington messen, wie sich die Sterne innerhalb von Spiralgalaxien bewegen. Sie und andere Astronomen rechneten mit einem einfachen Muster: Die Umlaufgeschwindigkeit der Sterne müsste mit zunehmendem Abstand zum Galaxiezentrum immer niedriger werden. Sterne, die weit vom Zentrum der Galaxie entfernt sind, müssten sich genauso verhalten wie Planeten in unserem Sonnensystem – das heißt, je weiter entfernt ein Objekt ist, desto langsamer wird es sich bewegen.

Doch es kam anders. Selbst sehr weit vom Zentrum der Galaxie entfernte Sterne zeigten nicht die erwartete Verlangsamung. Das ließ sich nur damit erklären, dass der sichtbare Teil der Galaxie in einer gigantischen Materiekugel eingeschlossen ist. Diese Materie übt Gravitationskraft aus, steht aber nicht in Wechselwirkung mit Licht oder anderen Arten elektromagnetischer Strahlung. Da sie nicht sichtbar ist, nannte man sie Dunkle Materie. Heute glaubt man, dass rund 25 Prozent des Universums und sogar rund 95 Prozent der Materie von Galaxien aus Dunkler Materie bestehen.

Der nächste Schritt ist natürlich die Frage nach der Natur der Dunklen Materie. Wissenschaftler führen Experimente zu ihrer Klärung durch. Eine Grundidee besagt, dass eine Art Dunkle-Materie-Wind die Erde ständig durchdringt. Da Dunkle Materie keine Wechselwirkung mit der elektrischen Kraft hat, wird sie nicht sehr oft mit Atomen konventioneller Materie interagieren. In Experimenten wird mit Detektoren Ausschau nach eventuell doch stattfindenden Interaktionen gehalten. Bisher haben selbst die empfindlichsten Detektoren in einem unterirdischen Tank mit flüssigem Xenon im US-Bundesstaat South Dakota keine Spur entdecken können.

Dunkle Energie

Die Entdeckung der Dunklen Energie gelang mit völlig anderen, aber ebenso überraschenden astronomischen Messungen. Ende der 1990er-Jahre entwickelten Astronomen neue Möglichkeiten, die Entfernungen zu extrem

weit entfernten Galaxien zu messen. Sie basierten auf einer Supernova vom Typ Ia, wie sie in Doppelsternsystemen vorkommen kann, in denen einer der Partner ein Weißer Zwerg ist. Der Weiße Zwerg entzieht seinem Sternenpartner Wasserstoff, bis der Zwerg in einer gigantischen Explosion endet, deren Helligkeit für eine gewisse Zeit eine ganze Galaxie überstrahlen kann. Es zeigt sich, dass alle Supernovae vom Typ Ia die gleiche maximale Helligkeit erreichen, sodass man die Entfernung der Supernova daran ablesen kann, wie viel von ihrem Licht auf der Erde ankommt. Da der Blick in die Weiten des Raums ein Blick in die

Vergangenheit ist, eignet sich diese Technik bestens zur Erforschung der Geschichte der Expansion des Universums.

Man erwartete, dass sich die Expansionsrate verringern würde, weil die Gravitation die Expansion »abbremst«. Aber auch in diesem Fall ergaben die Messungen ein anderes Ergebnis. Es zeigte sich, dass in den ersten fünf Milliarden Jahren des Universums die Expansion tatsächlich langsamer wurde. Dann aber beschleunigte sie sich wieder. Irgendeine Kraft muss gegen die Gravitation wirken und die Galaxien sozusagen auseinanderschieben, und diese Kraft wurde Dunkle Energie genannt. Der Großteil des Universums, etwa 70 Prozent, soll aus ihr bestehen. Wir wissen noch nicht, was sie ist, bisher gibt es lediglich theoretische Erklärungsversuche. Die Klärung der Natur der Dunklen Energie bleibt ein zentrales Problem – manche meinen, das zentrale Problem – der Kosmologie. □

Oben: Die Astronomin Vera Rubin deutet auf den Andromedanebel. Die Erforschung der Rotationsgeschwindigkeiten dieser Galaxie führten sie zur Entdeckung der Dunklen Materie.

AM HORIZONT

Suche nach Dunkler Materie

Wie wir gesehen haben, gehört zur Suche nach Dunkler Materie die Entdeckung von Teilchen im »Wind« der Dunklen Materie, der die Erde durchdringen soll. Die Suche war bisher erfolglos, doch das muss nicht so bleiben. Die derzeit vertretene wissenschaftliche Ansicht besagt, dass Dunkle Materie aus Elementarteilchen bestehen muss, die noch nicht beobachtet worden sind. Es ist daher möglich, dass Dunkle-Materie-Teilchen vielleicht durch Kollisionen in Teilchenbeschleunigern, wie dem Large Hadron Collider, erzeugt werden, bevor sie in konventionellen Experimenten nachgewiesen werden.

Das Schicksal des Universums

Forschungen über die Natur der Dunklen Energie werden Licht auf das endgültige Schicksal des Universums werfen. Kosmologen haben diesbezüglich drei denkbare Varianten entworfen. Wenn die Menge der Dunklen Energie im Universum weiter zunimmt, wie manche Theoretiker vermuten, wird die Abstoßungskraft, die sie erzeugt, eines Tages nicht nur alle Galaxien zerreißen, sondern auch jedes Atom.

Andererseits kann es auch sein, dass die Menge an Dunkler Energie konstant bleibt, sodass irgendwann in der Zukunft wieder die Gravitation die Überhand bekommt. Das könnte zu einem Kollaps des Universums führen. Es könnte als dritte Variante aber auch gar kein dramatisches Ende geben. Dem Universum würde in diesem Fall in einer unvorstellbar weit entfernten Zukunft schlicht die Energie ausgehen, und es würde sozusagen »erlöschen«.

Das Multiversum

Die eindrucksvollste kosmologische Theorie ist aus der Stringtheorie (siehe Seite 22) abgeleitet. In einigen Versionen der Theorie gibt es nicht nur ein Universum, sondern eine fast unendliche Anzahl von Universen, nämlich 10^{500} – das ist eine Eins mit 500 Nullen. In diesem sogenannten Multiversum sind die einzelnen Universen wie getrennte Blasen und können nicht miteinander kommunizieren.

In gewissem Sinne ist das Multiversum die letzte Konsequenz des kopernikanischen Prinzips: Die Erde ist nicht der einzige Planet im Sonnensystem, die Sonne ist nicht der einzige Stern in der Milchstraße, die Milchstraße ist nur eine von Milliarden Galaxien im Universum, und unser Universum ist nur eines unter vielen im Multiversum. ■

So stellt sich ein Künstler das Multiversum vor.

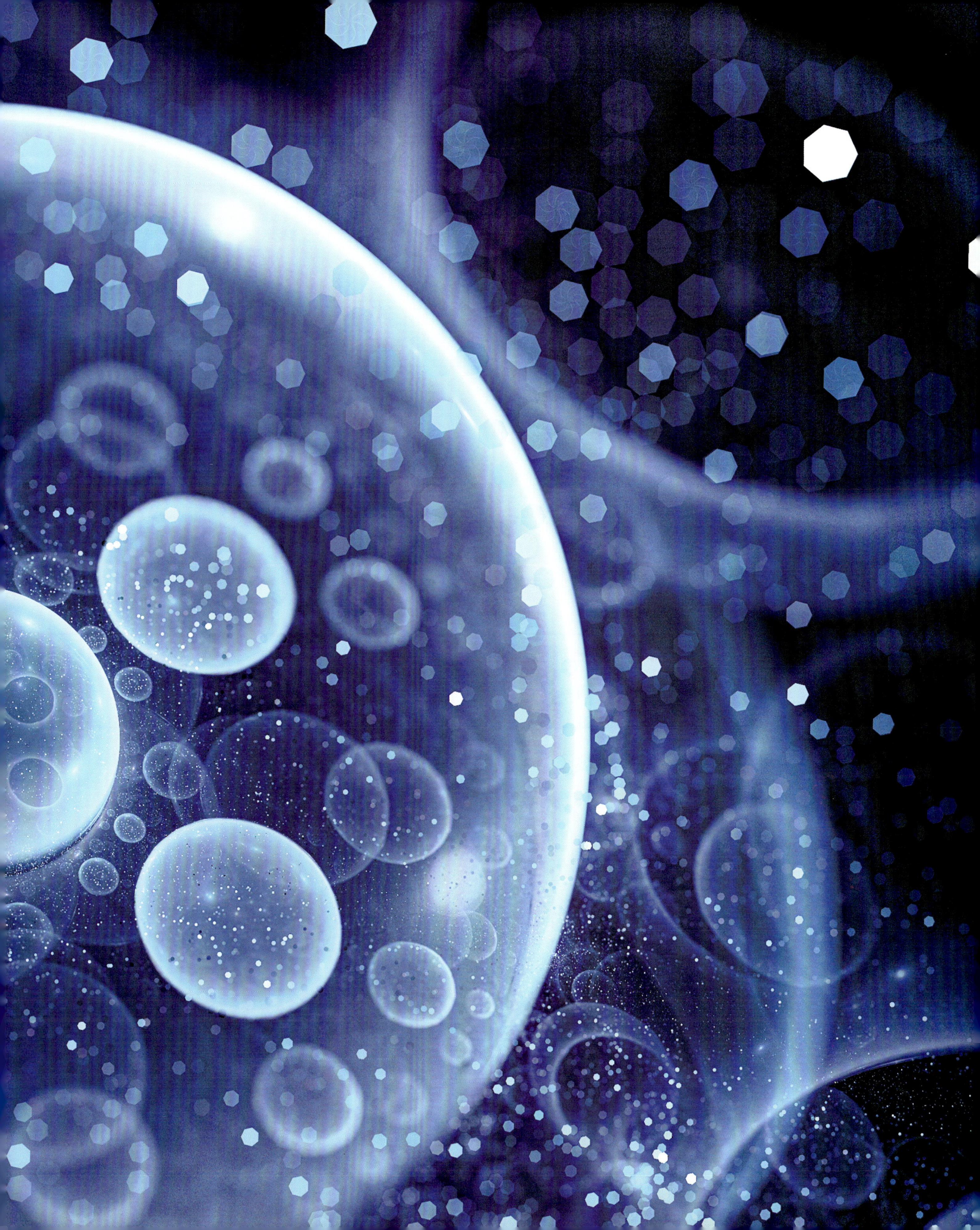

TECHNIK

214 TRANSPORT AN LAND
222 TRANSPORT IN DER LUFT
232 TRANSPORT AUF DEM WASSER
238 BAUWERKE
244 COMPUTER
254 NEUE MATERIALIEN
260 ENERGIE
268 LANDWIRTSCHAFT
278 KOMMUNIKATION

TRANSPORT AN LAND

1774

Unter Druck

Die Dampfmaschine

Die erste Dampfmaschine wurde bereits von Heron von Alexandria (10–70 n. Chr.) gebaut. Sie war kaum mehr als ein Spielzeug, bei dem sich eine Metallkugel auf einer Achse drehte. Die erste funktionsfähige Dampfmaschine, die Arbeit verrichtete, konstruierte der Engländer Thomas Newcomen (1664–1729). Sie verwendete Dampf aus Kohleverbrennung. Der Dampf drückte einen Kolben in einem Zylinder nach oben, dann wurde Wasser eingespritzt, der Dampf kondensierte, und der Luftdruck schob den Kolben anschließend wieder zurück. Diese Maschine war allerdings noch sehr leistungsschwach.

James Watt (1736–1819) baute im Jahr 1774 die erste »moderne« Dampfmaschine, was maßgeblich zur industriellen Revolution beitrug. Erstmals hatte die Menschheit eine leistungsstarke transportable Energiequelle, was spektakuläre Folgen hatte.

Oben: »The Rocket« war die erfolgreiche Dampflokomotive, die George Stephenson für das »Rennen von Rainhill« im Jahr 1829 konstruierte.

Eisenbahnen und Autos ermöglichen ein schnelles und flexibles Reisen für jeden.

Erste Hälfte des 19. Jahrhunderts

Allerhöchste Eisenbahn!

Die Dampfmaschine wird mobil

Bereits im Jahr 1804 war in Wales die erste Dampflokomotive der Welt in Betrieb. Fünf Monate lang fuhr ein von Richard Trevithick (1771–1833) gebautes Modell dort für ein Eisenwerk. Als eigentlicher »Vater« der Dampflokomotive gilt aber George Stephenson (1781–1848). Der bekannteste Eisenbahnpionier des 19. Jahrhunderts konstruierte im Jahr 1814 eine zuverlässig funktionierende Dampflokomotive und löste zudem Probleme des Schienenbaus, wobei auch die bis heute gültige Normalspurbreite von 1435 Millimetern festgelegt wurde. Im Jahr 1825 wurde – ebenfalls unter Stephensons Leitung – schließlich die erste öffentliche Eisenbahnstrecke im Nordosten Englands eröffnet.

Vier Jahre später, im Oktober 1829, fand im englischen Rainhill ein Test verschiedener Lokomotivenmodelle statt, der als »Rennen von Rainhill« in die Geschichte einging. Auch hierbei setzte sich Stephensons Lokomotive »The Rocket« durch, die in Form und Funktionsweise das Bild der Dampflokomotive prägen sollte.

In Deutschland baute die Königliche Eisengießerei in Berlin im Jahr 1816 eine erste Dampflok nach englischem Vorbild, die jedoch an technischen Unzulänglichkeiten und einer falsch gewählten Spurbreite scheiterte.

Aber am 7. Dezember 1835 wurde schließlich vor einem staunenden Publikum die erste dampfbetriebene deutsche Eisenbahn eröffnet – sie fuhr auf der Strecke von Nürnberg nach Fürth. Bereits im Jahr 1848 waren auf deutschem Boden über 5000 Kilometer Gleise verlegt, nur in England und den weitaus größeren USA waren es mehr.

Im Jahr 1879 präsentierte Werner von Siemens in Berlin die erste elektrische Lokmotive der Welt. Die Leistungsfähigkeit der Elektrotechnik reichte noch für viele Jahre lediglich für den Betrieb städtischer Straßenbahnen aus, dennoch war die Grundlage für den Eisenbahnbetrieb geschaffen, den wir heute kennen.

Oben rechts: Das sogenannte Zeichen 151 warnt vor einem unbeschrankten Bahnübergang. Dies ist die bis zum Jahr 1992 gültige Version, auf der noch eine Dampflok abgebildet ist.

Die berühmte Lokomotive »The Rocket« war auch an einem der ersten tödlichen Eisenbahnunfälle beteiligt. Am Eröffnungstag der Liverpool and Manchester Railway im Jahr 1830 wurde der prominente britische Politiker William Huskisson von ihr erfasst und tödlich verletzt.

▷ 1876

Explosive Technologie

Verbrennungsmotor

Es ist kaum ein technischer Fortschritt denkbar, der größeren Einfluss auf das Transportwesen hatte als der Verbrennungsmotor. Im Wesentlichen ist dies ein Motor, in dem ein explosives Gemisch in einem Zylinder detoniert und der entstehende Druck einen Kolben antreibt. Motoren wie diese haben eine lange Geschichte, aber erst mit der Entwicklung der Erdölindustrie im 19. Jahrhundert setzte sich der Verbrennungsmotor endgültig durch.

Der erste moderne Verbrennungsmotor wurde im Jahr 1876 von dem deutschen Ingenieur Nikolaus Otto (1832–1891) gebaut. Es war ein Viertaktmotor, wie er bis heute in den meisten Autos zu finden ist. Ein Kraftstoff-Luft-Gemisch wird mit einem Funken gezündet und treibt einen Kolben nach unten. Dann wird ein Ventil geöffnet, der Kolben wird nach oben gedrückt und schiebt die Abgase aus dem Zylinder. Beim Zurückgehen saugt der Kolben neues Kraftstoff-Luft-Gemisch an. Beim letzten Takt bewegt sich der Kolben nach oben, verdichtet und erhitzt das Gemisch, dann erfolgt die Zündung, und der Zyklus beginnt erneut. Ottos erster Motor wurde noch mit Leuchtgas betrieben, aber er wurde schnell an Benzin als Kraftstoff angepasst.

Auf der Liste der Männer, die in der Folgezeit verbesserte Versionen des Verbrennungsmotors bauten, finden sich so klangvolle Namen wie Rudolf Diesel (1858–1913), Karl Benz (1844–1929) und Gottlieb Daimler (1834–1900). Sie und viele andere machten den Verbrennungsmotor zu dem, was er heute ist. □

Rechts: Der Querschnitt enthüllt die Motorteile, die sich im Inneren eines Dieselmotors befinden.

Der »Red Flag Act«, der im Jahr 1865 vom britischen Parlament verabschiedet wurde, schrieb vor, dass auf einer öffentlichen Straße jedem Gefährt ohne Pferde jemand vorangehen musste, der eine rote Fahne schwenkte und in ein Horn blies.

1886

Pferdestärke ohne Pferd

Automobile mit Verbrennungsmotor

Ende des 19. Jahrhunderts gab es noch viele konkurrierende Entwürfe für Automobile. Es gab dampfgetriebene Autos auf den Straßen, und lange Zeit waren auch Autos mit Elektroantrieb beliebt. Aber die Ära des modernen Automobils begann im Grunde im Jahr 1886, als Karl Benz sein Automobil mit Benzinmotor erfand.

Es war allerdings Karls Frau Bertha, der das Verdienst zukommt, die öffentliche Aufmerksamkeit auf Automobile gelenkt zu haben. Sie war unzufrieden mit der Art, wie ihr Mann den Wagen vermarktete. Im Jahr 1886 bestieg sie mit ihren jungen Söhnen das Auto und fuhr über 90 Kilometer zu ihrer Mutter. Diese erste Fernfahrt brachte die Leute zum Nachdenken darüber, dass das Auto auch eine Rolle im sozialen Leben spielen könnte.

Die erste Blütezeit der Massenproduktion erlebte das Auto jedoch in den USA. Henry Ford (1863–1947) gilt als der wichtigste Akteur innerhalb dieser Entwicklung. Er gründete im Jahr 1903 die Ford Motor Company und perfektionierte die Fließbandfertigung, bei der das zu montierende Auto auf einem Fließband an den Arbeitern vorbeiläuft und jeder Arbeiter nur eine bestimmte Aufgabe erfüllt. In Spitzenzeiten konnten die Arbeiter an Fords Fließband ein Exemplar des berühmten Model T in nur 93 Minuten herstellen. Insgesamt wurden 15 Millionen dieser »Tin Lizzy« (»Blechliesel«) genannten Autos hergestellt und verkauft.

Der Einfluss des Automobils gerade auf die nordamerikanische Kultur war enorm. Sehr große Entfernungen mussten überwunden werden, und das Wachstum der Vorstädte sowie die Ausdehnung der Metropolregionen waren nicht zuletzt auch das Ergebnis der Verfügbarkeit des Autos für den Durchschnittsbürger. Gegenwärtig findet wieder ein Wandel hinsichtlich von Antrieben für den Individualverkehr statt, Ingenieure suchen nach einer Alternative für den Benzinmotor. Hybridautos, die sowohl Strom als auch Benzin nutzen, sind ebenso wie Elektroautos bereits auf dem Markt.

Unten: Zu Beginn seiner Produktionszeit war Fords Model T der letzte Schrei an mobiler Eleganz. Henry Ford machte das Automobil für die Massen erschwinglich und läutete so die Ära des motorisierten Individualverkehrs ein.

Erste Hälfte des 20. Jahrhunderts

Verkehrsadern

Autobahnen

Mit dem intensiver werdenden Autoverkehr zu Beginn des 20. Jahrhunderts zeigte sich in nicht selten tödlichen Unfällen bald auch das Risiko der vergleichsweise hohen Geschwindigkeiten. Man erkannte schnell, dass man auf der Ebene des Straßenbaus einen Einfluss auf Unfallursachen nehmen konnte. Bereits im Jahr 1924 wurde in Italien auf der von Piero Puricelli privat errichteten Strecke Mailand–Varese das Prinzip der geteilten Richtungsfahrbahnen umgesetzt, so hatte man den Gegenverkehr als Unfallursache ausgeschaltet. Besonders in Deutschland wurde in den nächsten Jahren das Prinzip weiterentwickelt. Für unterschiedliche Geschwindigkeiten gab es in beide Richtungen mehrere Fahrspuren, und Kreuzungen gestaltete man durch Unter- und Überführungen sowie spezielle Auf- und Abfahrten. Als erste deutsche Autobahn im heutigen Sinn gilt die im Jahr 1932 vom späteren Bundeskanzler Konrad Adenauer eröffnete Strecke zwischen Köln und Bonn – die heutige A 555 –, bei der alle Prinzipien einer solchen Strecke umgesetzt waren. Die für den Schnellverkehr geeignete Straße war frei von plangleichen Kreuzungen, hatte getrennte Fahrbahnen für den Richtungsverkehr mit jeweils mehreren Fahrstreifen und besonderen Anschlussstellen für die Zu- und Ausfahrten. Viele Staaten der Erde verfügen heute über ein Autobahnnetz, das oftmals viele Tausende von Kilometern lang ist.

Links: Straßenkreuzungen, wie diese im US-Bundesstaat Arizona, sind notwendig, wenn vielspurige Schnellstraßen aufeinandertreffen.

1964

Schnellzüge

Hochgeschwindigkeitszüge

Eine interessante Entwicklung im Personenverkehr sind die Hochgeschwindigkeitszüge in einigen Ländern der Welt. Der Trend begann im Jahr 1964 mit den superschnellen Shinkansen-Zügen in Japan. Sie verbinden heute mit einer regulären Geschwindigkeit von 250 bis 320 Kilometern pro Stunde und Höchstgeschwindigkeiten von 440 Kilometern pro Stunde alle großen Städte Japans auf einem Streckennetz von über 2500 Kilometern Länge. Ermutigt durch die japanischen Erfolge setzte 1977 Frankreich den TGV auf die Schiene, 1991 folgte Deutschland mit dem ICE (Inter City Express). Heute sind die meisten Städte Europas durch Hochgeschwindigkeitsstrecken miteinander verbunden.

AM HORIZONT

Magnetschwebebahnen

Ein Aspekt, der die Geschwindigkeit von konventionellen Zügen einschränkt, ist Reibung zwischen Rädern und Schiene. Die Magnetschwebebahn vermeidet diese Reibung.

Im Zug einer Magnetschwebebahn befinden sich supraleitende Magneten (siehe Seite 59). Wenn der Zug in Bewegung ist, erzeugen sie ein magnetisches Wechselfeld in der metallenen Führungsschiene unter dem Zug. Das wiederum erzeugt elektrische Ströme in der Führungsschiene, und diese produzieren ihr eigenes Magnetfeld, das anders ausgerichtet ist als das der supraleitenden Magneten. Wenn der supraleitende Magnet sozusagen seinen Nordpol unten hat, dann hat der spiegelbildliche Magnet seinen Nordpol oben. Die resultierende Abstoßung zwischen den beiden Magneten hebt den Zug an, sodass er ein paar Zentimeter über der Führungsschiene schwebt, wodurch jegliche Reibung von Rädern auf Schienen vermieden wird.

Obwohl Prototypen von Magnetschwebebahnen schon vor Jahren in Deutschland und Japan erfolgreich getestet wurden, hat die Technologie einen wirtschaftlichen Haken, weshalb sie auch kaum angenommen wird: Die Führungsschiene kann nicht am Boden verlaufen, sondern muss auf hohen Betonträgern verlegt werden, was den Streckenbau enorm kostenintensiv macht. Daher verkehrt die einzige öffentliche Magnetschwebebahn in Schanghai – zwischen dem Flughafen und dem Stadtzentrum.

Autonomes Fahren

In manchen Autos werden heute bei Bedarf Scheinwerfer oder Scheibenwischer automatisch von Bordcomputern eingeschaltet. Man kann diese Entwicklung als ersten Schritt hin zum autonomen Fahren sehen, bei dem kein Fahrer mehr das Auto steuern beziehungsweise überhaupt bedienen muss. Mit Kameras an allen möglichen Stellen sahen autonom fahrende Autos noch vor einigen Jahren sehr merkwürdig aus. In den modernen Modellen sind aber alle Sensoren unter einem normalen Design verborgen.

Die Grundidee des autonomen Fahrens besteht darin, dass der Fahrgast einsteigt und ein Fahrziel auswählt. Unter Verwendung der Standard-GPS-Technik wählt das Auto unter Berücksichtigung aktueller Verkehrsinformationen eine Route und fährt los. Seine Sensoren erfassen den Verlauf der Straße sowie andere Fahrzeuge und bringen den Fahrgast zum gewünschten Ziel. Dabei gibt es einen technischen Unterschied zwischen Autos, die das autonome Fahren nur unter bestimmten genau definierten Umständen übernehmen, und solchen, die außer der Zieleingabe keinen Einfluss des Fahrers benötigen.

In den USA sind selbstfahrende Fahrzeuge unter gewissen Umständen bereits zugelassen, in Deutschland hingegen noch nicht. Sollte diese Technik Einzug in den Alltag halten, wird das Autofahren grundlegend anders werden. Man kann dann während der Fahrt arbeiten oder lesen. Man würde am Ziel aussteigen, und das Auto könnte selbsttätig irgendwo parken, bis man es wieder anfordert.

Smart Highways

Das Konzept des »Smart Highway«, der »denkenden Straße«, ist im Grunde die Erweiterung des Systems von programmierbaren Schildern, die am Straßenrand Fahrer über Unfälle und Straßensperrungen informieren. Diese Funktion, die sich noch an den Fahrer richtet, wird dabei zu einem System werden, das direkt mit den Bordcomputern des Fahrzeugs kommuniziert.

Solche Projekte gehen jedoch über die bloße Weitergabe von Informationen hinaus. In den Niederlanden, Südkorea und den USA befassen sich Ingenieure bereits mit der Möglichkeit, durch eingelassene fotovoltaische Zellen Fahrbahnstreifen zur Erzeugung von Strom zu nutzen. Mit dem Strom soll zum Beispiel die nächtliche Straßenbeleuchtung betrieben werden. Man könnte damit auch die Straßen von Schnee und Eis freihalten oder sogar fahrende Elektroautos aufladen. Man kann vielleicht das Potenzial dieses Verfahrens abschätzen, wenn man sich vor Augen führt, dass ein Kilometer Autobahn je nach Berechnungsgrundlage einer befestigten Fläche von zweieinhalb bis fünf Hektar entspricht. Würde diese Fläche genutzt, um Sonnenenergie zu erzeugen, könnte man Autobahnnetze in gigantische Sonnenkollektoren verwandeln. ■

In Schanghai verbindet eine Magnetschwebebahn die Stadt mit dem Flughafen.

中山公园
臻稀府邸
6213 6888
Shanghai

TRANSPORT IN DER LUFT

1783

Ein Schaf, eine Ente und ein Hahn

Ballons

Da ein Mensch nicht fliegen kann wie ein Vogel, musste er eine andere Möglichkeit finden, sich in die Luft zu erheben. Die älteste dieser Techniken, die heute noch als Freizeitvergnügen genutzt wird, war die Fahrt mit dem Heißluftballon, dessen Prinzip darauf beruht, dass die heiße Luft innerhalb der Ballonhülle eine geringere Dichte hat als die umgebende kühlere Luft, weshalb der Heißluftballon von allein aufsteigt. Bereits im dritten Jahrhundert benutzten chinesische Armeen kleine Heißluftballons als militärische Signale. Im Jahr 1783 führten die Brüder Joseph Michel (1740–1810) und Jacques Étienne Montgolfier (1745–1799) den ersten großen Heißluftballon in Versailles bei Paris vor.

Die Passagiere der ersten Fahrt eines Heißluftballons der Brüder Montgolfier waren ein Schaf, eine Ente und ein Hahn – alle überlebten.

Links: Moderne Heißluftballons, wie der hier abgebildete, nutzen dasselbe Prinzip wie die ersten erfolgreichen Fluggeräte der Menschheit.

Kaum etwas hat die menschliche Fantasie so sehr bewegt wie der Wunsch, fliegen zu können wie ein Vogel.

▷ 1852

Eine leuchtende Zukunft geht in Flammen auf

Luftschiffe

Das Problem mit Heißluftballons ist, dass die Luft im Ballon ständig erwärmt werden muss, um den Korb in der Luft zu halten. Es wäre effizienter, den tragenden Körper mit einem Gas zu füllen, das leichter als Luft ist. Der Wasserstoff, den der englische Wissenschaftler Henry Cavendish (1731–1810) im Jahr 1766 entdeckt hatte, schien die Lösung zu sein.

Der erste Wasserstoffballon stieg bereits 1783, im selben Jahr wie der Heißluftballon der Montgolfiers, in Paris auf. Es folgte eine Entwicklung der Wasserstoffballontechnik, und in den 1920er- und 1930er-Jahren sahen viele in Luftschiffen – und nicht etwa in Flugzeugen – die Zukunft des Luftverkehrs.

Mit dem deutschen Luftschiff Hindenburg wurde 1936 der erste fahrplanmäßige transatlantische Flugverkehr gestartet. Es war etwa so lang wie drei Fußballfelder und brauchte zweieinhalb Tage für die Überquerung des Atlantiks, das war die Hälfte der Zeit, die der schnellste Ozeandampfer benötigte. Für die Passagiere gab es einen eleganten Speisesaal, eine Lounge und eine Tanzkapelle.

Unglücklicherweise wurde die Hindenburg am 6. Mai 1937 bei der Landung in Lakehurst im US-Bundesstaat New Jersey zerstört, als sich die Wasserstofffüllung entzündete. 35 der 97 Menschen an Bord und ein Mitglied der Bodenmannschaft kamen dabei ums Leben. Damit endete die zivile Verkehrsluftschifffahrt. Heute sind Kleinluftschiffe mit nicht entflammbarem Helium gefüllt, das zwar etwas schwerer ist als Wasserstoff, dafür aber sicherer. □

Unten: Das Unglück des Luftschiffs Hindenburg im Jahr 1937 bedeutete das Ende für die kommerzielle Luftschifffahrt.

1914

Über den Wolken

Kommerzieller Flugverkehr

Die erste kommerzielle Flugstrecke wurde im Jahr 1914 zwischen den beiden Städten St. Petersburg und Tampa in Florida eingerichtet. Wasserflugzeuge, die nur ungefähr eineinhalb Meter über dem Wasser flogen, brauchten ungefähr 20 Minuten für die Strecke. Ein Ticket kostete fünf US-Dollar, ein Preis, der nach heutiger Kaufkraft aber etwa 120 Dollar entsprach. Die Fluggesellschaft musste nach drei Monaten aufgeben.

Trotz des wenig verheißungsvollen Starts entstand bald eine kommerzielle Fliegerei. Im Jahr 1918 wurde in den USA der erste regelmäßige Luftpostdienst eingerichtet. Der Kongress genehmigte zuerst nur einen Dienst zwischen Washington, D.C., und New York, aber bald kamen neue Strecken hinzu. Sogar Henry Ford mischte mit und stellte einige Flugzeuge, die zum Transport von Autoteilen benutzt worden waren, für den Postdienst ab.

Im Jahr 1929 kam in den USA ein recht seltsames Mischsystem des transkontinentalen Reisens auf. Reisende konnten einen Zug von New York nach Columbus in Ohio nehmen, von wo aus sie nach Oklahoma flogen. Von dort ging es wieder im Zug nach Clovis in New Mexico, und schließlich flog man weiter nach Kalifornien. Die Zugfahrten waren unter anderem deshalb erforderlich, weil man das Fliegen bei Nacht für zu gefährlich hielt.

Eines der wichtigsten zivilen Propellerflugzeuge der Nachkriegszeit war die Lockheed Constellation. Die viermotorige Maschine, die ursprünglich als Militärtransportmaschine im Zweiten Weltkrieg konstruiert worden war, konnte die Vereinigten Staaten in weniger als acht Stunden überqueren, weshalb sie nach 1945 schnell für den zivilen Luftverkehr umgerüstet wurde. Für Flüge nach Europa musste die Constellation zum Auftanken in Gander in Neufundland sowie in Irland zwischenlanden.

Das Düsenzeitalter in der zivilen Luftfahrt begann im Jahr 1952 mit der britischen De Havilland Comet. Aufgrund des damals noch relativ unbekannten Phänomens der Materialermüdung an Flugzeugen stürzten jedoch in den Jahren 1953 und 1954 drei Maschinen dieses Typs ab. Im Jahr 1958 brachte die Firma Boeing ihr Modell 707 auf den Markt. Mit diesem Flugzeug, das etwa 200 Passagiere befördern konnte und eine Reisegeschwindigkeit von knapp 900 Kilometer in der Stunde erreichte, startete die zivile Luftfahrt schließlich richtig durch.

Unten: Auf einem modernen Flughafen stehen oft über einhundert Flugzeuge gleichzeitig.

1944

Antrieb durch Kompression

Das Düsenflugzeug

In den 1930er-Jahren erkannten Ingenieure, dass die Kolbenmotoren der Propellerflugzeuge an ihre Leistungsgrenzen stießen – außerdem erreichten die Propellerspitzen während der Drehung inzwischen annähernd Schallgeschwindigkeit, was die physikalisch-technische Grenze für diese Antriebsart bedeutet. Das brachte einige Ingenieure in Deutschland und England dazu, über ein völlig neues Antriebssystem nachzudenken, nämlich das Düsentriebwerk.

Das Grundprinzip des Düsentriebwerks geht auf das dritte der Grundgesetze der Bewegung von Sir Isaac Newton (1642–1727) zurück, das besagt, dass es für jede Aktion eine gleich große entgegenwirkende Reaktion gibt. Ein aufgeblasener offener Luftballon fliegt davon, weil der Druck im Ballon eine Kraft auf die Luft in ihm ausübt, wodurch sie aus der Öffnung gedrückt wird. Dem Newtonschen Gesetz zufolge wird dadurch eine gleich große und entgegenwirkende Kraft auf den Ballon ausgeübt, die ihn sozusagen »wegschiebt«. So funktioniert im Prinzip auch ein Düsentriebwerk.

In einem Düsentriebwerk wird vorne Luft vom Triebwerk angesaugt und durch mehrere rotierende sogenannte Fans geleitet, die sie komprimieren. Die komprimierte Luft wird anschließend in einer Brennkammer mit Treibstoff vermischt, und das Gemisch wird gezündet. Wie die Luft aus der Ballonöffnung werden die entstehenden heißen Gase dann hinten aus dem Triebwerk hinausgedrückt, und das Flugzeug wird vorwärtsgetrieben. □

Oben: Das Prinzip des Düsentriebwerks beruht auf dem dritten Grundgesetz der Bewegung von Sir Isaac Newton.

Obwohl im Zweiten Weltkrieg mehrere Länder mit Düsenantrieb für Kampfflugzeuge experimentierten, war die deutsche Messerschmitt 262 Ende des Jahres 1944 das erste erfolgreiche Düsenflugzeug, das in größerer Stückzahl hergestellt wurde.

▷ 1982

Unsichtbar

Tarnkappentechnik

Die auffälligsten Merkmale mancher moderner Militärflugzeuge sind ihre charakteristische kantige Form und die mattschwarze Farbe. Beide sind Bestandteile der sogenannten Tarnkappentechnik, die das Flugzeug für Radar fast unsichtbar macht. Bei der Radartechnik wird ein Radiostrahl ausgesendet, der, wenn er auf ein Metallobjekt, wie ein Flugzeug, trifft, reflektiert wird. Der reflektierte Strahl wird vom Radar wieder aufgefangen und das Objekt, das ihn reflektiert hat, wird so geortet. Bei der Tarnkappentechnik wird versucht, den reflektierten Strahl umzulenken, sodass er nicht zum Sender zurückkehrt, und ihn zusätzlich abzuschwächen. Die eckige Form der Flugzeuge soll das erste dieser Ziele erreichen und eine spezielle Beschichtung der Außenhaut Letzteres. □

Links: Ein Tarnkappenflugzeug

Oben: Ein konventionelles Kampfflugzeug

Die Tarnkappentechnik wurde unter anderem in der berüchtigten Area 51 erprobt, einem einst geheimen militärischen Sperrgebiet in Nevada.

AM HORIZONT

Drohnen

Drohnen oder unbemannte Luftfahrzeuge tauchen heutzutage wegen ihres Einsatzes bei militärischen Konflikten häufig in den Medien auf. Im Prinzip wurden solche Flugkörper bereits im 19. Jahrhundert eingesetzt, als die österreichische Armee Bomben an Ballons befestigte. Die USA setzten Drohnen erstmals im Jahr 1964 ein, und 2012 hatte die US-Luftwaffe bereits 8000 dieser unbemannten Flugkörper zur Verfügung.

Es gibt im Prinzip zwei Arten von Drohnen, die eine wird weiterhin von Menschen, allerdings über eine Fernsteuerung, gelenkt –, und die andere wird von Bordcomputern gesteuert. Die größere Bedeutung hat der erste Typ, besonders als Träger von Kameras.

Kamerabestückte Drohnen können Gebiete aus der Luft überwachen, ohne dass man dafür Flugzeuge oder Helikopter einsetzen muss. Jeder Winkel von weitläufigen Anlagen kann durch Drohnenflüge schnell und billig beobachtet werden. Entlegene Stromleitungen oder Pipelines können überprüft werden, ohne Techniker schicken zu müssen. Drohnen werden in Such- und Rettungsaktionen eingesetzt, und auch Filmemacher nutzen sie als günstige – und leise – Möglichkeit für Luftaufnahmen. Konzerne, wie Amazon, erkunden sogar die Möglichkeit, Drohnen für die Auslieferung von Ware einzusetzen.

Wie es im Grunde bei jeder neuen Technik der Fall ist, gibt es auch mit Drohnen Probleme. Man überlegt noch, wie man Drohnen zuverlässig von Zivilflugzeugen und sensiblen Gebieten fernhalten kann. Nicht nur über der US-Hauptstadt Washington hat es bereits Fälle gegeben, bei denen private Drohen in gesperrten Luftraum eingedrungen sind. Außerdem bedrohen Drohnen die Privatsphäre: Darf Ihr Nachbar seine Kameradrohne über Ihren Garten steuern, um mal zu schauen, was Sie gerade machen? Es wird interessant sein zu sehen, wie sich diese Fragen klären lassen.

Ballistische Flugzeuge

Konventionelle Verkehrsflugzeuge bleiben vergleichsweise nahe an der Erdoberfläche, die Reiseflughöhe beträgt rund 10 000 Meter. Wenn einige der Entwürfe auf den Reißbrettern von Luftfahrtingenieuren verwirklicht werden, könnte sich das ändern. Dann würden Flugzeuge ihre Wege auf ballistischen Kurven zurücklegen. Ihr Start sähe dann eher wie der einer Rakete aus. Sie würden einen großen Teil der Strecke außerhalb der Atmosphäre oder in ihren Randbereichen fliegen, was zu deutlich geringeren Flugzeiten führen würde. Es gibt einen Projektentwurf, bei dem die Flugzeit von London nach Sydney nur noch wenige Stunden betragen würde.

Verformbare Tragflächen

An den Hinterkanten von Flugzeugtragflächen sitzen bewegliche Klappen, die Querruder, die beim Start und bei der Landung betätigt werden. Sie müssen durch schwere und aufwendige hydraulische Systeme bewegt werden.

Künftig könnten Tragflächen aus flexiblen Verbundwerkstoffen bestehen, deren Form durch leichte interne Aktoren verändert werden kann. Die Form der Tragflächen könnte dann der jeweiligen Flugsituation angepasst werden, um das Flugzeug effizienter und sparsamer zu machen und zugleich den Fluglärm zu senken.

Flughäfen der Zukunft

Jeder kommerzielle Flug beginnt und endet auf einem Flughafen. Flughäfen haben eine eindrucksvolle Entwicklung durchgemacht. Sie begannen als nüchterne ebene Flächen, die einzig dazu dienten, Passagiere an Bord der Flugzeuge gelangen zu lassen. Heute sind sie häufig eine Mischung aus Luftverkehrsknotenpunkt, Unterhaltungstempel und Einkaufsparadies. Flughäfen sollen angenehm sein und nicht nur ein notwendiges Übel im Rahmen einer Flugreise.

Der Flughafen Singapur veranschaulicht diesen Trend sehr gut. Auf seinem Dach befindet sich ein Schwimmbecken, es gibt dort Kinos und einen Schmetterlingsgarten, und kostenlose Shuttlebusse bringen Passagiere in die Stadt. Im Jahr 2018 soll dort zudem ein fünfstöckiger »Dschungel« mit dem größten Binnenwasserfall der Welt eröffnet werden. Andere Flughäfen bieten ebenfalls augefallene Unterhaltungsmöglichkeiten. Im Flughafen München etwa können Passagiere im Winter Schlittschuh laufen und Bier aus der einzigen von einem Flughafen betriebenen Mikrobrauerei trinken.

In zunehmendem Maße wird auf Flughäfen auch moderne Kommunikationstechnik eingesetzt, um den Passagieren die Orientierung zu erleichtern. In Kopenhagen informieren Fluggesellschaften Passagiere über Smartphones, wo die Schlangen vor den Sicherheitschecks am kürzesten sind. Auf dem Hamad International Airport in Katar können Passagiere ihre Gepäckanhänger selbst ausdrucken, sodass lange Wartezeiten vermieden werden. Man schätzt, dass Fluggesellschaften allein im Jahr 2015 knapp sechs Milliarden US-Dollar in High-Tech-Infrastruktur dieser Art investiert haben. ■

Eine US-amerikanische Kampfdrohne vom Typ General Atomics MQ-9 »Reaper« (»Sensenmann«) ist startbereit.

1787

Unter Dampf

Die Ankunft einer neuen Energie

Die Erfindung der modernen Dampfmaschine (siehe Seite 214) veränderte auch in der Seefahrt vieles. Die in der Kohle gespeicherte Energie diente nicht nur als Antrieb für Fabriken und Eisenbahnen, was die industrielle Revolution auslöste, sie ließ viele alte Techniken auch als überholt erscheinen. Dazu gehörte auch die Nutzung von Wind als Antrieb für die Handelsschifffahrt.

Eines der ersten mit Dampf betriebenen Schiffe wurde bereits 1787 in Philadelphia am Fluss Delaware vom Stapel gelassen. Der amerikanische Erfinder John Fitch (1743–1798) hatte es entworfen. Der Übergang zu funktionsfähigen Dampfschiffen ging in Schritten vonstatten. Die ersten seetüchtigen Schiffe mit Dampfmaschinen – etwa für den Antrieb eines Schaufelrads – verfügten auch noch über Segel. Im Jahr 1819 überquerte die US-amerikanische Savannah als erstes dieser Schiffe den Atlantik. Die erste Transatlantikfahrt ausschließlich unter Dampf fand 1827 statt, und der erste fahrplanmäßige Dampfschiffdienst startete im Jahr 1839.

Der wichtigste technologische Fortschritt in dieser frühen Periode war die Entwicklung des Schraubenpropellers, der das Schaufelrad als Antrieb ersetzte. Das erste so angetriebene Schiff, die Archimedes, wurde 1839 in Großbritannien gebaut. Im weiteren Verlauf des 19. Jahrhunderts wurde die Technik ständig verbessert, und allmählich übernahmen »Dampfer« den weltweiten Schiffsverkehr.

Anfänglich wirkte sich die notwendige Menge an Kohle für den Antrieb der Maschinen bei weiten Fahrten noch so stark auf die übrig bleibende Ladekapazität aus, dass sich für manche Frachttypen und einige Strecken weiterhin zum Beispiel Klipper (siehe Seite 232) behaupten konnten. Im 20. Jahrhundert erfolgte die Umstellung auf Diesel als Kraftstoff. Dieselmaschinen treiben heute fast alle kommerziellen und militärischen Schiffe an, allerdings beziehen einige Kriegsschiffe, vor allem U-Boote, ihre Energie auch von an Bord eingebauten Kernreaktoren.

Eine Revolution im Transportwesen auf See stellte das Containerschiff dar. Der im Jahr 1956 erfundene Container ist ein standardisierter Metallbehälter für alle möglichen Sorten von Waren, der von enorm großen Kränen auf Schiffen gestapelt und an seinem Zielort auf Eisenbahnwaggons oder Lastwagen umgeladen werden kann. Diese einfache Art des Warenumschlags hat den Hochseetransport sehr effizient gemacht – inzwischen transportieren riesige Containerschiffe einen großen Teil der Fracht auf den Weltmeeren.

Links: Das im Jahr 1912 gebaute Dampfschiff Earnslaw verkehrt noch heute auf dem Lake Wakatipu in Neuseeland.

AM HORIZONT

Schiff ohne Mannschaft

So wie sich manche Unternehmen der Entwicklung des autonomen Fahrens von Autos widmen, gibt es auch Ingenieure, die an Frachtschiffen tüfteln, die ohne Crew nur von Computern gesteuert werden. Die britische Firma Rolls-Royce entwickelt ein System von sogenannten Drohnenschiffen, bei dem nur wenige Kontrolleure von einer Kontrollzentrale aus in der Lage sein werden, Hunderte von weit entfernten Schiffen auf hoher See zu steuern. Ein solches System wäre ein weiterer Schritt für den effizienten und sicheren Transport von Gütern auf dem Wasser. ■

Die Computersimulation zeigt, wie ein Schiff ohne Besatzung aussehen könnte. Mit Ausnahme der Bereiche für den Antrieb kann aller Platz an Bord für Fracht genutzt werden.

BAUWERKE

Wie hoch ein Gebäude gebaut werden kann, hängt vom verfügbaren Material ab.

▶ Seit vorgeschichtlicher Zeit

Woraus besteht es?

Baumaterialien im Lauf der Geschichte

Schon seit sehr langer Zeit errichten Menschen Gebäude – zum Schutz, für gesellige Anlässe, als Lagerstätte, für den Handel und für alle möglichen anderen Zwecke. Welche Bauten sie errichteten, hing stark von den Materialien ab, die sie zur Verfügung hatten. Man kann drei grundlegende Phasen mit dazugehörigen Materialien unterscheiden: Holz, Stein und Beton sowie Stahl.

Holz

Die frühesten Baumaterialien waren pflanzlicher Natur. Anfangs waren es wohl nur Zweige und Blätter, später Holz. Holz ist ein hervorragendes Baumaterial, es ist reichlich vorhanden, leicht formbar, und man kann Nägel in es hineinschlagen. Bis in die Gegenwart werden Holzrahmen beim Bau von Gebäuden verwendet.

Bei Sturm kann das Empire State Building auf der Höhe seiner Aussichtsplattform mehr als einen halben Meter hin- und herschwingen.

Es gibt jedoch Grenzen für das, was bautechnisch mit Holz möglich ist. Die Maserung von Holz stellt im Prinzip die Bündelung einzelner Fasern dar, deren Summe die Festigkeit des Materials ergibt. Wird die Last auf der Struktur jedoch zu groß, biegt das Holz sich durch und bricht schließlich. Üblicherweise sind Holzbauten daher weniger als drei Stockwerke hoch.

Stein und Beton

Um höher zu bauen, verwendeten Architekten seit der Antike Stein. Die ägyptischen Pyramiden sind im Prinzip bis zu knapp 150 Meter hohe strukturierte Steinhaufen mit nur wenig nutzbarem Raum im Inneren. Ihre Bauweise lässt daher keinen Schluss auf die tatsächliche Tragfähigkeit von Stein zu.

Die großen Kathedralen Europas, die mit ihren Türmen ähnlich hoch aufragen wie die höchsten Pyramiden, sind dagegen Beispiele für Steinbauten mit nutzbarem Innenraum. Aufgrund seiner Atomstruktur ist Stein ein Material, das sehr gut Gewicht tragen kann. Man könnte Stein über 1000 Meter hoch stapeln, aber gegen Druck von der Seite wäre dieser Stapel sehr empfindlich. Die Unfähigkeit von Stein, dieser Art von Seitenkraft, die Ingenieure Scherung nennen, standzuhalten, begrenzt die Höhe, die man mit Steinbauten erreichen kann, auf wenige hundert Meter.

Ziegelsteine und Beton kann man als »künstliche Steine« ansehen. Ziegel werden aus tonhaltigem Lehm in Öfen gebrannt. Beton ist etwas komplexer. Es handelt sich um eine Mischung aus Sand und Kies, die von Zement zusammengehalten wird, der selbst eine Mischung aus gemahlenem Kalkstein und Ton ist, die erhitzt wurde, um ihr Wasser zu entziehen.

Wenn Wasser zur Betonmischung gegeben wird, bilden Mineralien, die aus dem Kalzium im Kalkstein entstanden

Rechts: Die Querschnitte durch Holzbohlen lassen die typischen Jahresringe erkennen.

sind, lange ineinandergreifende Strukturen, und wenn das Wasser schließlich verdampft, erhärtet die Mischung zu einem steinähnlichen Stoff.

Bereits die alten Römer entwickelten eine Art von Beton als Baumaterial, in den sie Vulkanasche mischten, um ihn wasserfest zu machen. Das im frühen 2. Jahrhundert in Rom erbaute Pantheon ist eines der ältesten Betongebäude der Welt. Heute ist Beton das wohl am häufigsten verwendete Baumaterial in unseren Städten. Lässt man in den Beton zusätzlich Stahlstäbe ein, kann auch das Problem der Scherung gelöst werden. In dieser Situation trägt nämlich der Beton die Last, und der Stahl widersteht der Scherung.

Beton wurde immer weiter optimiert, und heutige Betonsorten sind viel stärker als solche aus der Vergangenheit. Einige enorm hohe Gebäude, wie zum Beispiel der Water Tower Place in Chicago mit 262 Metern Höhe, sind komplett aus Stahlbeton gebaut.

Stahl

Die massenhafte Verfügbarkeit von Stahl (siehe Seite 43) wirkt sich ausgesprochen stark sowohl auf die Form als auch auf die Technik moderner Gebäude aus. Stahl widersteht sowohl Druck als auch Scherung, was zu einer ganz neuen Bautechnik führte.

In Stein- und Ziegelbauten erfüllen Mauern zwei Aufgaben gleichzeitig: Sie tragen zum einen ihr eigenes Gewicht und das des Dachs, und sie grenzen zum anderen das Hausinnere von der Außenwelt ab. In einer modernen Stahlrahmenkonstruktion werden diese Aufgaben aufgeteilt. Der Stahlrahmen dient lediglich als eine Art Skelett, welches das Gewicht des Gebäudes trägt, und die Wände – egal aus welchem Material sie bestehen – dienen weiterhin als Abgrenzung zur Außenwelt. Es gibt daher sogar moderne Gebäude mit »Mauern« aus Glas. Letzteres kann natürlich fast gar kein Gewicht tragen, aber das übernimmt ja der Stahlrahmen. □

Oben: Die Pyramiden von Gizeh gehören wohl zu den berühmtesten Steinbauten der Welt. Diese beeindruckende Ingenieursleistung ist das einzige der berühmten Sieben Weltwunder der Antike, das bis heute Bestand hat.

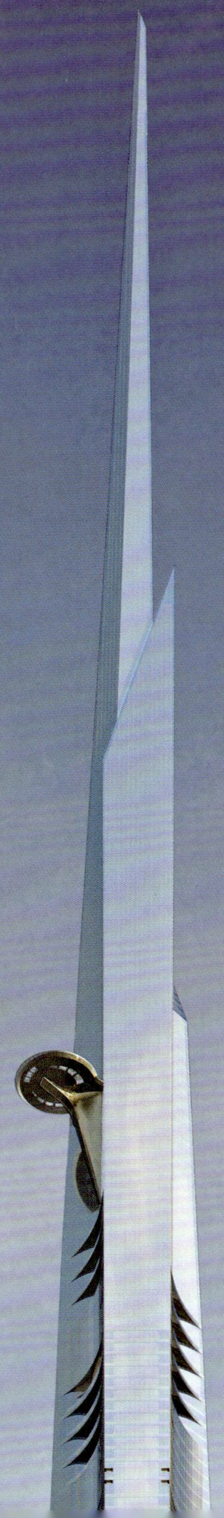

AM HORIZONT

Jeddah Tower

Im Jahr 2020 soll in Jeddah in Saudi-Arabien das neue höchste Gebäude der Erde eröffnet werden. Obwohl wie üblich Einzelheiten des Designs während des Baus geheim gehalten werden, ist bekannt, dass es etwas mehr als einen Kilometer hoch werden und über mehr als 250 Stockwerke verfügen soll.

So stellt sich ein Künstler das Aussehen des Jeddah Tower nach dessen Fertigstellung vor.

COMPUTER

Die digitale Datenverarbeitung hat die Welt bereits verändert und wird das auch weiterhin tun.

▷ 1837

Die Geburt des Computers

Eine Rechenmaschine war ihrer Zeit voraus

Seit der Erfindung von Zahlen gebrauchte der Mensch Vorrichtungen, die ihm beim Rechnen halfen. Bis tief ins 20. Jahrhundert hinein wurden sowohl der Abakus als auch der Rechenschieber noch häufig verwendet. Die Erfindung des modernen Computers wird meist dem englischen Mathematiker Charles Babbage (1791–1871) zugeschrieben, der im Jahr 1837 seine mechanische Rechenmaschine »Analytical Engine« entwarf. Das war ein großes Gerät, das Zahnräder und Hebel benötigte, aber bereits dem Prinzip heutiger digitaler Computer folgte.

Leider wurde Babbages Maschine nie gebaut, die britische Regierung stellte die nötigen Mittel nicht zur

Oben: Ein Modell von Babbages »Analytical Engine«. Hätte man sie zu seinen Lebzeiten gebaut, wäre sie der erste analoge Computer der Welt gewesen.

Verfügung. Es sollte noch mehr als ein Jahrhundert vergehen, bevor eine andere Maschine, die bereits mit ganz anderen Bauelementen arbeitete, die Entwicklung des Computers weiter voranbrachte.

Wäre Babbages Maschine gebaut worden, wäre sie das geworden, was man heute als Analogcomputer bezeichnet. Darunter versteht man, dass ein bestimmter Output – die Stellung eines Zahnrads oder die Stärke eines elektrischen Stroms – der jeweiligen numerischen Antwort auf die gestellte Aufgabe entspricht. Beim modernen digitalen Computer wird die numerische Antwort direkt gegeben. Im 19. Jahrhundert wurden mehrere Analogrechner für spezielle Verwendungswecke gebaut, darunter im Jahr 1872 eine Maschine zur Berechnung von Gezeiten.

1936

Die Turing-Maschine

Die Computerwissenschaft wird geboren

Das Konzept des modernen programmierbaren Digitalcomputers wurde vom britischen Mathematiker Alan Turing (1912–1954) mit der nach ihm benannten Turing-Maschine eingeführt. In ihrer einfachsten Form enthält eine Turing-Maschine – sehr vereinfacht dargestellt – ein Band mit Zeichen darauf, ein Gerät zum Lesen des Bands und Befehle, was für jedes gelesene Zeichen zu tun ist. Das Band könnte beispielsweise in Felder eingeteilt sein, von denen jedes einen Buchstaben des Alphabets trägt. Ein Befehl könnte lauten: »Ist ein Buchstabe A in dem Feld, diesen in den Buchstaben B umändern«. Wenn das Band durch die Maschine läuft, wird jeweils ein Befehl pro Feld umgesetzt.

Diese Erfindung wird als Beginn der modernen Computerwissenschaft angesehen, denn letztlich folgt jedes Programm, das auf einem Computer läuft, dem Prinzip einer Turing-Maschine.

Oben: Bei dem abgebildeten Modell einer Turing-Maschine wird in der Vorrichtung in der Mitte das Band gelesen. Die vom Band gelieferten Befehle machten die Turing-Maschine zu einem programmierbaren Computer.

1944

ENIAC

Der erste moderne Computer

Was einen modernen Digitalcomputer von einem Analogrechner, wie Babbages analytische Maschine (siehe Seite 244), unterscheidet, ist die Tatsache, dass er Zahlen in binärer Form und nicht als Stellung eines Zahnrads oder als Stromstärke darstellt. Binärzahlen sind Ziffernfolgen von Nullen und Einsen, und mit ihnen kann man konventionellen Zahlen eine binäre Darstellung geben:

1	1
2	10
3	11
4	100
5	101

Diese Darstellung von Zahlen erfordert ein System, das zwei unterschiedliche Zustände oder Werte annehmen kann. Eine Glühbirne zum Beispiel kann »an« oder »aus« sein. Mit drei Glühbirnen in der Anordnung »an-aus-an« (für 101) kann man die Ziffer 5 darstellen. Die häufigsten Vorrichtungen, mit denen Binärzahlen dargestellt werden, sind elektronischer (»an« oder »aus«) oder magnetischer Natur, wobei bei Letzteren zwei unterschiedliche Ausrichtungen die Werte darstellen. Wie bei der Turing-Maschine sagt dem modernen Computer eine Folge von Anweisungen – das Programm –, was er tun soll, wenn er auf eine Eins oder eine Null trifft.

In den 1930er-Jahren experimentierte die US-Marine mit Systemen, wo die »An-« oder »Aus«-Vorrichtung ein elektrisches Relais war, das geöffnet oder geschlossen werden konnte. Erst im Jahr 1944 bauten Wissenschaftler an der University of Pennsylvania den ersten modernen elektronischen Computer mit Vakuumröhren. In einer Vakuumröhre werden Elektronen auf einer Seite von einem Draht aufgeheizt und von einem starken Strom zur anderen Seite bewegt. In der Mitte liegt ein Gitter. Elektronen können auf das Gitter gedrückt oder von ihm wegbewegt werden. Wenn man Elektronen auf das Gitter treffen lässt, kann man den Stromfluss durch die Röhre unterbrechen und die Röhre so auf »aus« stellen.

Die Röhren, von denen jede etwa die Größe eines Lippenstifts hatte, wurden miteinander zu Computern verkabelt. Das für den militärischen Einsatz gedachte Gerät wurde Electronic Numerical Integrator and Computer (ENIAC) genannt und war die erste Maschine, die neu programmiert werden konnte, ohne neu verkabelt zu werden.

Oben: ENIAC war eine riesige Maschine, die einen großen Raum füllte. Trotz ihrer für heutige Beriffe geringen Rechenleistung benötigte sie viele Programmierer.

1947

Immer besser

Der Transistor und integrierte Schaltkreise

Die Erfindung des Transistors (siehe Seite 60) veränderte den Computer grundlegend. Wie hier im Buch beschrieben, kann man sich den Transistor als ein »Sandwich« aus dotierten Halbleitern vorstellen. Schickt man Elektronen durch die Transistorbasis, stoppt man den Stromfluss. Der Transistor wird wie die Vakuumröhren in ENIAC zum Ein-/Aus-Schalter. Transistoren sind deutlich langlebiger als Vakuumröhren und daher ideal für die Verarbeitung von Daten in Binärfom geeignet.

Die ersten, golfballgroßen Transistoren waren nach heutigen Maßstäben noch riesig. Sie wurden jedoch schnell kleiner, und der eigentliche technologische Durchbruch war erreicht, als man Transistoren in integrierten Schaltkreisen einbauen konnte. Im Jahr 1958 konstruierte der US-amerikanische Elektroingenieur Jack Kilby (1923–2005) die erste integrierte Schaltung. Bei diesem System werden die Komponenten der Schaltung, also Transistoren und andere Bauelemente, in einem Bauteil zusammengefügt. Im Vergleich zur konventionellen Technik, bei der die Komponenten der Schaltung einzeln hergestellt und dann verdrahtet wurden, war dies ein gewaltiger Fortschritt. Folgerichtig wurde Kilby im Jahr 2000 mit dem Nobelpreis für Phyik ausgezeichnet.

Der erste tragbare Computer, der Osborne 1, kam im Jahr 1981 auf den Markt. Er wog elf Kilogramm!

Um einen typischen integrierten Schaltkreis herzustellen, wird heute eine Maske über eine Siliziumscheibe gelegt. Die Maske hat Löcher an den Stellen, an denen ein bestimmtes Bauteil liegen soll, etwa eine Lage mit dotiertem Halbleiter (siehe Seite 57). Danach werden Siliziumdampf und das Dotierungsatom aufgebracht und legen sich auf die offenen Teile der Maske. Danach wird eine neue Maske darübergelegt und erneut bedampft. Auf diese Weise werden die drei Schichten eines Transistors zusammengefügt, und mit anderen Masken werden die weiteren Schaltkreiselemente und Drähte gefertigt. Das Ergebnis ist ein kompletter Schaltkreis auf Siliziumbasis. Inzwischen finden Milliarden von Transistoren auf einem briefmarkengroßen Stück Silizium Platz. Die Entwicklung der Leistungsfähigkeit dieser Mikrochips gilt als weiteres Beispiel für die Gültigkeit des Mooreschen Gesetzes (siehe Seite 62).

Unten: Obwohl sie eine große Anzahl von Transistoren enthalten können, sind integrierte Schaltkreise sehr kompakt.

Ende der 1970er-, Anfang der 1980er-Jahre

Die computerisierte Welt

Personal Computer

Thomas J. Watson (1874–1956), Vorstandsvorsitzender von IBM, soll im Jahr 1943 gesagt haben: »Ich glaube, dass es auf der Welt einen Bedarf von vielleicht fünf Computern geben könnte.« Dass dieser Satz wirklich so formuliert wurde, ist eher unwahrscheinlich, aber er repräsentiert die Sichtweise vieler prominenter Wissenschaftler und Geschäftsleute in den 1940er- und 1950er-Jahren. Eine von Computern dominierte Welt war zu dieser Zeit auch für sie nur schwer vorstellbar.

Derzeit ist der weltweit schnellste Computer mit der größten Rechenleistung der Sunway TaihuLight in China.

Die frühesten Computer, wie ENIAC, waren riesige Großrechner. Sie standen oft in eigens für sie errichteten Gebäuden und mussten von einer vielköpfigen Mannschaft bedient werden. Lediglich ausgebildete Mitglieder dieser Mannschaft konnten, meist über Lochkarten, mit diesen Maschinen kommunizieren.

Die Idee eines persönlichen Computers, mit dem der Nutzer direkt arbeiten kann, entstand in den 1970er-Jahren. Es gab in diesem Jahrzehnt einige Versuche, ein solches Gerät auf den Markt zu bringen, aber erst an seinem Ende beziehungsweise zu Beginn der 1980er-Jahre waren Geräte, welche diese Idee tatsächlich umsetzten, in Form des Apple II und der Personal Computer von IBM verfügbar. Die dafür notwendige relative Miniaturisierung war die Folge der weiter vorne geschilderten Entwicklung von integrierten Schaltungen und Mikrochips.

Die aktuelle Stufe der Miniaturisierung von Computern stellt das Smartphone dar. In einem Gerät, das in die Hosentasche passt, befindet sich heute eine deutlich umfangreichere Computerleistung als in den frühen Großrechnern. Letztlich wird die Größenuntergrenze von Computern wohl nicht von den technischen Möglichkeiten der Miniaturisierung bestimmt werden, sondern davon, ob das Gerät vom menschlichen Nutzer noch sinnvoll bedient werden kann. □

Gegenüber: Der Apple Macintosh Computer aus dem Jahr 1984. Er war einer der ersten Desktop-Computer, der für eine breite Öffentlichkeit verfügbar war.

Sir Tim Berners-Lee erfand das World Wide Web, welches auch das menschliche Kommunikationsverhalten revolutionierte.

1969

Die Welt verbinden

Das Internet

Das Internet gehört heute so sehr zu unserem Leben, dass man kaum daran denkt, wie neu es im Grunde noch ist. Die Grundlagen wurden im Jahr 1969 gelegt, als eine Einrichtung des US-Verteidigungsministeriums, die Advanced Research Project Agency (ARPA), das System ARPANET finanzierte, als dessen Ergebnis ausgewählte Computer an verschiedenen Orten Daten untereinander austauschen konnten. Das System verband zunächst lediglich vier Computer. Als das Netzwerk wuchs, kam es zu mehreren wichtigen Veränderungen. Damit mehr Nutzer Zugang zu den Netzwerken bekamen, entstanden im Jahr 1989 die ersten privaten Dienstleister, und 1992 erlaubte der US-Kongress ausdrücklich die kommerzielle Aktivität auf von der Regierung entwickelten Netzwerken. Im Jahr 1989 führte der britische Informatiker Tim Berners-Lee (geboren 1955), der bei der Europäischen Organisation für Kernforschung (CERN) tätig war, das World Wide Web ein, das mit Systemen arbeitete, die entwickelt worden waren, um CERN-Computer untereinander zu verbinden. Seither führte eine schwindelerregende Folge von technischen Fortschritten zu unserem gegenwärtigen System, wo jeder mit einem Computer Zugang zu dem hat, was im Prinzip das geballte Wissen der Menschheit darstellt. □

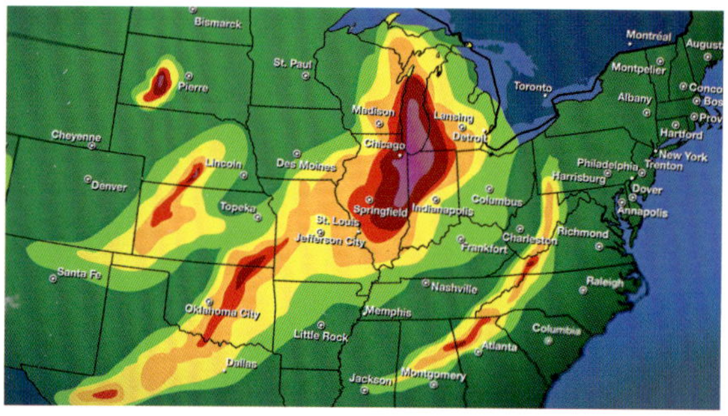

21. Jahrhundert

Big Data

Je mehr, desto besser

In der Welt der elektronischen Datenverarbeitung findet eine vergleichsweise stille Revolution statt, die nur gelegentlich Aufmerksamkeit erregt. Sie beruht auf der Fähigkeit von Computern, große Mengen von Daten zu speichern und zu verarbeiten. Bevor es Computer gab, konnten Wissenschaftler nur relativ einfache Systeme analysieren, was es erschwerte, Wissen zu verknüpfen, um so der Komplexität der realen Welt näherzukommen. Heute sind selbst realistische Simulationen komplexer Systeme wie der Natur, etwa des Wettergeschehens, möglich. Der Trend, aus der Verknüpfung und dem Vergleich großer Datenmengen Wissen zu schöpfen, wird als Big Data bezeichnet.

Der Einfluss der elektronischen Datenverarbeitung hat sich auch auf den Bildungskanon der Wissenschaft ausgewirkt. Unabhängig von seinem Wissensgebiet kommt heute praktisch kein ernsthaft arbeitender Wissenschaftler mehr ohne Kenntnisse der Datenverarbeitung aus. □

Oben: Leistungsstarke Computer erlauben die Auswertung komplexer Wettersituationen und ermöglichen es gegebenenfalls, rechtzeitig vor Unwettern zu warnen.

21. Jahrhundert

Intelligente Materialien

Material reguliert sich selbst

Die Verfügbarkeit von extrem miniaturisierten Mikroprozessoren führte zur Entwicklung von sogenannten intelligenten Materialien. Man versteht darunter Materialien, in denen Computer als Teil der Struktur enthalten sind. Das könnte auch ein Bauwerk sein, in dessen Beton und Stahl miniaturisierte Sensoren eingelassen sind, die einem eingebauten Computer Signale liefern, der wiederum darüber informiert, wenn Probleme auftreten. Denkbar wäre auch, dass das Betriebssystem eines Smartphones Teil der menschlichen Bekleidung ist, sodass die Energie normaler Körperbewegungen den Akku kontinuierlich auflädt. Die Möglichkeiten dieser neuen Technologie sind ungemein vielfältig. □

21. Jahrhundert

Cloud Computing

Die Möglichkeiten des Internets ausschöpfen

Das Cloud Computing wurde im 21. Jahrhundert immer bedeutender. Das Prinzip beruht auf dem System, dass Daten und Programme in einem unter Umständen sehr umfangreichen Rechnernetz gespeichert, aber lokal und individualisiert an den unterschiedlichsten Orten abgerufen werden können. Diese Ansammlung von Rechnern, die vom Internet miteinander verbunden sind, wird als diffuse »Wolke« (Cloud) verstanden, was dem System seinen Namen gegeben hat. In kommerzieller Hinsicht ermöglicht das Cloud Computing Unternehmen, Infrastrukturkosten zur Speicherung von Daten einzusparen. Ein Vorteil für individuelle Nutzer ist die Tatsache, dass das System vom Absturz individueller Computer kaum oder gar nicht beeinträchtigt wird.

Im Rahmen der aktuellen Debatte über den Klimawandel kommen komplexe Computercodes zum Einsatz, die als globale Zirkulationsmodelle bekannt sind.

Oben: Das Symbol für Cloud Computing ist eine »Wolke« als Metapher für die Verbindung vieler Einzelcomputer zur Speicherung von Daten und Programmen.

Links: In Zukunft werden intelligente Werkstoffe zum Beispiel das Gebäudeklima kontrollieren und regeln. Automatische Sensoren steuern etwa das Verhalten von Fensterscheiben, deren Licht- und Wärmedurchlässigkeit sich anpassen können.

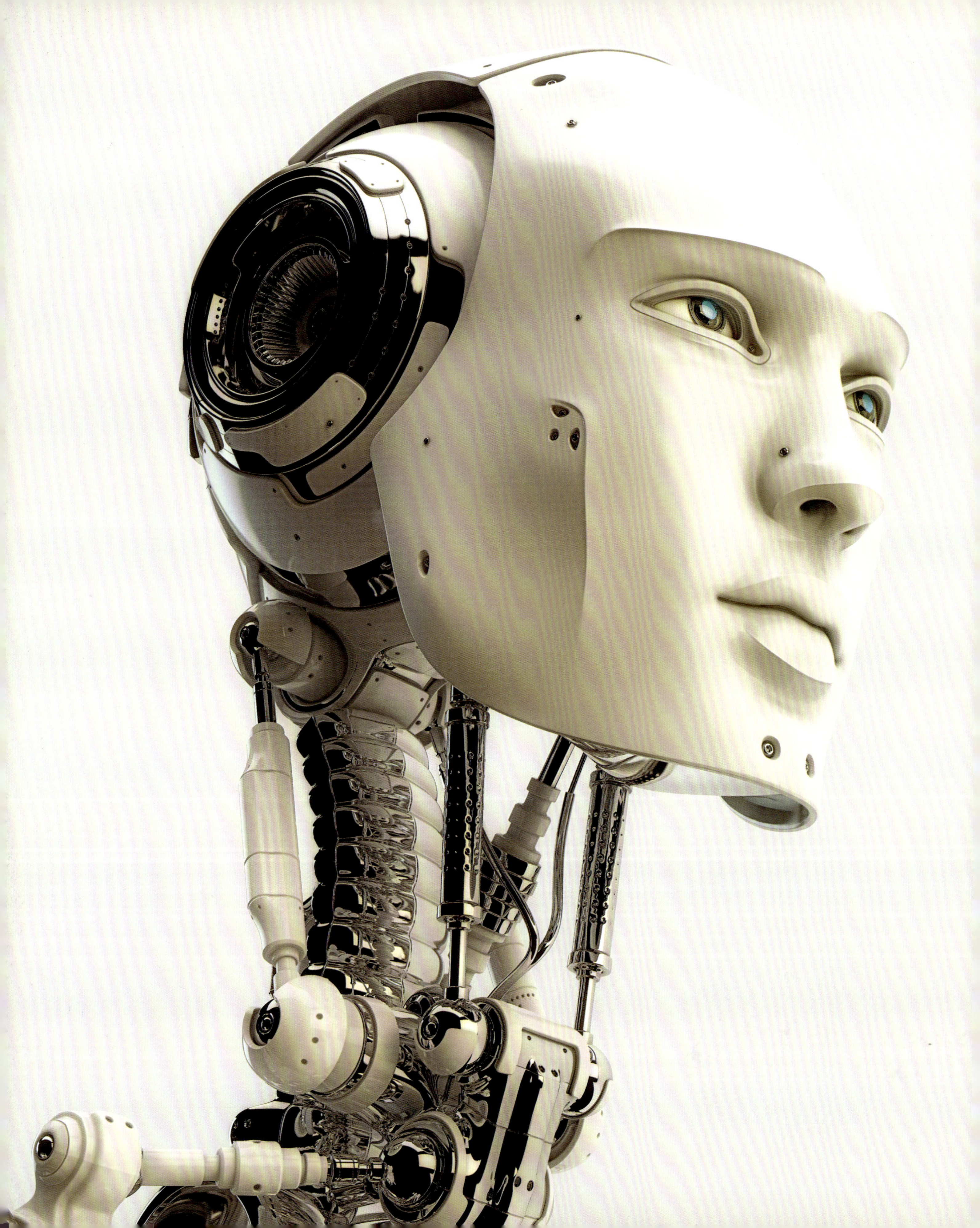

AM HORIZONT

Quantencomputer

Wie eingehend beschrieben wurde, sind moderne Computer von Transistoren abhängig, deren an- oder ausgeschaltete Situation die Eins beziehungsweise die Null des binären Systems repräsentieren. In der Quantenmechanik (siehe Seite 72) befinden sich Systeme in einem Zwischenzustand zwischen diesen beiden Werten, sie können durch die Möglichkeit charakterisiert werden, dass sie sowohl Eins als auch Null sein können. Man weiß seit Langem, dass dies theoretisch die Möglichkeit eröffnet, Computer zu entwickeln, die viel schneller arbeiten als auf Transistoren beruhende Geräte. Zurzeit stehen der Entwicklung von Quantencomputern noch technische Schwierigkeiten im Wege. Sollten sie jedoch jemals Wirklichkeit werden, würden sie in der Lage sein, selbst die modernsten Verschlüsselungssysteme zu knacken, auf denen zum Beispiel die Kommunikation der Finanzindustrie, aber auch von Regierungsorganisationen beruht.

Der Turing-Test

Alan Turing schlug im Jahr 1950 eine Methode vor, mit der man feststellen könne, ob ein Computer beziehungsweise ein Computerprogramm »denken« kann. Dabei befragt ein Mensch mithilfe von Tastatur und Bildschirm zwei ihm unbekannte Gesprächspartner. Einer davon ist ein Mensch, der andere ein Programm. Beide versuchen, den Fragesteller davon zu überzeugen, dass sie denkende Menschen sind. Wenn der Fragesteller nach dem Gespräch nicht sagen kann, welches das Programm war, hat das Programm den Test bestanden. Bis heute ist das keinem Programm in vollem Umfang gelungen, aber sollte das einmal geschehen, wird es sicherlich für Schlagzeilen sorgen. Seit dem Jahr 1991 gibt es den Loebner-Preis für Programmierer, deren Programme beim Turing-Test vergleichsweise gut abschneiden.

Künstliche Intelligenz

Die Idee, Computer zu bauen beziehungsweise Programme zu schreiben, die menschliche Denkprozesse nachvollziehen können, gibt es schon seit Langem. Viele Fortschritte auf diesem Gebiet beruhen auf dem sogenannten maschinellen Lernen, bei dem ein Computer Informationen prüft und mithilfe eines Systems von Versuch und Irrtum lernt, sie zu interpretieren. Ein wahrscheinlicher nächster Schritt auf diesem Weg sind Systeme künstlicher Intelligenz, die Autofahrer zum Beispiel vor Gefahren warnen. ■

Man kann noch nicht sagen, ob die Forschung über künstliche Intelligenz menschenähnliche Roboter hervorbringen wird, aber viele Wissenschaftler arbeiten daran.

NEUE MATERIALIEN

Oben: Die Vergoldung dieser chinesischen Maske sitzt auf einem Körper aus Bronze, einer Legierung aus Kupfer und Zinn. Die Entwicklung von Bronze stellte eine bedeutende Innovation dar.

▶ 2 Millionen Jahre v. Chr.

Für alles gibt es das passende Material

Die Ursprünge des Werkzeuggebrauchs

Beginnend mit dem *Homo habilis*, der vor etwa zwei Millionen Jahren erstmals Werkzeuge nutzte, haben Menschen verschiedene Materialien verwendet, um in ihrer Umwelt besser zurechtzukommen. Lange Zeit nutzte der Mensch lediglich mehr oder weniger unbehandelte Naturmaterialien. Bauwerke waren aus Holz oder Stein (siehe Seite 238), die Kleidung aus Naturstoffen, wie Fell, Leder und Wolle, später auch Baumwolle. Im Laufe der Zeit aber begannen Menschen, selbst Materialien herzustellen, die ihren Bedürfnissen besser entsprachen als die in der Natur vorgefundenen. Die alten Römer fanden heraus, dass sie aus Beton »Steine« in allen möglichen Formen herstellen konnten (siehe Seite 239), und bereits früher hatten Werkzeugspezialisten festgestellt, dass Legierungen andere Eigenschaften besaßen als reine Metalle. Bronze, eine Mischung aus Kupfer und Zinn, ersetzte bereits vor etwa 5000 Jahren reines Kupfer, und im 19. Jahrhundert veränderte die Massenproduktion von Stahl (siehe Seite 43) das Antlitz der Erde. Im 20. Jahrhundert wurden allmählich Kunststoffe (siehe Seite 33) für alle möglichen Zwecke eingesetzt, die früher Naturstoffen vorbehalten waren. Die Bedeutung einzelner Werkstoffe wird auch anhand des Umstands erkennbar, dass man historische Epochen nach den Materialien benennt, welche die Menschen in großem Maßstab verwendeten, etwa die Steinzeit, die Bronzezeit und die Eisenzeit.

Die Tatsache, dass wir heute die Atomstruktur der unterschiedlichen Stoffe kennen und dieses Wissen im Labor anwenden können, sorgt in der Gegenwart für eine Vielzahl an neuen Materialien. □

Die ältesten bekannten Glasgegenstände sind ägyptische Perlen aus der Zeit um 3500 v. Chr.

Die Fähigkeit, neue Materialien herzustellen, hat in der Geschichte der Menschheit stets für Fortschritt gesorgt.

▷ Um 1500 v. Chr

Gemeinsam stark

Verbundwerkstoffe

Ein Verbundwerkstoff besteht aus zwei oder mehr Komponenten, und die dahinterstehende Idee ist, dass die Stärke einer Komponente die Schwäche der jeweils anderen ausgleicht. Üblicherweise verfügt der Verbund noch über einen Stoff, der die Komponenten verbindet, die sogenannte Matrix, oder die Stoffe sind direkt in die Matrix eingebettet.

Schon im Alten Testament spielt die Herstellung von Ziegeln mit Stroh eine Rolle. Solche Ziegel sind ein gutes Beispiel für einen Verbundwerkstoff. Der getrocknete Lehm im Ziegel ist druckstabil, aber empfindlich gegen Scherung, also seitlich einwirkende Kraft. Beim Stroh ist es genau umgekehrt. Beide Materialien sind daher gemeinsam stärker als jedes für sich. Dasselbe Prinzip gilt für modernen Stahlbeton (siehe Seite 239), bei dem Stahlstäbe die Stelle von Stroh einnehmen. Auch Sperrholz kann man als Verbundwerkstoff betrachten, da seine verschiedenen Holzschichten so miteinander verbunden sind, dass der Faserverlauf jeder Schicht senkrecht zu den Schichten darüber und darunter verläuft.

Der neue Airbus A350 XWB besteht zu 53 Prozent aus Kohlefaser-Verbundwerkstoffen.

Moderne Verbundwerkstoffe sind oft weitaus komplexer und finden sich in unzähligen Gegenständen, von Golfschlägern bis zu Raumschiffen. Die Matrix ist in modernen Werkstoffen meist ein Polymer, ein langes Molekül, das oft Kohlenstoff enthält, und das verstärkende Material ist häufig eine Kohlenstofffaser. Gemeinsam ergibt sich daraus ein Verbundwerkstoff, der sowohl leicht als auch stark ist, was seine häufige Verwendung im Flugzeugbau erklärt. □

Oben rechts: Sperrholz ist so stabil, weil die Fasern der miteinander verleimten Holzplatten immer in einem 90-Grad-Winkel zu den beiden benachbarten Platten verlaufen.

1888

Wie spät ist es?

Flüssigkristalle

Heutzutage fällt der Blick eines Menschen in den Industrieländern unzählige Male am Tag auf Flüssigkristallanzeigen. Sie werden in digitalen Armbanduhren, Weckern, Armaturenbrettanzeigen oder Küchenherden verwendet, um nur ein paar der vielen Anwendungen zu nennen. Entdeckt wurde das Prinzip vom österreichischen Chemiker Friedrich Reinitzer (1857–1927) im Jahr 1888. Er bemerkte, dass ein bestimmtes, mit Cholesterin verwandtes Molekül eine äußerst seltsame Eigenschaft besaß – es hatte zwei unterschiedliche Schmelzpunkte. Das Schmelzen bei einer Temperatur ergab eine trübe Flüssigkeit, die durch weiteres Erhitzen jedoch klar wurde. Unter dem Mikroskop zeigte die Phase vor dem Entstehen der klaren Flüssigkeit eine Struktur, die Reinitzer als »fließende Kristalle« beschrieb.

Flüssigkristalle sind ein Beispiel für eine wissenschaftliche Entdeckung, die jahrzehntelang nutzlos erschien – bis man schließlich Flüssigkristallanzeigen entwickelte.

Oben: Moderne Smartphones sind aus vielen Verbundwerkstoffen hergestellt, und für die Herstellung der Displays werden häufig Flüssigkristalle genutzt.

Fast 80 Jahre lang blieben Flüssigkristalle so etwas wie eine wissenschaftliche Kuriosität, obwohl ihre Eigenschaften erforscht wurden. Erst im Jahr 1962 wurde die erste Flüssigkristallanzeige entwickelt, die auf Englisch »Liquid Crystal Display« heißt, wovon die gebräuchliche Abkürzung LCD abgeleitet ist. Eine LCD besteht aus Hintergrundbeleuchtung und Polarisationsfiltern, vor denen sich Flüssigkristalle befinden. Die Moleküle in einem Flüssigkristall sind recht lang und normalerweise ohne erkennbares Muster angeordnet. Legt man jedoch Strom an, beginnen die Moleküle, sich zu ordnen. Das bedeutet wiederum, dass sie durchlässig werden für das polarisierte Hintergrundlicht. Durch die Steuerung der Ausrichtung der Moleküle in verschiedenen Teilen eines Bildschirms kann ein sichtbares Muster geschaffen werden. Die Segmente im Display entsprechen verschiedenen Bereichen des Flüssigkristallmaterials.

1962

Es werde Licht

Die Leuchtdiode

Eine Leuchtdiode oder LED – vom englischen Begriff »Light Emitting Diode« – ist ein Bauelement aus zwei dotierten Halbleitern (siehe Seite 57). Fließt durch die Diode elektrischer Strom, fallen einige Elektronen in durch die Dotierung entstandene sogenannte »Löcher« und erzeugen dabei Strahlung. Bei den ersten so gearteten Bauelementen war das Infrarotstrahlung, aber im Jahr 1962 baute der US-amerikanische Elektroingenieur Nick Holonyak (geboren 1928) die erste LED, die sichtbares – rotes – Licht aussandte.

In den folgenden Jahren experimentierten Wissenschaftler in Amerika und Japan mit verschiedenen Materialien, um auch andere Farben erzeugen zu können. Bis zum Jahr 1971 waren LEDs entwickelt, die gelbes, orangefarbenes und grünes Licht aussandten, erst 1993 folgte Blau. Für den kommerziellen Einsatz erreichten LEDs im Jahr 1995 Marktreife und kommen heute in zahlreichen Alltagssituationen zum Einsatz. Verkehrsampeln bestehen heute meist aus Gruppen von LEDs, ebenso wie die Rücklichter von Autos.

Links: Die Nahaufnahme zeigt eine LED-Anzeige, wie sie heute in vielen alltäglichen Anwendungen zum Einsatz kommt.

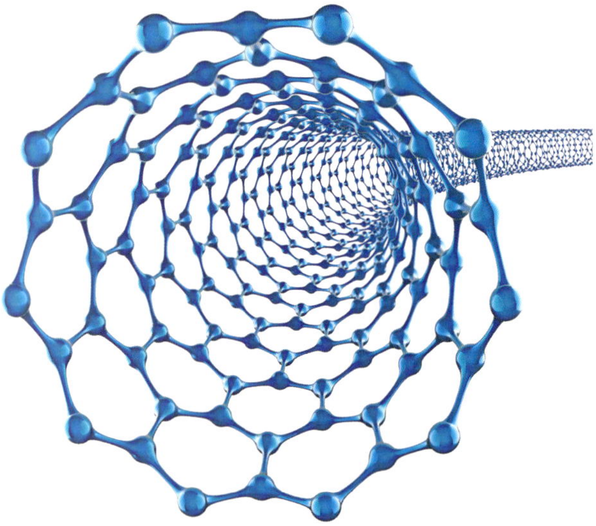

1985

Der seltsame Kohlenstoff

Fullerene und Kohlenstoffnanoröhren

Wir kennen reinen Kohlenstoff in zwei Formen: als Graphit, der die Mine in Bleistiften bildet, und als Diamant. Die Unterschiede resultieren aus der Art der chemischen Bindungen (siehe Seite 45) in den beiden Stoffen. Im Jahr 1985 entdeckten drei Wissenschaftler an der texanischen Rice University – Richard Smalley (1943–2005), Harold Kroto (geboren 1939) und Robert Curl (geboren 1933) – eine neue Form des Kohlenstoffs, der aus 60 als Kugelhülle arrangierten Kohlenstoffatomen besteht. Das Muster glich einer geodätischen Kuppel, wie sie von dem US-amerikanischen Architekten Buckminster Fuller (1895–1983) entwickelt worden war, weshalb die neuen Moleküle die Bezeichnung Buckminsterfullerene oder Fullerene bekamen. Die drei Forscher erhielten für ihre Entdeckung im Jahr 1996 den Nobelpreis für Chemie (siehe Seite 45).

Bald darauf wurden weitere Versionen von reinen Kohlenstoffstrukturen entdeckt. Kohlenstoffnanoröhren zum Beispiel sind Zylinder, deren Wände Netze aus Kohlenstoffatomen sind. Diese Nanoröhren sind sehr stabil und können in mehrere Meter langen Strängen hergestellt werden. Sie werden als Einlagen in Verbundwerkstoffen für den Bau von stark belastbaren, aber leichten Teilen in Flugzeugen und Raumschiffen verwendet. Die Nanoröhre kann auch mit je einer Hälfte eines Fullerenmoleküls als »Kappe« an jedem Ende verschlossen werden. Solche Kapseln wurden als mikroskopisch kleine Transportsysteme für Arzneimittel im menschlichen Körper entwickelt.

Oben: Künstlerische Darstellung einer Kohlenstoffnanoröhre

AM HORIZONT

Organische Leuchtdiode

Das Neueste in Sachen LED-Technologie ist die Organische LED (OLED). In ihr erzeugen dünne Schichten organischen Materials anstelle von Halbleiterschichten Licht. Aufgrund der Eigenschaften des organischen Materials können Displays aus OLEDs unglaublich dünn sein. Ingenieure halten zum Beispiel Fernsehbildschirme mit weniger als einem halben Zentimeter Stärke für möglich. Weil organische Materialien zudem flexibel sein können, sind damit aufrollbare Bildschirme ebenso denkbar wie faltbare Handys.

Nanotechnologie

Bei der konventionellen Fertigung eines Werkstücks aus einem Materialblock werden alle Teile entfernt, die nicht gebraucht werden. Man nennt dieses Vorgehen subtraktive Fertigung. Alternativ könnte man umgekehrt verfahren und in additiver Fertigung so lange Atome hinzufügen, bis man das fertige Werkstück zusammengesetzt hat. Das ist besonders relevant auf dem Feld der Nanotechnologie.

Eines der besten – und extrem aktuellen – Beispiele für diese neue Technologie ist der dreidimensionale (3-D-)Druck. Bei diesem Verfahren werden Daten in einen Computer eingegeben, die ihm sagen, wo Materialien abgelegt werden sollen. Anschließend steuert der Computer einen kleinen Injektor, der präzise Atome platziert und zu einem Werkstück zusammenfügt. Die unterschiedlichsten Dinge – vom Gebrauchsgegenstand bis zur extrem komplexen Prothese – sind mit dieser Technik bereits hergestellt worden, und man kann damit rechnen, dass dieses Verfahren sich umso schneller und weiter durchsetzt, je kostengünstiger und effizienter es wird. ■

OLED-Displays, wie diese Monitore, können unglaublich dünn und biegsam sein, vielleicht kann man sie eines Tages sogar zusammenrollen oder falten.

Ende des 19. Jahrhunderts

Es werde Licht

Die Elektrifizierung der USA

Es dauerte einige Zeit, bis der elektrische Generator von einer Laborkuriosität zum kommerziellen Faktor wurde. Das erste kommerzielle Kraftwerk der USA stand in Manhattan und wurde im Jahr 1882 in Betrieb genommen. Es wurde von einer vom berühmten US-amerikanischen Erfinder Thomas Edison (1847–1931) gegründeten Gesellschaft gebaut und erzeugte Gleichstrom, also elektrischen Strom, der immer in die gleiche Richtung fließt.

Ein exzentrisches Genie, der in Kroatien geborene US-amerikanische Ingenieur und Erfinder Nikola Tesla (1856–1943), bevorzugte jedoch das Wechselstromsystem, das Strom nutzt, der ständig seine Richtung ändert. Der Wettstreit der beiden Systeme eskalierte zum sogenannten »Stromkrieg«. Wechselstrom kann leichter auf Hochspannung gebracht werden, womit er auch leichter über weite Strecken übertragbar ist. Damit ist Wechselstrom ideal für ein System mit wenigen großen, zentralisierten Generatoren, die Strom in ein ausgedehntes Netz übertragen. Als Tesla sich mit dem US-amerikanischen Erfinder und Unternehmer George Westinghouse (1846–1914) zusammentat, wurden Wechselstromsysteme bald marktbeherrschend.

Die Verfechter des Gleichstroms gaben zu bedenken, dass der Elektrische Stuhl mit Wechselstrom betrieben wurde.

Die Befürworter des Gleichstroms konterten mit dem Argument, dass die Hochspannung in Wechselstromanlagen ein beträchtliches Gefahrenpotenzial darstellte, weil Menschen von herabstürzenden Stromleitungen getötet werden könnten. Anfang des 20. Jahrhunderts war der Stromkrieg jedoch entschieden, der Wechselstrom hatte sich durchgesetzt. Im Anschluss an das Elektrifizierungsgesetz aus dem Jahr 1936 wurde die Elektrifizierung der ländlichen Gegenden der USA vollendet.

Links: Diese Ausstellung mit elektrischen Lampen im Jahr 1911 in Chicago war eine der ersten Vorführungen von elektrischer Beleuchtung in den USA.

2016

Woher kommt es, wohin geht es?

Die US-amerikanische Energiebilanz

Bis zum Jahr 2010 waren die Vereinigten Staaten das Land mit dem weltweit höchsten Energieverbrauch, und auch heute verbraucht nur China mehr Energie. Stellvertretend für den Energieverbrauch in bedeutenden Industrienationen können wir zwei grundlegende Fragen stellen: Woher kommt die Energie, und wie wird sie verbraucht?

Der weitaus größte Anteil der in den USA verbrauchten Energie – über 88 Prozent – wird aus den fossilen Energieträgern Kohle, Erdöl und Erdgas gewonnen, die nur einmal verwendbar und in überschaubaren Zeiträumen nicht erneuerbar sind. Außerdem produzieren sie bei der Verbrennung das Gas Kohlendioxid, dessen Vorkommen in der Atmosphäre man derzeit eher zu begrenzen versucht. Dennoch geht man davon aus, dass die Vorkommen an fossilen Brennstoffen für den Bedarf der modernen Industriegesellschaften noch viele Jahrhunderte ausreichen werden.

Zur Erzeugung von Elektrizität wird in den USA auch die Kernenergie genutzt, sie erzeugt etwa 20 Prozent der Elektrizität des Landes. Dabei fällt zwar kein Kohlendioxid an, dafür aber radioaktiver Abfall, der für unüberschaubar lange Zeiträume so gelagert werden muss, dass die Umwelt vor ihm geschützt ist.

Unter den übrigen Energiequellen der USA ist die Wasserkraft die bedeutendste, bei der die Energie fallenden Wassers zum Antrieb elektrischer Generatoren genutzt wird. Ein Paradebeispiel für Kraftwerke dieser Art ist der Hoover Dam, der im Colorado River auf der Grenze zwischen Nevada und Arizona liegt. Die im Jahr 1936 fertiggestellte Talsperre erzeugt so viel Strom wie zwei große Kernreaktoren oder Kohlekraftwerke. Wasserkraft ist zwar sauber, erneuerbar und vergleichsweise günstig, aber in den USA sind mehr oder weniger alle Standorte, die sich für Talsperren eignen, bereits genutzt, sodass die Gewinnung von Energie aus dieser Quelle praktisch nicht ausgeweitet werden kann.

Biobrennstoffe und Holz bilden die restlichen Energiequellen. Sie sind erneuerbar und leisten keinen Nettobeitrag zum Kohlendioxideintrag in die Atmosphäre. Zwar wird auch bei ihrer Verbrennung dieses Gas frei, aber während ihrer Lebenszeit nehmen Pflanzen wiederum Kohlendioxid aus der Atmosphäre auf.

Die US-amerikanische Gesellschaft verbraucht die Energie zu ungefähr gleichen Teilen für Wohngebäude, Wirtschaftsgebäude, Transport und Produktion.

Oben: Der Hoover Dam beliefert weiterhin den Südwesten der USA mit Strom, allerdings mindert inzwischen die chronische Wasserknappheit des Colorado River die Kraftwerksleistung.

▷ 21. Jahrhundert

Neue Energiequellen

Wind- und Sonnenenergie

Charakteristisch für die Geschichte des Energieverbrauchs der Menschheit ist der mehrfache Wechsel der Hauptenergiequellen. Wir stehen nun am Anfang eines erneuten Wandels, diesmal hin zu erneuerbaren Energiequellen, durch deren Nutzung kein Kohlendioxid in die Atmosphäre abgegeben wird. Die bekanntesten dieser neuen Quellen sind Wind- und Sonnenenergie.

In den USA mit ihrer großen Fläche haben beide Energiequellen ein riesiges Potenzial. Die Wüstenregionen im Südwesten sind ideale Standorte für große Solaranlagen, und in den Küstenregionen und Hochebenen wehen beständige Winde. Offshore-Windparks gibt es nicht nur vor den Meeresküsten, etwa vor Cape Cod, sondern auch im Gebiet der großen Seen, wie im östlichen Teil des Lake Erie. Berechnungen haben ergeben, dass zumindest theoretisch bereits jede einzelne dieser beiden Energiequellen den Energiebedarf der gesamten USA decken könnte.

Es gibt jedoch mehrere Hindernisse hinsichtlich ihrer effektiven Nutzung, einige sind technischer, andere wirtschaftlicher Natur. Am bedeutendsten ist die grundsätzliche Unberechenbarkeit beider Ressourcen, weder scheint immer die Sonne, noch ist es stets windig. Solange diese Quellen im Rahmen der Energieversorgung nur als Ergänzung fungieren, ist das kein Problem. Sonnenarme oder windlose Tage können durch die erhöhte Produktion anderer Kraftwerke kompensiert werden. Je mehr Anteil die alternativen Quellen jedoch am Energiemix bekommen, desto dringender wird die Notwendigkeit, deren Energie auch speichern zu können, sodass sie verfügbar ist, wenn sie gebraucht wird, was letztlich die Energiekosten erhöhen wird.

Alle neuen Energiequellen sind teuer, wenn sie eingeführt werden, aber der Preis sinkt mit der Verbesserung der Technik. Gegenwärtig sind die Kosten der Energieerzeugung durch Windkraft auf dem Festland bereits ungefähr vergleichbar mit den Kosten konventionell erzeugter Energie. Bei Offshore-Anlagen sorgen die größeren Erstellungskosten derzeit noch für einen höheren Preis.

Sonnenenergie ist teuer, aber auch bei dieser Technik sinken die Kosten rasch. Sie sind bereits vom Zehnfachen der Kosten für herkömmlichen Strom zu Beginn der Entwicklung auf etwas weniger als das Doppelte dieser Kosten gesunken, und Ingenieure sind zuversichtlich, dass diese Entwicklung weitergehen wird.

Trotzdem müssen die wahrscheinlich beträchtlichen Speicherkosten bei der wirtschaftlichen Berechnung berücksichtigt werden, wenn Wind und Sonne einen beträchtlichen Anteil an der Energieversorgung ganzer Flächenstaaten liefern sollen. □

Unten: Solaranlagen wie diese werden in vielen Industriestaaten immer mehr zum vertrauten Anblick.

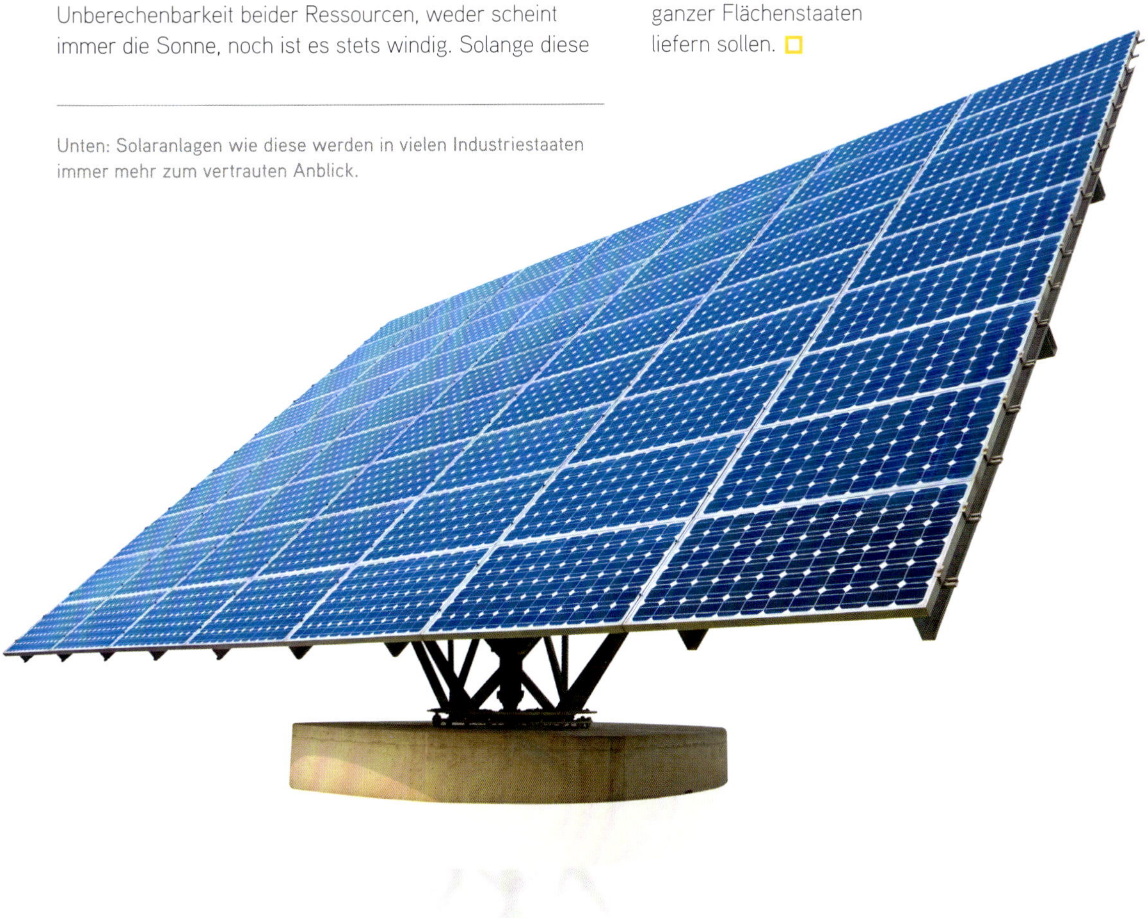

AM HORIZONT

Energiespeicherung

Eine der größten technischen Hürden, die überwunden werden muss, wenn erneuerbare Energien sich durchsetzen sollen, ist das Problem ihrer Speicherung. Bei der Pumpspeichermethode wird Wasser mit erneuerbarer Energie tagsüber mit Sonnenenergie bergauf gepumpt, und nachts lässt man es zur Stromerzeugung bergab fließen. Bei einer anderen Methode wird tagsüber Luft in Behälter gepumpt, und die komprimierte Luft wird nachts für den Antrieb von Generatoren genutzt. Die vielversprechendste Speichermethode mit Kondensatoren ist noch in Entwicklung. Kondensatoren speichern elektrische Ladung und liefern elektrischen Strom, wenn sie entladen werden – sie wären die idealen Speichersysteme. Kleine Versionen davon werden bereits in elektrischen Schaltkreisen verbaut, doch für die Verwendung als Speicher im Rahmen der Energieversorgung benötigt man viel größere Anlagen.

Ökostrom

Erneuerbare Energien sind ein wichtiges Thema sowohl für die Forschung als auch für die Wirtschaft. Es ist mit rasanten Fortschritten zu rechnen, je weiter die Energiewende vorangetrieben wird. Die Kosten für Sonnenkollektoren werden mit der Entwicklung und Verwendung neuer Materialien zunehmend sinken. Wissenschaftler denken bereits über Solarzellen nach, die man wie einen Außenanstrich auf Häuser aufbringen kann oder die sogar Teil der Alltagsbekleidung sein können. Die gesellschaftliche Akzeptanz von Windkraftanlagen nimmt besonders in dicht besiedelten Gegenden derzeit allerdings eher ab. Der Übergang zur Ökoenergie wird nicht reibungslos vonstatten gehen, aber er wird stattfinden.

Batterien

Ein beträchtlicher Anteil des Energieverbrauchs der Industriestaaten entfällt auf den Transportsektor, der noch vom Verbrennungsmotor (siehe Seite 216) beherrscht wird. Hybrid- und Elektroautos gibt es bereits, aber derzeit ist ihre Reichweite noch vergleichsweise gering – auch die besten Batterien müssen nach etwa 200 Kilometern aufgeladen werden. Moderne Lithium-Ionen-Batterien sorgen unter Optimalbedingungen zwar für Reichweiten von 500 Kilometern, aber selbst wenn sie vielleicht den Weg in die Zukunft weisen, sind damit ausgestattete Autos derzeit noch immens teuer. Die Batterietechnik wird sich jedoch weiterentwickeln, je mehr Elektroautos auf den Straßen fahren. ■

Eine Kondensatoranlage wie diese könnte als Energiespeicher dienen.

LANDWIRTSCHAFT

▷ 10 000 v. Chr.

Die Wildnis ist nicht genug

Die Erfindung der Landwirtschaft

Vor rund 12 000 Jahren erkannten Gesellschaften – wohl zuerst in Westasien –, dass sie nicht nur vom Jagen und Sammeln leben mussten, sondern auch Nahrung anbauen konnten. Dieser Beginn der Landwirtschaft war nach Erkenntnissen von Anthropologen allerdings kein einmaliges Geschehen, sondern geschah unabhängig voneinander an mehreren Orten als allmähliche Ansammlung von Wissen. Vermutlich nutzten Menschen zuerst kleine Flächen mit Wildgetreide und gingen nach und nach zu einem planvollen Ackerbau über.

Die »landwirtschaftliche Revolution« war wahrscheinlich der bedeutendste Entwicklungsschritt der Menschheitsgeschichte. Die Möglichkeiten der Lagerung und die damit verbundene Verlässlichkeit der Nahrungsversorgung führten zu Bevölkerungswachstum, zur Gründung von großen Siedlungen sowie zur Arbeitsteilung und zur Ausdifferenzierung gesellschaftlicher Rollen – allesamt Kennzeichen moderner Gesellschaften.

In Westasien wurden anfänglich hauptsächlich Weizen, Gerste und Linsen angebaut, in Ostasien Reis. Der Hund hatte bereits die Jäger und Sammler begleitet, von den Ackerbauern wurden nun auch Ziegen, Schafe und Schweine domestiziert. Um 4000 v. Chr. wurde dann in den Steppen Asiens das Pferd gezähmt. Etwa ein Jahrtausend später gab es fast überall auf der Welt Hirtengesellschaften, die den Herden folgten, von denen sie lebten. Je nach geografischer Lage konnten sie aus Rindern, aber auch aus Rentieren bestehen. In den

Unten: Die Wandmalerei zeigt die Getreideernte im alten Ägypten.

Gegenüber: Das heutige Nutzrind ist das Ergebnis jahrtausendelanger Züchtung.

Vor ungefähr 12 000 Jahren wurde die Landwirtschaft erfunden und seitdem ständig optimiert.

südamerikanischen Anden verbreitete sich in dieser Zeit die Kartoffel als bedeutende Nutzpflanze.

Die Landwirtschaft erreichte Europa etwa 2500 Jahre, nachdem sie in Westasien aufkam. Wie das geschah, wird unter Wissenschaftlern seit Langem diskutiert. Verbreiteten sich lediglich die mit der Landwirtschaft zusammenhängenden Ideen, kam es also zu einer sogenannten kulturellen Diffusion, oder brachten Migranten im Zuge einer expansiven Diffusion die neuen Fertigkeiten mit? Die moderne DNS-Analyse stützt eher die Annahme, dass die Landwirtschaft mit wandernden Ackerbauern nach Europa kam. □

Die Landwirtschaft ermöglichte es dem Menschen, Städte zu bauen und Fertigkeiten zu entwickeln, die nicht direkt mit der Nahrungserwerb in Zusammenhang stehen.

Seit Menschengedenken

Es geht immer noch besser

Der Aufstieg landwirtschaftlicher Technik

Die ersten landwirtschaftlichen Geräte waren einfach: Grabstöcke zum Pflanzen von Saatgut, Hacken zur Lockerung des Bodens. Viele grundlegende Techniken, die im Laufe der landwirtschaftlichen Revolution entwickelt wurden, kommen bis heute zur Anwendung. Die frühesten Bauern konnten wahrscheinlich nur so lange an einem Ort bleiben, bis der Boden ausgelaugt war, und mussten dann weiterziehen. Die Fruchtfolge, Bewässerung und Düngung waren Techniken, die zur Erhaltung der Bodenfruchtbarkeit entwickelt wurden. Ein Meilenstein war die Entwicklung des Pflugs, der den Boden wendet und auf diese Weise frische Nährstoffe an die Oberfläche bringt. Die ersten primitiven Pflüge, die lediglich den Boden aufrissen, kamen um 2000 v. Chr. auf. Schwere Pflüge mit Rädergestell, die für die Böden Nordeuropas ideal waren, wurden wohl um das Jahr 300 im römischen Britannien entwickelt und waren etwa 300 Jahre später in großen Teilen Europas verbreitet. Die landwirtschaftliche Technik erfuhr im Mittelalter stetige Verbesserungen, aber erst im 19. Jahrhundert kam es zu fundamentalen Veränderungen in der Landwirtschaft.

Heute stellen Menschen mehr landwirtschaftlich nutzbaren Stickstoff her, als von der Natur produziert wird.

In erster Linie wurden Maschinen erfunden, welche Arbeiten übernahmen, die bis dahin manuell erledigt werden mussten, zum Beispiel die von Tieren gezogene Mähmaschine. Sie wurde im Jahr 1831 von dem US-amerikanischen Erfinder Cyrus McCormick (1809–1884) vorgeführt und konnte verlässlich Getreide schneiden. Spätere Verbesserungen führten zu immer komplexeren Funktionskombinationen, bis schließlich nicht nur die Getreidehalme abgeschnitten, sondern auch die Getreidekörner gedroschen wurden. Im Jahr 1902 beteiligte sich Cyrus McCormicks Sohn an der Gründung des Unternehmens International Harvester, das den Markt fast ein Jahrhundert lang beherrschte. Pferde und Rinder als Zugkraft wurden durch Maschinen mit Verbrennungsmotor ersetzt, und 1924 bot International Harvester einen modernen Traktor an.

Parallel zu den technischen Veränderungen kam es zu einer Revolution bezüglich der Düngung. Pflanzen brauchen zum Wachsen Stickstoff, der konventionell durch Düngen mit Mist, Asche und pflanzlichem Kompost sowie durch den Anbau von Hülsenfrüchten in Fruchtfolge in den Boden eingebracht wurde. An den Wurzeln von Hülsenfrüchten leben Bakterien, die den elementaren, molekularen Stickstoff der Luft im Boden auch für andere Pflanzen nutzbar machen. Auch mit dem Ammoniak der Gülle kann dem Boden Stickstoff zugeführt werden. In der Landwirtschaft Ende des 19. Jahrhunderts war der Bedarf an Stickstoffdünger zu einem weltweiten Problem geworden.

Im Jahr 1909 entdeckte der deutsche Chemiker Fritz Haber (1868–1934) eine Möglichkeit, mit dem atmosphärischen Stickstoff Ammoniak zu erzeugen, und 1910 entwickelte der deutsche Chemiker Carl Bosch (1874–1940) auf dieser Grundlage ein Verfahren zur massenhaften Herstellung von Ammoniak. Mit dieser Technik wurde zunächst im Ersten Weltkrieg hauptsächlich Sprengstoff produziert, heute jedoch Hunderte von Millionen Tonnen Dünger jährlich. Ohne ihren Einsatz müssten wir Schätzungen zufolge eine viermal so große Fläche wie derzeit bestellen, um die Weltbevölkerung zu ernähren.

Oben: Die Schüssel enthält ein Gemisch aus Kunstdüngern und anderen landwirtschaftlichen Chemikalien.

Links: Diese Massenernte von Sojabohnen ist typisch für eine Form der modernen Landwirtschaft.

1492

In beide Richtungen

Der kolumbianische Austausch

Ein bedeutendes Ereignis in der Geschichte der Landwirtschaft war der sogenannte kolumbianische Austausch. Als Folge der Kolonialisierung der Neuen Welt, die mit den Reisen von Christoph Kolumbus begann, verbreiteten sich Pflanzen und Tiere von Europa nach Amerika und umgekehrt. Bis dahin hatte sich die Landwirtschaft in der Alten und der Neuen Welt jeweils eigenständig entwickelt.

Im Jahr 1820 soll ein Mann vor dem Gerichtshaus von Salem in New Jersey Tomaten verzehrt haben, um zu beweisen, dass sie nicht giftig sind.

Von der Neuen in die Alte Welt

Die wichtigsten nach Europa eingeführten Nahrungspflanzen waren Mais, Kartoffeln und Tomaten. Kartoffeln ersetzten Rüben als Hauptnahrung der Armen Europas. Allerdings kam es auch deshalb in der Mitte des 19. Jahrhunderts zu einer großen Hungersnot, als die Kartoffelfäule in Irland grassierte und auf der Insel eine Million Menschen starben und zwei Millionen auswandern mussten.

Die Geschichte der Tomate in Europa ist etwas kurios. Man hielt das Nachtschattengewächs hier – aber auch in Nordamerika – lange für giftig und betrachtete es lediglich als Zierpflanze. Erst im 19. Jahrhundert war man allgemein davon überzeugt, dass Tomatenfrüchte essbar sind.

Von der Alten in die Neue Welt

Neu nach Amerika kamen als Folge der europäischen Besiedlung unter anderen Orangen, Bananen und Kaffee. Ein Tier, das heute fest mit unserem Bild vom amerikanischen Kontinent verbunden ist, war ebenfalls ein Import: das Pferd. Pferde waren einmal in Nordamerika heimisch, starben aber bereits in prähistorischer Zeit aus. Als sie dann von Europäern wieder eingeführt wurden, veränderten sie die Gesellschaft der Ureinwohner Amerikas schnell und tief greifend. Die Tiere wurden als Lasttiere und, noch wichtiger, als Reittiere eingesetzt. Das Bild des berittenen Prärieindianers stammt also aus der neueren Geschichte.

Links: Das Gemälde »Die Kartoffelesser« von Vincent van Gogh zeigt die Bedeutung der Kartoffel als unverzichtbares Nahrungsmittel in Europa. Die südamerikanische Kartoffel war Teil des großen Austauschs von Tieren und Pflanzen nach der Entdeckung Amerikas.

▷ Ende der 1960er-Jahre

Nahrung für alle

Die Grüne Revolution

Gegen Ende der 1960er-Jahre begann man zu befürchten, dass die wachsende Weltbevölkerung bald nicht mehr genug zu essen haben würde. In seinem im Jahr 1968 erschienenen Buch *Die Bevölkerungsbombe* sagte der Stanford-Professor Paul Ehrlich trotz aller Bemühungen der Regierungen katastrophale Hungersnöte für die 1970er-Jahre voraus. Dass diese Katastrophen zumindest in den von Ehrlich prophezeiten Zusammenhängen ausblieben, lag auch an der Forschung, die zur sogenannten Grünen Revolution führte.

Der US-amerikanische Agrarwissenschaftler Norman Borlaug (1914–2009) gilt als Initiator dieser Revolution. Er arbeitete in Mexiko, wo er Weizensorten züchtete, die ertragreicher waren als die bisherigen Sorten. Bei ihnen ist unter anderem auch die Halmlänge deutlich reduziert, sodass kaum noch Gefahr besteht, das Wettereinfluss die Halme knicken kann, was eine Ernte erschwert oder unmöglich macht. Zusammen mit der Einführung moderner Dünger und Pestizide erhöhte dies die Weizenproduktion beträchlich. Nachdem in Indien Borlaugs Techniken eingeführt wurden, stieg der Weizenertrag von etwa zehn Millionen Tonnen pro Jahr in den 1960er-Jahren auf annähernd 100 Millionen Tonnen im zweiten Jahrzehnt des 21. Jahrhunderts. Bereits im Jahr 1976 konnte das Land seinen Bedarf an Getreideprodukten selbst decken. Die Prinzipien der Grünen Revolution wurden auch auf andere Nahrungspflanzen angewandt, vor allem auf Reis. Borlaugs Techniken haben im Laufe der Zeit schätzungsweise einer Milliarde Menschen das Leben gerettet, ihm wurde folgerichtig im Jahr 1970 der Friedensnobelpreis verliehen.

Die Grüne Revolution hat jedoch auch ihre Schattenseiten. Sie erfordert den massiven Einsatz von Düngemitteln und Pestiziden und führt zu Monokulturen, großen Flächen, auf denen nur eine Art von Pflanzen angebaut wird. Diese sind sehr anfällig für Krankheiten, wie die Kartoffelfäule, die in der Mitte des 19. Jahrhundert mehrere Jahre lang die Kartoffelernte in Irland zunichtemachte, auf tragische Weise aufzeigte. Man hofft, dem mit modernen Techniken der Molekularbiologie begegnen zu können. □

Oben: Norman Borlaug gilt als Vater der Grünen Revolution. Angepasste Zuchtsorten führten zu einem Anwachsen der Ernteerträge und ermöglichten die Ernährung der wachsenden Weltbevölkerung.

▶ Ende des 20. Jahrhunderts

Was nun?

Sind GVO eine neue Grüne Revolution?

GVO, gentechnisch veränderte Organismen, könnten zur nächsten Grünen Revolution führen. Die Nahrungspflanzen der ursprünglichen Grünen Revolution wurden noch durch herkömmliche Kreuzung erzeugt, um Nachfahren mit angepassten Eigenschaften hervorzubringen – eine Technik, die in der Landwirtschaft seit Menschengedenken bei Vieh und Pflanzen angewandt wird.

Die Gentechnik (siehe Seite 117) bietet eine neue Möglichkeit, Nahrungspflanzen zu verbessern. Dabei wird künstlich ein einziges nützliches Gen in die DNS einer Pflanze eingebracht, von wo es dann natürlich an künftige Generationen vererbt wird. Im Jahr 1987 wurde ein Gen des Bakteriums *Bacillus thuringiensis* (Bt) in Tabakpflanzen übertragen. Dieses Gen produziert ein natürliches Insektizid, das Insekten tötet, die von der Pflanze fressen, für Menschen aber unschädlich ist. Dies erspart teilweise den Einsatz anderer Insektizide, welche wiederum für die Umwelt problematisch sein können. Das Bt-Gen ist inzwischen auch in die DNS weiterer Nahrungspflanzen übertragen worden.

Das Muster der Körner eines Maiskolbens hilft Wissenschaftlern, das Verhalten der Gene in der DNS der Pflanze zu entschlüsseln.

Mit Gentechnik ist es auch gelungen, Pflanzen hervorzubringen, die gegen bestimmte Herbizide resistent sind. Besprüht man Felder solcher Pflanzen mit Herbiziden, vernichtet man das Unkraut, ohne die Anbaupflanzen zu schädigen. Eine mechanische Bearbeitung der Felder zur Unkrautvernichtung kann somit vermieden und die Bodenerosion verringert werden.

In den USA sind inzwischen über 60 genetisch veränderte Lebensmittel von der Lebensmittel- und Arzneimittelbehörde für den Verzehr genehmigt worden. Viele Hauptnahrungspflanzen, zum Beispiel Soja, Mais und Baumwolle, werden in einigen Gegenden der Welt bereits vorwiegend in genetisch veränderten Kulturen angebaut. Obwohl einerseits in Europa starke Vorbehalte gegenüber genetisch veränderten Organismen herrschen, werden andererseits Entwicklungsländern gegenüber ihre erhöhte Produktivität und die geringeren Anbaukosten betont.

Seit Beginn der Landwirtschaft vor 12 000 Jahren wird versucht, das Erbgut von Pflanzen und Tieren den menschlichen Bedürfnissen anzupassen. Mit der Gentechnik verspricht man sich mehr Kontrolle bei diesen Bemühungen. □

Oben rechts: Verschiedene Muster in der Färbung von Maiskolben weisen auf genetische Unterschiede in den Pflanzen hin. Der linke Kolben repräsentiert eine konventionelle Hybridmaissorte, der rechte eine genetisch veränderte. Die genetische Veränderung kann zu unterschiedlichen Färbungen führen.

AM HORIZONT

Zukünftige GVO

Wenn die Technik der genetischen Veränderung noch besser beherrscht wird, steht der Wissenschaft eine Vielzahl von Möglichkeiten offen. Forscher planen zum Beispiel, Bananen mit Genen zu versehen, die gegen Cholera wirken, Schweine, deren Fleisch Omega-3-Fettsäuren enthält, und die Produktion von Reis, der Vitamin A und diverse Nahrungsergänzungsstoffe enthält. Außerdem sollen manche Nahrungspflanzen so verändert werden, dass sie mit höheren Temperaturen und Dürre fertig werden und so auch unter klimatischen Bedingungen wachsen können, bei denen sie jetzt nicht gedeihen. Je mehr über die Funktion verschiedener Genome bekannt sein wird, desto mehr Fortschritte dieser Art wird es geben.

Regulierung von GVO

Gerade bei GVO gibt es erhebliche Probleme, den Themenkomplex der Genmanipulation gesetzgeberisch in den Griff zu bekommen, was jedoch bei neuen Technologien nicht ungewöhnlich ist. Die entsprechenden rechtlichen Regelungen unterscheiden sich teilweise sehr deutlich. In den meisten Teilen der Welt geschieht die Verwendung genetisch veränderter Nahrungspflanzen sogar relativ ungeregelt. In den USA geht es zurzeit vor allem um die Frage, ob Lebensmittel mit genetisch veränderten Bestandteilen zumindest gekennzeichnet werden sollen. In Europa dagegen sind genetisch veränderte Lebensmittel mit wenigen Ausnahmen bis zur möglichst abschließenden Klärung der Gesundheitsrisiken überhaupt nicht zugelassen.

CRISPR

Ein im Repertoire der Gentechniker noch recht neues Werkzeug trägt die Bezeichnung CRISPR, die Abkürzung einer längeren englischen Bezeichnung, die besagt, dass Abschnitte sich wiederholender DNS von Wissenschaftlern genutzt werden können, um Genome gezielt zu verändern. So könnte man zum Beispiel aus Obstsorten Gene entfernen, die das Obst nach dem Pflücken schnell verrotten lassen. Bei dieser Technik werden keine Gene von einer Art auf die andere übertragen, weshalb die Kritik, die gegen »konventionelle« GVO erhoben wird, hier teilweise nicht greift. ■

In diesem Labor in Berlin wird an genetisch veränderten Pflanzen geforscht.

KOMMUNIKATION

3200 v. Chr., 1439

Am Anfang war das Wort

Schrift

Lange konnten Menschen sich nur von Angesicht zu Angesicht unterhalten. Erst mit der Erfindung der Schrift durch die Sumerer etwa 3200 v. Chr. änderte sich das. Schrift ermöglicht nicht nur die Kommunikation über Entfernungen, sondern auch über Zeiträume hinweg. Diesen Zwecken dienten unabhängig voneinander überall auf der Welt entwickelte Schriftsysteme.

Als es die Schrift schließlich gab, konnte Geschriebenes allerdings noch jahrtausendelang nur durch das mühsame Kopieren von Hand vervielfältigt werden. Bis ins späte Mittelalter hinein gab es für Texte lediglich Handschriften. Dadurch waren Bücher nicht nur selten, sondern es war auch die Regel, dass sich in jede neue Abschrift einige Fehler des jeweiligen Kopisten einschlichen. Im Jahr 1439 erfand Johannes Gutenberg (um 1390–1468) in Mainz jedoch den Druck mit beweglichen Lettern, womit eine ganz neue Ära der Kommunikation begann. □

Oben: Keilschrift, wie diese an einer sumerischen Mauer, stellt die älteste uns bekannte Schriftform dar.

Ebenso wie die Kommunikation ist der Drang, das Kommunizierte zu bewahren, zutiefst menschlich.

1439

Eine Quelle des Wissens

Der Druck mit beweglichen Lettern

In der Geschichte haben die Menschen ihr Wissen mit der Hand auf Materialien wie Tontafeln, Papyrus oder Pergament aus bearbeiteten Tierhäuten festgehalten und weitergegeben. Der Übergang in die Moderne erfolgte mit der Erfindung der beweglichen Lettern. Das sind kleine Blöcke mit daraus aufragenden Schriftzeichenformen. Auf die Oberfläche der Schriftzeichenform wird Farbe gestrichen, anschließend wird die Oberfläche auf Papier gedrückt. Das Schriftzeichen wird auf das Papier übertragen, das ist das Prinzip des Druckens.

Die Druckkunst wurde zuerst in China um das Jahr 1040 entwickelt und tauchte auch ein paar Jahrhunderte später in Korea auf. Keines dieser Länder verwendete jedoch ein klassisches, sehr eingeschränktes Alphabet wie das unsere mit weniger als 30 Buchstaben, von denen jeder einen Laut repräsentiert. Der Druck eines Buches im Chinesischen, in dem es beispielsweise über 1000 Schriftzeichen unterschiedlicher Natur gab, war deshalb enorm mühsam und langwierig. Erst nachdem Johannes Gutenberg die Druckerpresse erfunden hatte, die er mit dem in der westlichen Welt gebräuchlichen Alphabet anwendete, wurde das volle Potenzial des Druckens mit beweglichen Lettern erschlossen.

Gutenberg goss seine beweglichen Lettern mit einer Mischung aus Blei, Zinn und Antimon – eine Legierung, die für diesen Verwendungszweck über 500 Jahre Bestand haben sollte. Das Besondere an der neuen Technik war, dass ein einmal zusammengestellter Schriftblock, die zum Text einer Buchseite zusammengestellten Lettern, für beliebig viele Kopien dieser Buchseite verwendet werden konnte. Bücher wurden günstiger, sie wurden zum ersten Mal im großen Maßstab verbreitet und für sehr viel mehr Menschen zugänglich. Eine interessante Folge der Ausbreitung des Buchdrucks war auch die Notwendigkeit, neue Arten von Schrift, also Buchstabenformen, für verschiedene Zwecke oder Sprachen zu entwickeln. Heute spricht man von Fonts, und im Grunde ist Gutenberg für alle Fonts auf Ihrem Computer verantwortlich.

Heutzutage können Tausende von teilweise sehr unterschiedlichen Schriftarten auf einem PC installiert werden.

Oben: Es ist kaum vorstellbar, aber diese hölzerne Druckerpresse, wie Gutenberg sie entwickelte, löste zusammen mit den beweglichen Lettern eine größere Kommunikationsrevolution aus als der moderne Computer.

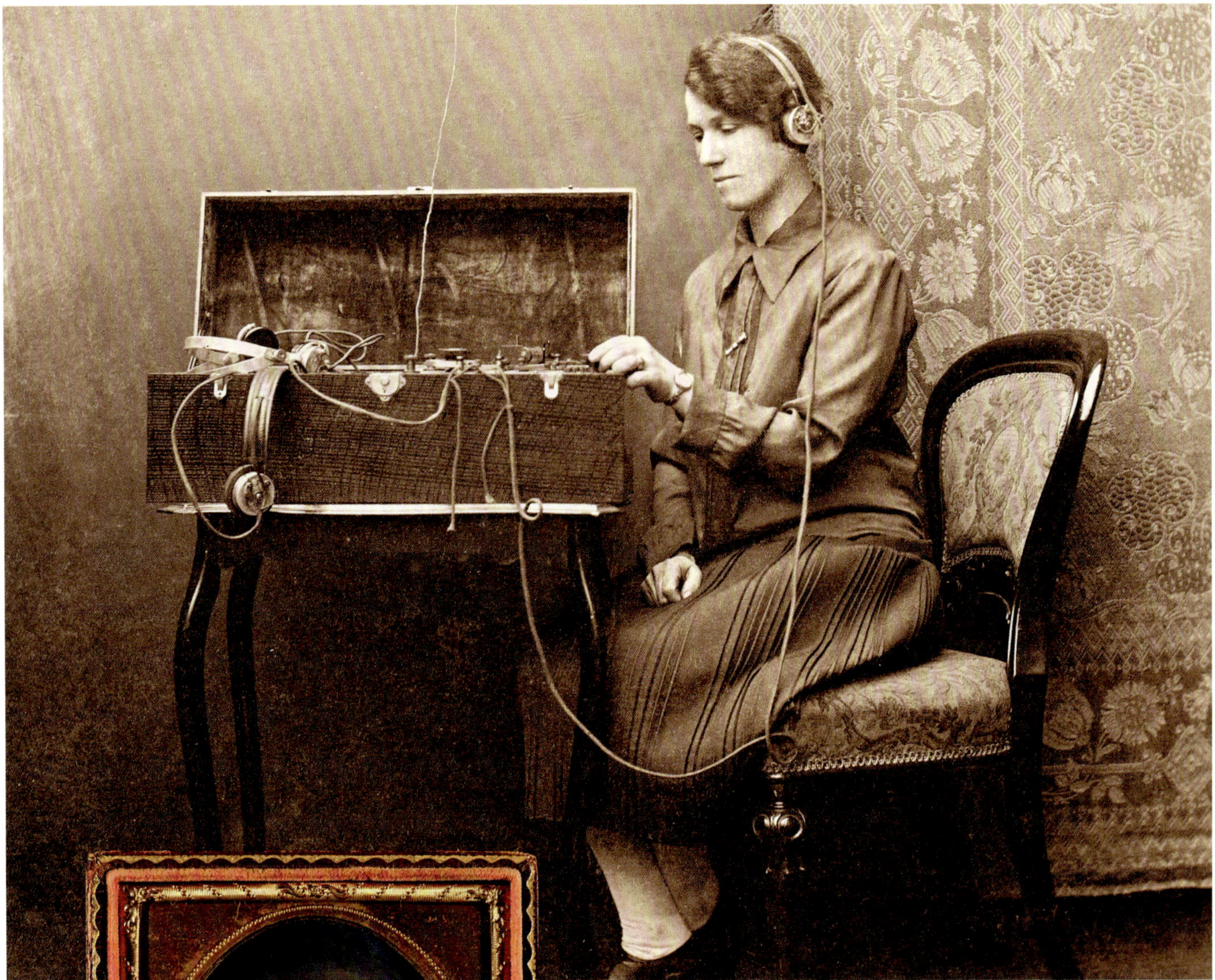

Oben: Eine junge Frau bedient zur Zeit des Ersten Weltkriegs einen Telegrafen.

Unten: Samuel Morse erfand den elektrischen Telegrafen.

1837

Ein universeller Code

Der Telegraf

In einer einfachen Form gab es das, was man Telegrafie nennt, schon seit langer Zeit in Gestalt von Signalfeuern, Rauchsignalen und großen Spiegeln. Als die ersten modernen Telegrafen kann man die Ende des 18. Jahrhunderts in Frankreich entwickelten Geräte im Rahmen der sogenannten optischen Telegrafie bezeichnen. Das System bestand aus einer Reihe von hohen Signalmasten, die im Abstand von ungefähr zehn Kilometern aufgestellt wurden. Ein »Telegrafist« an einem Mast erkannte mit dem Fernrohr die Zeichen des Nachbarmasts, stellte sie an seinem ebenfalls ein und gab sie dadurch weiter. Mit

diesem System, das Anfang des 19. Jahrhunderts bereits in vielen Ländern Anwendung fand, konnten Nachrichten sicher und vergleichsweise schnell übermittelt werden.

Im Jahr 1837 entwickelte Samuel Morse (1791–1872) in Morristown in New Jersey den ersten elektrischen Telegrafen. Mit ihm wurden nicht mehr optische, sondern elektrische Signale an – sehr weit – entfernte Orte gesendet. Mit dem sogenannten Morsecode, der Buchstaben des Alphabets sowie Zahlen in verschiedene Sequenzen von langen und kurzen elektrischen Impulsen umwandelte, konnten Nachrichten schnell und billig verschickt werden. Das ursprüngliche System verwandelte die eintreffende Nachricht in Einkerbungen auf einem Papierband, doch später wurden die Signale in die heute bekannten Punkte und Striche umgesetzt.

Der elektrische Telegraf hatte klare Vorteile gegenüber seinem optischen Vorgänger: Er benötigte keine Zwischenstationen, war schneller und konnte auch bei Nacht und schlechtem Wetter betrieben werden. Bis zum Jahr 1861 war eine Telegrafenverbindung zwischen der Ost- und der Westküste der USA eingerichtet, die auch das Ende des berühmten Pony Express bedeutete. Im Jahr 1866 war nach mehreren fehlgeschlagenen Versuchen das erste transatlantische Kabel betriebsbereit, womit bedeutende Teile der Welt miteinander in Verbindung treten konnten.

Aber auch diese Technologie wurde letztlich überflüssig, im Jahr 2006 stellte die Firma Western Union den Betrieb ein, und der elektrische Telegraf gesellte sich zu seinem optischen Vorgänger ins Museum. □

Oben: Bei diesem alten Telegrafen drückte der Telegrafist den Hebel an der linken Seite, um ein Signal zu senden.

Die erste auf einer offiziellen Telegrafenlinie gesendete Morsenachricht lautete: »What hath God wrought?« (»Was hat Gott erschaffen?«)

1876

Sprechende Drähte

Telefon

Die Frage, wer das Telefon erfand, ist umstritten. Anfeindungen und Prozesse begleiteten den Anfang der Entwicklung. Unumstritten ist zumindest, dass die Erteilung des Telefonpatents an Alexander Graham Bell (1847–1922) den Weg zu unserem modernen Kommunikationssystem eröffnete. Bell präsentierte 1876 erstmals ein Telefon in seinem Bostoner Labor. Die erste übermittelte Nachricht lautete: »Mr. Watson, kommen Sie her. Ich möchte Sie sehen.« Es war für Bells Assistenten Thomas A. Watson (1854–1934) kein Problem, der (auf Englisch augesprochenen) Aufforderung nachzukommen, denn er saß im Nebenzimmer.

Bei der Telefonie gab es zwei Probleme: Der Druck der Schallwellen des gesprochenen Wortes musste in elektrische Signale umgesetzt werden, die über Leitungen verschickt werden konnten, und eine große Anzahl von Telefonen musste miteinander verbunden werden. Das erste Problem löste Thomas Edison im Jahr 1876 mit seiner Version des Kohlemikrofons. Darin befindet sich Kohlegranulat hinter einer Metallmembran. Bewegte sich die Membran durch Einwirkung von Schallwellen, wurden die Kohlekörnchen komprimiert, was ihren elektrischen Widerstand veränderte. Diese Veränderung wurde zur Erzeugung eines elektrischen Signals verwendet. Solche Mikrofone waren bis etwa in die 1980er-Jahre Standard in Telefonen.

Der Aufbau von Verbindungen wurde durch die Erfindung der Telefonzentrale gelöst. Im Prinzip wurden von allen Telefonen in einem System Leitungen zu einem zentralen Ort gelegt. Ursprünglich stellte dann meist eine Telefonistin die Verbindung her, indem sie manuell zwei Stecker einsteckte, einen für den Anrufer, einen für das Ziel. Die erste Telefonzentrale wurde im Jahr 1879 in New Haven im US-Bundesstaat Connecticut gebaut. Heute werden Verbindungen natürlich elektronisch hergestellt. Bereits 1904 gab es in den USA mehr als drei Millionen Telefonteilnehmer.

Eines der ersten mobilen Telefonsysteme, das im Jahr 1946 eingeführt wurde, verdient diesen Namen nur bedingt, denn es wog mehr als 30 Kilogramm, war allerdings auch in Kraftfahrzeugen montiert. Erst im Jahr 1973 kamen die ersten modernen Mobiltelefone auf den Markt. Sie sandten Mikrowellensignale an Funkmasten, die in einem Muster angeordnet waren, das sechseckige Zellen bildete, die Masten sandten das Signal jeweils weiter. Die Funkzellen prägten den englischen Begriff »cell phone« für das Mobiltelefon. □

Links: Als Telefonsysteme aufkamen, mussten noch Menschen, wie diese Telefonistin Ende der 1940er-Jahre, die Verbindungen manuell herstellen. Heute geschieht dies elektronisch.

1899

Drahtlose Übermittlung

Radio

Die Existenz von Radiowellen war schon von den Wisenschaftlern, welche die Theorien über die Elektrizität und den Magnetismus entwickelt hatten, vorhergesagt worden. Anders als andere Arten der elektromagnetischen Strahlung, wie beispielsweise Röntgenstrahlen, sind Radiowellen in der Lage, lange Entfernungen durch die Atmosphäre zurückzulegen, und sind daher für die Fernkommunikation geeignet.

Im Jahr 1888 entdeckte der deutsche Wissenschaftler Heinrich Hertz (1857–1894) die Radiowellen, und 1899 gelang dem italienischen Wissenschaftler Guglielmo Marconi (1874–1937) die erste Radioübertragung, die er drahtlose Übertragung nannte. Marconi erhielt für seine Pionierarbeit den Nobelpreis für Physik.

Die kommerzielle Nutzung folgte rasch. Im Jahr 1920 fanden sowohl in den USA als auch in Deutschland erste Rundfunkübertragungen statt, und in den nächsten zwei Jahrzehnten wurden Radios schnell zum Mittelpunkt des Familienlebens auf beiden Seiten des Atlantiks. Sowohl in Deutschland als auch in den USA entdeckten Politiker die Möglichkeit, sich mit Radiosendungen zeitgleich an eine sehr große Anzahl von Menschen im ganzem Land richten zu können. Im Jahr 1937 wurde die Reichweite des Radios durch die Einführung des UKW-Rundfunks erweitert.

1954 kam das Transistorradio auf, das die Anzahl der Hörer noch einmal enorm vergrößerte, und im Jahr 1963 wurde der erste Kommunikationssatellit ins All geschickt. In weniger als einem Jahrhundert war das Radio von einer theoretischen Möglichkeit zu einem allgegenwärtigen Bestandteil des modernen Lebens geworden, der uns bis heute mit Nachrichten, Meinungen, Reportagen und natürlich Musik versorgt.

Oben: Eine Familie hat sich in den USA der 1930er-Jahre vor dem Radio versammelt, das zu einem wichtigen Informations- und Unterhaltungsangebot geworden war.

1927

Die Flimmerkiste

Fernsehen

Ähnlich wie es auch beim Telefon der Fall war, hatten an der Entwicklung des Fernsehgeräts mehrere Personen einen bedeutenden Anteil. Der Erste, der ein Bild elektronisch aufnahm, die Aufnahme in Radiowellen umwandelte und an einem entfernten Ort wieder als Bild zusammensetzte, war im Jahr 1927 der US-amerikanische Erfinder Philo Farnsworth (1906–1971).

Ein Fernsehbildschirm ist in ein Raster aufgeteilt, und jedes Feld des Rasters ist ein Bildelement. In den Schwarz-Weiß-Geräten der Anfangszeit war der Bildschirmhintergrund mit einem Material beschichtet, das Licht aussandte, wenn es von einem Elektronenstrahl getroffen wurde. Das Licht war umso heller, je stärker der Strahl war. Wanderte der Elektronenstrahl über den Bildschirm, erzeugte er Punktserien, die das Auge zu einem Bild zusammensetzte. Farbfernsehgeräte funktionieren nach demselben Prinzip, allerdings besteht jedes Bildelement aus drei Farben, und ihre Mischung ergibt das farbige Bild, das wir sehen. Moderne Flachbildfernseher ersetzen den Elektronenstrahl durch Flüssigkristalldioden oder Leuchtdioden, um den gleichen Effekt zu erzielen.

In den 1930er-Jahren wurden in Europa und den USA Großereignisse, wie die Olympischen Spiele in Berlin im Jahr 1936 oder die Eröffnungsfeiern der Weltausstellung in New York 1939, in Fernsehsendungen übertragen. In diesen Jahren wurden auch die ersten kommerziellen Röhrenfernsehgeräte für ein breiteres Publikum verkauft, ihre Bildschirme hatten etwa die Größe eines DIN-A4-Blatts.

Schnell folgten Verbesserungen. In den 1950er-Jahren kamen Farbfernseher und die erste kabellose Fernbedienung in den Verkauf. Im Jahr 2017 gab es in 98 Prozent aller deutschen Hauhalte mindestens ein Fernsehgerät, und der durchschnittliche Deutsche sah täglich mehr als dreieinhalb Stunden fern.

Oben: Mit der Zeit wurden die Bildschirme der klassischen Röhrenfernsehgeräte immer größer. Der erste Farbfernseher kam im Jahr 1954 in den Verkauf.

Philo Farnsworth wollte eigentlich nur das Bild einer geraden Linie übertragen, änderte die aber in das $-Zeichen ab, weil seine Investoren »endlich Dollars sehen wollten«.

Plus
Buffalo
Elmira
Jamestown
Erie
Warren
PENNSYLVANIA
Williamsport
Wilkes
Barre
State College
Allentown
Altoona
Pittsburgh
Harrisburg
Johnstown

1959

Niemals verloren gehen

GPS

Mit dem Global Positioning System (GPS), dem weltweiten Ortungssystem, selbst ist keine Kommunikation möglich, aber es ist in so viele Kommunikationssysteme eingebaut, dass es hier eine Erwähnung verdient. Wie viele technologische Neuerungen begann GPS als militärisches Projekt. Im Jahr 1959 startete die US-Marine eine Gruppe von sechs (später zehn) Satelliten, zur Positionsbestimmung von Unterseebooten. Dieses System maß jeweils die Entfernung zu mehreren Satelliten in der Umlaufbahn, sodass U-Boote ihre Position bestimmen konnten. Aufgrund der geringen Zahl von Satelliten mussten die Boote jedoch oft stundenlang an der Oberfläche warten, bis die Messungen durchgeführt waren. Im Jahr 1983 zeigte der Abschuss einer koreanischen Passagiermaschine, die den sowjetischen Luftraum verletzt hatte, die Wichtigkeit genauer Positionsbestimmungen für zivile Flugzeuge. Der damalige US-Präsident Ronald Reagan (1911–2004) ordnete an, dass militärische Satellitensystem allgemein verfügbar zu machen, und damit begann die GPS-Ära.

Mazda und Toyota bauten als Erste serienmäßig GPS-Anlagen in Autos ein.

Das moderne GPS besteht aus 34 Satelliten, von denen 24 ständig einsatzbereit sind und die in Bahnhöhen von 20 200 Kilometern die Erde umkreisen. Jeder von ihnen ist mit einer Atomuhr bestückt. Um seine Position auf der Erde zu berechnen, liest ein GPS-Empfänger die Uhrzeiten von mehreren Satelliten – meistens vier – und kombiniert diese mit der Position der jeweiligen Satelliten, um den Standort des Empfängers zu bestimmen. Heute ist selbst ein einfaches GPS-Gerät in der Lage, seine Position mit einer Genauigkeit von drei bis sechs Metern zu berechnen, technisch aufwendigere Empfänger sind noch präziser. Um dies zu erreichen, müssen die Uhren in den Satelliten eine Genauigkeit im Nanosekundenbereich haben, was diese Systeme auch zu einem Testumfeld für die Relativitätstheorie macht.

Seit Ende der 1990er-Jahre führte die fortschreitende Miniaturisierung zu GPS-Empfängern, die sogar in Mobiltelefonen eingebaut werden können, und dieser Trend wird sich wohl fortsetzen.

Links: GPS-Empfänger bestimmen ihre Position durch Daten, die sie von mehreren die Erde umkreisenden Satelliten empfangen.

1965

Sie haben Post

E-Mail

Das System der E-Mail-Übermittlung, also der elektronisch übertragenen Nachrichten, begann im Jahr 1965 am Massachusetts Institute of Technology, wo alle, die denselben Großrechner benutzten, sich Nachrichten schicken konnten, was ein Autor mit dem Hinterlegen einer Notiz auf dem Schreibtisch eines Kollegen verglich. Ab dem Jahr 1972 kamen Systeme auf, die es erlaubten, von Computer zu Computer zu kommunizieren. Von da an fand eine weitere rasante Entwicklung statt, sodass man heute elektronische Botschaften sowohl auf dem Handy als auch auf dem Computer senden und empfangen kann.

Die erste, 1971 verschickte, E-Mail lautete »QWERTYUIOP«, die erste Zeile einer englischen Computertastatur.

Rechts: Die künstlerische Darstellung steht für das seit 1972 existierende E-Mail-System, das erste von vielen elektronischen Kommunikationssystemen, die wir heute haben.

1977

Kraftbündel

Glasfasern

Das Prinzip, auf dem moderne Glasfaserkommunikationssysteme beruhen, war schon im 19. Jahrhundert bekannt. Betrachtet man beispielsweise jemanden, der in einem Schwimmbecken steht, erscheinen alle Teile unter Wasser perspektivisch unnatürlich verkürzt. Das liegt daran, dass ein Lichtstrahl gebrochen wird, wenn er in ein Medium mit anderer Dichte eindringt. Wasser hat eine größere Dichte als Luft, und an der Grenze der beiden Medien kommt es zur Lichtbrechung.

Wenn der Winkel, in dem ein Lichtstrahl auf die Grenze zweier Medien trifft, immer kleiner wird, ist irgendwann ein Punkt erreicht, ab dem der gebrochene Strahl nicht mehr in das andere Medium eindringt, sondern so abgelenkt wird, dass er an der Grenze entlang weitergeleitet wird. Wird der Winkel noch kleiner, gelangt der Lichtstrahl gar nicht mehr aus dem Ursprungsmedium heraus, sondern wird von der Grenze fast komplett in dieses Medium zurückgeworfen. Dieser Vorgang heißt Totalreflexion und liegt der Technologie der Faseroptik zugrunde.

Oben: In Glasfaserkabeln wie diesen kann Licht zur Datenübermittlung genutzt werden.

Der erste Schritt hin zu Glasfaserkommunikationssystemen gelang im Jahr 1930, als ein Medizinstudent in München mit einem Bündel optischer Fasern ein Bild, die Glühfäden einer Glühbirne, übertrug. Aber die bedeutendste Anwendung der Faseroptik, nämlich in Kommunikationssystemen, war erst nach der Entwicklung des Lasers und verbesserter Methoden zur Herstellung reiner Glasfasern möglich.

So, wie ein Telefon Schallwellen in elektrische Impulse umwandelt, die dann in Kupferdrähten übertragen werden, wandelt ein Glasfaserkommunikationssystem sie in Lichtwellen um, die über eine Faser ausgesendet werden. Weil Licht nur eine sehr kurze Wellenlänge hat, können Glasfasern Daten aber noch sehr viel effizienter weiterleiten als Kupferdrähte.

Die erste Übertragung dieser Art fand im Jahr 1977 in Long Beach in Kalifornien statt, und noch im selben Jahr wurde ein Glasfasersystem zur Verbindung wichtiger Telefonzentralen in Chicago installiert. Weitere Fortschritte folgten schnell. Im Jahr 1984 wurde ein Glasfaserkabel von der britischen Hauptinsel zur Isle of Wight verlegt, und 1988 wurde das erste transatlantische Glasfaserkabel in Betrieb genommen. Heute sind große Teile der Welt durch Glasfaserkabel miteinander verbunden.

1995

Eine Welt voller Freunde

Soziale Medien

Selten hat es eine so tief greifende – und zugleich überraschende – gesellschaftliche Entwicklung gegeben, wie sie das Aufkommen der sogenannten sozialen Medien in der Kombination von Internet und Smartphone mit sich gebracht hat. Das Smartphone ist durch viele Miniaturisierungsschritte möglich geworden, deren Entwicklung dem Mooreschen Gesetz (siehe Seite 62) entspricht. Die Menschen in großen Teilen der Welt können heute einen hoch entwickelten Computer in der Hosentasche mit sich herumtragen, und das Internet ermöglicht es, all diese Miniaturcomputer miteinander zu verbinden.

Wie viele technologische Fortschritte begann auch das Konzept eines Computernetzwerkes als ein militärisches Projekt. Im Wesentlichen handelte es sich um Experimente mit Kommando- und Kontrollsystemen in den 1960er-Jahren. Der erste vergleichbare Schritt auf dem zivilen Sektor waren kommerzielle »elektronische Briefkästen« in den 1970er- und 1980er-Jahren, das heißt in einer Zeit, in der Computer noch wenig verbreitet und relativ schwierig zu bedienen waren.

Mithilfe dieser Einrichtungen konnten Menschen mit ähnlichen Interessen untereinander über Textnachrichten und einfache E-Mail-Systeme kommunizieren, die noch unter Verwendung von Telefonleitungen funktionierten. Ein frühes, vielen heutigen Plattformen ähnelndes soziales Netzwerk, das die Kontaktpflege zwischen ehemaligen Schulkameraden erleichtern sollte, entstand im Jahr 1995.

Heute haben soziale Netzwerke, wie Facebook, das zu Beginn des 21. Jahrhunderts von Studenten der Harvard University entwickelt wurde, über eine Milliarde Nutzer weltweit. Dort tauschen sich Menschen über alle möglichen Aspekte des modernen Lebens aus – von Küchenrezepten bis zur Rekrutierung für den sogenannten Islamischen Staat. □

Sozialwissenschaftler sind uneins, ob Interaktionen über soziale Medien genauso wertvoll sind wie unmittelbare Kontakte.

Unten: Die virtuelle Interaktion über soziale Medien ist heute für viele ein alltäglicher Vorgang. Die zehn größten sozialen Netzwerke verfügen inzwischen zusammen über annähernd vier Milliarden Nutzerkonten.

AM HORIZONT

Erweiterte Realität

Das Konzept der erweiterten Realität ist ein nächster Schritt der Smartphone-Technologie. Eine »smarte« Brille wäre imstande, zu der Umgebung, in der man sich jeweils befindet, Zusatzinformationen in Echtzeit zu liefern. Betrachtet man zum Beispiel ein Restaurant, kann sofort dessen Speisekarte im Sichtfeld erscheinen, die herkömmliche Realität ist also »erweitert«. Entsprechende Systeme machen im Internet verfügbare Informationen in einem leicht anwendbaren Format zugänglich.

Virtuelle Realität

Jeder Mensch interagiert mit der Welt mithilfe seiner Sinne. Was man »Realität« nennt, sind die Botschaften, die diese Sinne vermitteln. Es ist eine uralte Menscheitsfrage, inwieweit das, was wir wahrnehmen, einer davon unabhängigen Realität entspricht – oder ob es eine solche überhaupt gibt. Diese Frage stellt sich noch einmal verstärkt durch die gegenwärtige Entwicklung hin zu Kommunikationssystemen, die eine »virtuelle« Realität liefern.

Schon das Fernsehen beweist, dass das, was man sieht, auch lediglich eine Ansammlung von Bildelementen oder Pixeln sein kann. Eine spezielle Brille könnte dem visuellen Wahrnehmungssystem des Menschen eine von einem Computerprogramm erschaffene Welt in Pixelkombinationen vermitteln. Prototypen solcher Geräte existieren bereits und werden von ersten Nutzern getetstet. Eine Vermarktung als Massenprodukt steht wahrscheinlich kurz bevor, für das Jahr 2020 rechnet man mit Virtual-Reality-Brillen von hoher Qualität, die nur noch wenige Hundert Euro kosten werden.

Es gibt bereits Systeme, die Naturtöne produzieren können, welche das menschliche Ohr nicht vom Original unterscheiden kann. Ebenso gibt es Virtual-Reality-Handschuhe, mit denen man Dinge ertasten kann, die gar nicht vorhanden sind. Wann fällt die Grenze zwischen virtuell und real, die uns jetzt noch so eindeutig vorkommt? Werden wir aus den virtuellen Welten jemals wieder hinausfinden, wenn wir sie einmal betreten haben? ■

Eine Grafikdesignerin benutzt eine Virtual-Reality-Brille, die ihr ermöglicht, das Objekt, das sie entwirft, bereits vor der Entstehung aus verschiedenen Winkeln zu betrachten.

DIE AUTOREN

James Trefil ist Physikprofessor an der George Mason University. Er ist nicht nur für seine hervorragende wissenschaftliche Arbeit bekannt, sondern auch dafür, dass er komplexe wissenschaftliche Zusammenhänge verständlich darstellen kann. Im Jahr 2007 ehrte ihn das American Institute of Physics mit seinem Science Writing Award, einem Preis für herausragende populärwissenschaftliche Werke. Er hat bislang mehr als 100 wissenschaftliche Arbeiten veröffentlicht und ist der Autor von zahlreichen Artikeln in Zeitschriften und mehr als 50 Sachbüchern, darunter für National Geographic das Werk *Space Atlas: Mapping the Universe and Beyond*. James Trefil lebt mit seiner Frau in Fairfax im US-Bundesstaat Virginia.

Destin Sandlin ist Moderator des enorm populären YouTube-Kanals *Smarter Every Day* (Jeden Tag schlauer), der mehr als vier Millionen Abonnenten hat. Allein die Episode »The Backwards Brain Bicycle« (»Links lenken, rechts fahren«) brachte es auf 14 Millionen Aufrufe innerhalb eines Jahres. Er arbeitet als Ingenieur unter anderem an Flugtests von Raketen und wurde im Januar 2016 als einer von drei US-amerikanischen YouTube-Kanal-Betreibern eingeladen, ein Einzelinterview mit dem damaligen US-Präsidenten Barack Obama zu führen. Destin Sandlin lebt mit seiner Frau und vier Kindern im Norden des US-Bundesstaats Alabama.

BILDNACHWEIS

Umschlag Vorderseite (von l. nach r.): Science & Society Picture Library/Getty Images; HighImpactPhotography/Getty Images; da-kuk/Getty Images; Michael Blann/Getty Images; ULTRA.F/Getty Images; Umschlag Vorderseite (Hintergrund): watchara/Shutterstock; Umschlag Rückseite (von l. nach r.): yingko/Shutterstock; Sergey Galushko/Shutterstock; Andrey Esin/Shutterstock; Alexey Fursov/Shutterstock; 1: watchara/Shutterstock; 2: greg801/iStockphoto; 4–5 (Hintergrund): Science Photo Library – PASIEKA/Getty Images; 4 (o.): nicomenijes/iStockphoto; 4 (Mitte): Bjoern Meyer/iStockphoto; 4 (u.): Stepan Kapl/Shutterstock; 5 (o.): Peter Bull, Dorling Kindersley/Getty Images; 5 (u.): Vladyslav Otsiatsia/iStockphoto; 6: Gary Waters/Ikon Images/Getty Images; 7: Mopic/Shutterstock; 8–9 (Hintergrund): Science Photo Library – PASIEKA/Getty Images; 10: Mariusz Szczygiel/Shutterstock; 12: SuperStock/Getty Images; 13: science-photos/Alamy Stock Photo; 14: Science & Society Picture Library/Getty Images; 15 (u.): Karen Kasmauski/Science Faction/Getty Images; 15 (o.): magnetix/Shutterstock; 16 (l.): BSIP/UIG Via Getty Images; 16 (r.): Willard Culver; 17 (o.): koya79/iStockphoto; 18: Science & Society Picture Library/Getty Images; 19: ArSciMed/Science Source; 20: ©2006–2016 CERN; 21: alexovicsattila/iStockphoto; 22: FourAces/Shutterstock; 24: Wellcome Library, London; 25: general-fmv/Shutterstock; 26: NASA, ESA und Jesús Maíz Apellániz (Instituto de Astrofísica de Andalucía, Spain), Dank: Davide De Martin (ESA/Hubble); 27: Visuals Unlimited, Inc./Carol & Mike Werner/Getty Images; 28: tolgakolcak/iStockphoto; 29: Gerard Julien/AFP/Getty Images; 30: Thomas Vogel/iStockphoto; 31: Apic/Hulton Archive/Getty Images; 32: isak55/Shutterstock; 33: Rosamund Parkinson/iStockphoto; 34 (u.): dgstudiodg/iStockphoto; 34 (o.): BarryTuck/Shutterstock; 35 (r.): Brian Jackson/iStockphoto; 36: Fernando Alonso Herrero/iStockphoto; 38: Wellcome Library, London; 39: sruilk/Shutterstock; 40: mktordonez/iStockphoto; 41: Al Fenn/The LIFE Picture Collection/Getty Images; 42: Peeter Viisimaa/iStockphoto; 43: Roman Sigaev/Shutterstock; 44 (l.): John_Kasawa/iStockphoto; 44 (r.): David Freund/iStockphoto; 46: Ken Eward; 48: AJ_Watt/iStockphoto; 49: Skip ODonnell/iStockphoto; 50 (u.): eans/Shutterstock; 50 (o.): Babak Tafreshi; 51: Studio-Annika/iStockphoto; 52: Avid Creative, Inc./iStockphoto; 53 (u.): Stephen & Donna O'Meara/Science Source/Getty Images; 53 (o.): age fotostock/Alamy; 54: Boris Horvat/AFP/Getty Images; 56: digitalfarmer/iStockphoto; 57: nullplus/iStockphoto; 58 (l.): 221A/iStockphoto; 58 (r.): Lawrence Berkeley National Library/Getty Images; 60: Dmitrydesign/Shutterstock; 61 (u.): NYS/Shutterstock; 61 (o.): James Steidl/Shutterstock; 62: elisalves/iStockphoto; 63: Brian Kinney/Shutterstock.com; 64: HTU/Shutterstock; 66: Jean-Leon Huens; 67: Paul Fleet/Alamy Stock Photo; 68: LIGO Laboratory; 69: NASA/ESA/JPL-Caltech; 70: edobric/Shutterstock; 72: gmaydos/iStockphoto; 73: Ni Qin/iStockphoto; 74: Eric Heller/Science Photo Library/Getty Images; 75 (r.): traffic_analyzer/iStockphoto; 76: Photos 12/Alamy; 78: Bjoern Meyer/iStockphoto; 80: Dana Berry; 81: Bill Sanderson/Science Source; 82: Molekuul/iStockphoto; 83: skodonnell/iStockphoto; 84: Natursports/Shutterstock; 85: James L. Amos; 86: Biophoto Associates/Getty Images; 87 (r.): Nancy Nehring/iStockphoto; 88: Aldo Chiappe; 90: Jonathan Blair; 92: Kenneth Garrett; 93 (u.): Frans Lanting; 93 (o.): stockcam/iStockphoto; 94 (l.): Paul Zahl; 94 (r.): Lynn Johnson; 95 (r.): Cyril Ruoso/Minden Pictures/Getty Images; 96: Joe McNally; 98: Tamara Kulikova/Shutterstock; 99: Pictorial Press Ltd/Alamy; 100 (l.): arlindo71/iStockphoto; 100 (r.): Richard Bizley/Getty Images; 102: iLexx/iStockphoto; 103: Bruce Dale; 104: Buena Vista Images/Stone/Getty Images; 105: Karen Kasmauski/Corbis/Getty Images; 106 (l.): Eli Meir Kaplan/For The Washington Post via Getty Images; 106 (r.): Gio_tto/iStockphoto; 108: Fernan Federici, Moment/Getty Images; 110: Science & Society Picture Library/Getty Images; 111: 7activestudio/iStockphoto; 112 (u.): Molekuul/iStockphoto; 112 (o.): Lukiyanova Natalia/frenta/Shutterstock; 113: Photo Researchers/Getty Images; 114: Wellcome Library, London; 115 (u.): anyaivanova/iStockphoto; 115 (o.): Eric Isselee/Shutterstock; 116: Jacob Kearns/Shutterstock; 117: Felix Mackel/Getty Images; 118: isak55/Shutterstock; 120: yodiyim/iStockphoto; 121 (u.): Bongiwe Gumede/Foto24/Gallo Images/Getty Images; 121 (o.): Jazzlw/Wikipedia, https://creativecommons.org/licenses/by-sa/4.0/deed.en; 122–123: Ann Johansson/Corbis via Getty Images); 124: H. M. Herget; 125: Manouloup/iStockphoto; 126: Paris Pierce/Alamy; 127: Wellcome Library, London; 128: Oleg Golovnev/Shutterstock; 129: Creations/Shutterstock; 130: Olha Rohulya/iStockphoto; 131: Callista Images/Cultura/Getty Images; 132: Ingram_Publishing/iStockphoto; 133: John Greim/Photolibrary/Getty Images; 134: kokouu/iStockphoto; 135: FotografiaBasica/iStockphoto; 136: Bruce Dale; 137 (r.): Joker/Alexander Stein/ullstein bild via Getty Images; 138: Rebecca Hale; 140: Science Photo Library/Getty Images; 141 (r.): Palto/iStockphoto; 142 (l.): sshepard/iStockphoto; 142 (r.): Paul Harizan/The Image Bank/Getty Images; 144: kentoh/Shutterstock; 146: Wellcome Library, London; 147: Günay Mutlu/iStockphoto; 148: jarun011/iStockphoto; 149: Maggie Steber; 150 (l.): jarun011/iStockphoto; 150 (r.): Pasieka/Science Photo Library/Getty Images; 152: Aldo Murillo/iStockphoto; 153: Suttha Burawonk/Shutterstock; 154: T-Photo/Shutterstock; 155: annebaek/iStockphoto; 156: Science & Society Picture Library/Getty Images; 157: laflor/iStockphoto; 158: 3alexd/iStockphoto; 159: Pool Demange/Marchi/Gamma-Rapho via Getty Images; 160: Stock Montage/Getty Images; 161: Zephyr/Science Photo

Library/Getty Images; 162: Sarans/Shutterstock; 163 (u.): selvanegra/iStockphoto; 163 (o.): Stegerphoto/Photolibrary/Getty Images; 164: NASA/JPL-Caltech/STScI/CXC/UofA/ESA/AURA/JHU; 166: DEA/G. Dagli Orti/Getty Images; 167: NASA/JPL; 168: NASA, ESA, N. Smith (University of California, Berkeley) und The Hubble Heritage Team (STScI/AURA); 170: Jean-Leon Huens; 171: Lawrence Sromovsky, University of Wisconsin-Madison/W. W. Keck Observatory; 172 (u.): NASA/JPL-Caltech/UCLA/MPS/DLR/IDA; 172 (o.): Wellcome Library, London; 173 (l.): Wellcome Library, London; 173 (r.): PAUL HUDSON; 174: NASA/Johns Hopkins University Applied Physics Laboratory/Southwest Research Institute; 176 (l.): NASA/ESA/STScI; 176 (r.): Detlev van Ravenswaay/Science Source; 178: Neil Armstrong/NASA; 179 (u.): NASA/JPL; 179 (o.): NASA/JSC; 180 (l.): NASA/JPL-Caltech/Univ. of Arizona; 180 (r.): NASA/JPL-Caltech/MSSS; 182: Peter Bull, Dorling Kindersley/Getty Images; 183: ESA/AOES; 184 (l.): NASA/JPL/University of Arizona; 184 (r.): NASA/Johns Hopkins University Applied Physics Laboratory/Carnegie Institution of Washington; 186: NASA/Johns Hopkins University Applied Physics Laboratory/Southwest Research Institute; 187 (r.): Johns Hopkins University Applied Physics Laboratory/Southwest Research Institute (JHUAPL/SwRI); 188: edobric/Shutterstock; 190: Solcan Sergiu/Shutterstock; 192: Kit Carruthers; 194: Jerome Cookson; 195: Henning Dalhoff/Science Source; 196: Prometheus72/Shutterstock; 198: Stocktrek Images/Getty Images; 199: emesilva/iStockphoto; 200: Ziva_K/iStockphoto; 201: George Clerk/iStockphoto; 202: NASA/Kepler mission; 203: NASA/JPL-Caltech; 204: ESA/ATG medialab; 206: Henning Dalhoff/Science Source; 207 (r.): Henning Dalhoff/Bonnier Publications/Science Source; 208: Peter Ginter, Science Faction/Getty Images; 210: sakkmesterke/iStockphoto; 212: agsandrew/Shutterstock; 214: Meoita/Shutterstock; 215: By MdE [Public domain or CC0]/Wikimedia Commons; 216: Gwoeii/Shutterstock; 217: Martyn Goddard/Corbis/Getty Images; 218: Tim Roberts Photography/Shutterstock; 220: Nikada/iStockphoto; 222: artpritsadee/Shutterstock; 223: Bettmann/Getty Images; 224: U.S. Army Air Service; 226: fStop Images – Stephan Zirwes/Brand X Pictures/Getty Images; 227: lepaliki/iStockphoto; 228: U.S. Air Force photo/Senior Airman Brian Ferguson; 229 (r.): U.S. Air Force photo/Senior Master Sgt. Thomas Meneguin; 230: U.S. Air Force photo/Lance Cheung; 232: Danny Smythe/iStockphoto; 233: Bjorn Landstrom; 234: Simon Bradfield/iStockphoto; 236: Rolls Royce; 238: Elena Elisseeva/Shutterstock; 239: sculpies/iStockphoto; 240: mbbirdy/iStockphoto; 242: ©Jeddah Economic Company/Adrian Smith + Gordon Gill Architecture, Adrian Smith + Gordon Gill, design architects of the Kingdom Tower; 244: DeAgostini/Getty Images; 245: Rocky Acosta/Wikipedia; 246: Apic/Getty Images; 247: jaroszpilewski/iStockphoto; 248: AAA-pictures/iStockphoto; 249: Peter Macdiarmid/Getty Images; 250 (l.): SpiffyJ/iStockphoto; 250 (r.): imageBroker/Alamy; 251 (r.): Alex Slobodkin/iStockphoto; 252: Vladyslav Otsiatsia/iStockphoto; 254: O. Louis Mazzatenta; 255: wabeno/iStockphoto; 256 (l.): Robert Herhold/iStockphoto; 256 (r.): demarco-media/iStockphoto; 258 (l.): koya979/Shutterstock; 258 (r.): Robyn Beck/AFP/Getty Images; 260: Madlen/Shutterstock; 261 (u.): Dorling Kindersley/Getty Images; 261 (o.): Georgios Kollidas/Shutterstock; 262: Chicago History Museum/Getty Images; 264: photoquest7/iStockphoto; 265: Sofiaworld/Shutterstock; 266: jakit17/Shutterstock; 268–269: jsp/Shutterstock; 269 (o.): DnD-Production.com/Shutterstock; 270: alffoto/iStockphoto; 271 (r.): Hemerocallis/Shutterstock; 272: Universal History Archive/UIG via Getty Images; 274: Steve Raymer; 275: Richard Barnes; 276: Michael Gottschalk/Photothek via Getty Images; 278: khd/Shutterstock; 279: Dja65/Shutterstock; 280 (u.): Everett Historical/Shutterstock; 280 (o.): Chris Price/iStockphoto; 281: Charles Mann/iStockphoto; 282: Everett Historical/Shutterstock; 284: Everett Historical/Shutterstock; 285: subjug/iStockphoto; 286: Hans Laubel/iStockphoto; 288 (l.): nmcandre/iStockphoto; 288 (r.): rzoze19/Shutterstock; 290: MorePixels/iStockphoto; 291: Odua Images/Shutterstock; 292: vectorfusionart/Shutterstock; 294 (o.): Wanda O'Brien-Trefil; 294 (u.): Courtesy of Destin Sandlin

REGISTER

Fett gedruckte Seitenzahlen beziehen sich auf Abbildungen.

A

Absoluter Nullpunkt 41
Adams, John Couch 173, **173**
Adaptive Optik 53
Adenauer, Konrad 219
Advanced Research Project Agency (ARPA) 249
Ägypten
  Getreideernte **268–269**
  Medizin 124, **124**
  Nilschifffahrt 232
  Perlen 254
  Pyramiden 238, **239**
AIDS (Acquired Immunodeficiency Syndrome) 121
Aldrin, Edwin »Buzz« **178**, 179
Allgemeine Relativitätstheorie 67
  Experimentelle Überprüfung 68, 69
Alphastrahlung 25
Alphazerfall **25**
Alvarez, Luis 91
Alvarez, Walter 91
Alzheimer-Krankheit 138, 163, **163**
Ammonit **84**
Analogcomputer **244**, 244–245
Anderson, Carl 18
Andromedanebel **208–209**
Antibabypille 116, **116**
Antibiotika 130
  Antibiotikaresistenz 131, **131**
Antimaterie 18
Antiseptische Chirurgie 157
Apple Macintosh Computer **248**, 249
Archeopteryx, Fossil **85**
Aristoteles 30, 51, 84
ARPA *siehe* Advanced Research Project Agency
ARPANET 249
Asteroideneinschläge 197
Asteroidengürtel 167, 172, 176
Äther 156, 156
Atmosphärische Zirkulation 199
Atom
  Bohrsches Atommodell 16, **16**
  Griechisches Atom 12
  Neonatom **13**
  Rosinenbrotatom 15, **15**
  Sauerstoffatom 15
Atomkern
  Deuteriumkern **27**
  Entdeckung des Atomkerns 15
Atomtheorie, moderne 13
Aussterben 89, 91, 197, 201
Australopithecus afarensis, Wirbelsäule **92**
Autobahn 219
Automobil
  Autonomes Fahren 220
  GPS 287
  Verbrennungsmotor 217
Autonomes Fahren 220
Avogadro, Amedeo 40

B

Babbage, Charles 244–245
»Babbages Analytical Engine« **244**, 244–245
Baekeland, Leo 33
Bakterien **87**, **100–101**, 101
  Antibiotikaresistente Bakterien 131, **131**
  Cholerabakterien 129, **129**
  Genetisch veränderte Bakterien **108–109**
Bakteriophagen **100–101**, 101
Ballistische Flugzeuge 230
Ballons
  Heißluftballon 222, **222**
  Wasserstoffballon 223
Bardeen, John 59, 60
Batterien 266
Bauwerke
  Baumaterialien im Lauf der Geschichte 238–239
  Intelligente Materialien 250, **250–251**
  Jeddah Tower 242, **242–243**
  Stahl 239–241, **240–241**
  Wolkenkratzer **240–241**, 240–242, **242–243**
Becquerel, Antoine-Henri 24
Bell, Alexander Graham 283
Bell, John 75
Benz, Bertha 217
Benz, Karl 217
Berners-Lee, Tim 249, **249**
Beschleuniger
  Auf dem Zeichenbrett 22
  Entwicklung 16–17
Bessemer, Henry 43
Bestrahlung 143
Betastrahlung 25
Bethe, Hans 27
Beton 238–239
Big Data 250
Bildgebung und Diagnose
  Bessere Testmethoden 155
  Blutuntersuchungen 148, **148**, 155
  Computertomografie 152, **153**
  Elektroenzephalograf 149, **149**
  Elektrokardiograf 147
  Magnetresonanztomografie 154, **154**
  Personalisierte Medizin 155
  Radioaktive Tracer 150, **150–151**
  Röntgenstrahlen 146
  Ultraschall 152, **152**
Binnig, Gerd 53
Biobrennstoffe 264
Blutgruppenbestimmung 148
Blutkreislauf 132, **132**
Blutuntersuchungen 148, **148**, 155
Boeing 707, Flugzeug 226
Bohr, Niels 13, 16, 72
Bohrsches Atommodell 16, **16**
Borlaug, Norman 274, **274**
Bosch, Carl 271
Bose-Einstein-Kondensat 46
Bose, Satyendranath 46
Boyle, Robert 40
Brattain, Walter 60
Broca, Paul 161
Bronze 254, **254**
Brüder Wright 224, **224–225**
Burj Khalifa 240

C

Carinanebel **168–169**
Carothers, Wallace 33
Carrier, Willis 241
Cassini, Giovanni 184
Cassini, Raumsonde 184–185
Cavendish, Henry 223
»Cell phone« 283
Ceres 172, **172**
Chadwick, James 17
Chain, Ernst 130
Charles, Jacques 40
Chase, Martha 101
Chemie
  Chemische Bindung 34–35
  Geburt der modernen Chemie 31
  Griechische Elemente 30, **30**
  Leben aus dem Chemielabor 83, **83**
  Neue Materialien 36
  Periodensystem der Elemente 32, **32**
Chemische Bindung 34–35
Chemotherapie **142**, 142–143
Chinesische Maske **254**
Chinesische Medizin 125
Chirurg 126, 126, 128, 132, 142, 156, 157, **157**, 158, 159, **159**
Chirurgie und Anästhesie 156
Chirurgie, moderne 126
Chirurgie
  Anästhesie 156
  Antiseptische Chirurgie 128, 157
  Laparoskopische Chirurgie 158
  Minimalinvasive Chirurgie 158
  Operationen bei Krebs 142, **142–143**
  Roboterchirurgie 158, **158**, 159, **159**
  Telechirurgie 159, **159**
Cholera 129, **129**
Clapeyron, Émile 40
Cloud Computing 251, **251**
Collins, Francis 106
Computer 244–253
Computer 60, 62
  Analogcomputer **244**, 244–245
  Apple Macintosh **248**, 249

Auswertung von Wettersituationen 250, **250**
Big Data 250
Cloud Computing 251, **251**
Computermodelle des Sonnensystems 168
Computer-wissenschaft 245
Digital 244–246
ENIAC 246, **246**
Geburt des Computers 244–245
Integrierter Schaltkreis 247, **247**
Intelligente Materialien 250, **250–251**
Internet 249, 291
Künstliche Intelligenz **252–253**, 253
Moderne Computer 245–246
Personal Computer **248**, 249
Quantencomputer 76, 253
Transistor 60, 247, **247**
Turing-Maschine 245, **245**
Turing-Test 253
Computertomografie (CT) 152, **153**
Containerschiff 235
Cooper, Leon 59
Crick, Francis 102
CRISPR 276
CT *siehe* Computertomografie
Curie, Marie 24, 146, **146**
Curie, Pierre 58, **146**
Curl, Robert 45, 258

D

Dalton, John 13, 34
Dampfmaschine 214, **214**, 215, 235, 260, 261
Dampfschiff **234–235**, 235
Transport an Land 214, **214**, 215
Darwin, Charles 84, 89, **93**, 93–94
Dauermagnet 58, **58**, 61
Demokrit von Abdera 12, **12**
Descartes, René 160, **160**
Deuteriumkern **27**
Dick, Thomas 185
»Die Kartoffelesser«, Gemälde **272–273**
Dinogorgon, Dinosaurier **90–91**
Dinosaurier **90–91**, 91, 197, 201
Djerassi, Carl 116
DNS
Chromosomen **117**
Doppelhelix 102, **102**
Erbinformation 101, 103
Evolution und DNS 82, 86, 87, 92, 95, 96
Gene auf der DNS 100, 103
Genetischer Code 103
Genetischer Fingerabdruck 118, **118–119**
Mais 275
Mitochondriale DNS 105
Sequenzierung 106, **106–107**, 118, 144
Tiere **115**
Viren 120–121
Zellen 112
Zellkern 111
Dolly, Schaf 105, **105**
Dotierte Halbleiter 57
Dreidimensionaler Druck 259
Drohnen
Drohnenschiffe 236
Flugdrohnen 230, **230–231**
Drohnenschiff 236, **236–237**
Druck mit beweglichen Lettern 278, 279, **279**
Drucken
Dreidimensionaler Druck 259
Druck mit beweglichen Lettern 278, 279, **279**
Dünger 271, **271**, 274
Dunkle Energie 208–209, 210
Dunkle Materie 208
Suche 210
Düsentriebwerk 227, **227**

E

E-Mail 288, **288–289**
Earnslaw, Dampfschiff **234–235**
Edison, Thomas 263, 283
Ehrlich, Paul 274
Eiffelturm 43, **43**
Einstein, Albert 28, 46, **66**, 66–68, 72–75
Einsteinringe **69**
Einthoven, Willem 147
Eisenbahn 215
Elektrifizierung der USA **262–263**, 263
Elektrische Energie 261
Elektrifizierung der USA **262–263**, 263
Elektrizität und Magnetismus
Dauermagnet 58, **58**, 61
Elektrische Eigenschaften von Materialien 56–57
Ende der Gültigkeit des Mooreschen Gesetzes 64
Flüssigkristalle 63, 256–257, 256
LED, Leuchtdiode 61, **61**, **63**
Mooresches Gesetz 62
Raumtemperatur-Supraleiter 64
»Stromkrieg« 263
Supraleitende Magnete 61, 61, 154
Supraleiter 59
Transistor 60, 247, **247**
Elektroenzephalograf 149, **149**
Elektrokardiograf 147
Elektron, Entdeckung 14, **14**
Elektronenmikroskop 52, **52**
Elemente
Griechische Elemente 30, **30**
Periodensystem der Elemente 32, **32**
Superschwere Elemente 29
Empire State Building 238, 240
Energie
Batterie 266
Elektrifizierung der USA **262–263**, 263
Erneuerbare Energie 264, 265, 266
Geschichte der Energienutzung 260
Holz 260, 264
Ökostrom 266
Speicherung 266, **266–267**
US-amerikanische Energiebilanz 264
Wasserkraft 264, **264**
Wind- und Sonnenenergie 265, 265, 266
Englert, François 21
ENIAC 246, **246**
Entdeckung des Neutrons 17, **17**
Entwicklung des Menschen 92
Erdbeben
Erdbebenvorhersage 197
Türkei **196–197**
Erde *siehe auch* Ursprung des Lebens
Asteroideneinschläge 197
Erdbeben **196–197**, 197
Erdkruste **190–191**, 191
Frühe Erde **198**
Großes Bombardement 190, 191, 195
Katastrophismus gegen Gradualismus, Debatte 192, 197
Klimawandel 201
Massenaussterben 91, 201
Meteoritenbeschuss 80, **80**, 191
Mond **178**, 179, **179**, **198**
Ökologie und Ökosysteme 200
Pangaea 194, **194**
Plattentektonik 194–195, **195**
Tilt, Fluss 192, **192–193**
Erneuerbare Energie 264, 265
Energiepeicherung 266, **266–267**
Erweiterte Realität 293
Eukaryoten 86, **86–87**
Europa, Jupitermond 182–183, **183**
Europäische Weltraumagentur 182, 183, 204
Evolution *siehe auch* Leben, Ursprung
Aussterben 89, 91, 197, 201
Darwin 84, 89, **93**, 93–94,
DNS 82, 86, 92, 95
Entwicklung des Menschen 92
Eukaryoten 86, **86–87**
Fossilbericht 84, **84**, **85**, 87, **87**, 88, 89, 92, 95, 201
Geschichte des Lebens 87–89

Große Synthese 94
Neandertaler 92, 96, **96–97**
Neue alte Menschen 96
Pferd **88–89**, 89
Exoplaneten **203**
Leben auf erdähnlichen Planeten 203–204
Planetenjäger der Zukunft 204
Suche 202–204
Extremely Large Telescope 54

F

Facebook 291
Fahrstuhl 241
Faraday, Michael 261, **261**
Farnsworth, Philo 285
Fernsehen 285, **285**, 293
Feynman, Richard 74
Fitch, John 235
Fizeau, Hippolyte 68
Fleming, Alexander 130
Florey, Howard Walter 130
Flughafen
Flugzeuge 226, **226**
Zukunft 230
Flüssigerdgas **44**
Flüssigkeit 38
Flüssigkristalle 63, 256–257, 256–257, 285
fMRT *siehe* Funktionelle Magnetresonanztomografie
Font 279
Ford Model T 217, **217**
Ford, Henry 217, 226
Fossilbericht 84, **84**, **85**, 87, **87**, 88, 89, 92, 95, 201
Fossile Energieträger 264
Franklin, Benjamin 48, 133
Franklin, Rosalind 102
Fuller, Buckminster 45, 258
Fullerene **44–45**, 45, 258
Funktionelle Magnetresonanztomografie (fMRT) 163, **163**

G

Gage, Phineas 161
Gaia, Raumsonde 204, **204–205**
Galapagos-Inseln 93, **93**
Galen 125, 126, 132
Galilei, Galileo 48, 49, 50, **50**, 170, **170**
Galileo, Raumsonde 182
Gammastrahlung 25
Gas 38
Ideales Gasgesetz 40
Verflüssigung von Gasen 44
Gaswolke **27**
Gehirn
Alzheimer-Krankheit 163, **163**
Aufbau des Gehirns 161
fMRT 163, **163**
Gehirnhälften 161
Großhirnrinde 161
Hirnstamm und Kleinhirn 161
MRT 154, **154**, **161**, 163, **163**
Neuronen 162, **162**
Parkinson-Krankheit 138, 163
Plaques **163**
Problem des Bewusstseins 160
Gehirnhälften 161
Gell-Mann, Murray 19
Generator 261, 263, 264, 266
Genetik
DNS als Erbinformationsträger 101
Einsatz von Viren in der Gentherapie 121
Entdeckung der Erbfaktoren 98–99
Erbsen 98–99, **98**
Gene auf der DNS 100, 103
Genetischer Code 103
Klonen 105
Mitochondriale DNS 105
Sequenzierung des menschlichen Genoms 106, **106–107**, 144, **144–145**, 155
Struktur der DNS 102
Synthetische Biologie 108
Taufliege 100, **100**
Genetisch Veränderte Organismen (GVO)
Landwirtschaft 275–276, **276–277**
Regulierung 276
Zukünftige GVO 276
Genom
Krebsbehandlung 144
Sequenzierung des menschlichen Genoms 106, **106–107**, 144, **144–145**, 155
»Genspleißen« *siehe* Gentechnik
Gentechnik 117
Bakterien **108–109**
CRISPR 276
Fortschritt 108
Landwirtschaft 275
Geschichte der Medizin
Ägyptische Medizin 124, **124**
Chinesische Medizin 125
Hippokratische Medizin 125
Medizin im Islam 126
Moderne Chirurgie 126
Gesteinskreislauf 198–199
Gewebezüchtung 137, **137**
Ersatzgewebe 138, **138–139**
Glas 254
als Isolator 56, **56**
Glasfaser 290, **290**
Gleichstrom 263
Gletscher 199, **199**
Global Positioning System (GPS), **286–287**, 287
Golgi, Camillo 162
Gorilla **115**
Gottesanbeterin **200**
Gould, Stephen Jay 89
GPS *siehe* Global Positioning System
Gradualismus 89, 192
Gravitation 67, **67**
Gravitationswellen 69
Gravitationswellenastronomie 70
Laser-Interferometer-Gravitationswellen-Observatorium (LIGO) **68**, 70
Griechische Elemente 30, **30**
Griechisches Atom 12
Großes Bombardement 190, 191, 195
Großhirnrinde 161
Grüne Revolution 274, 275
Gutenberg, Johannes 278, 279
Guth, Alan 207
Guy, Thomas 133
GVO *siehe* Genetisch Veränderte Organismen

H

Haber, Fritz 271
Hadron 18
Halbleiter 56, 57, 60, 61, 76, 247, 257, 259
Dotierter Halbleiter 57, 60, 61, 247, 257
Haldane, J. B. S. 200
Harvey, William 132
»Heinrich der Seefahrer« 233
Heisenberg, Werner 73
Heisenbergsche Unschärferelation 41, 73
Heraklit von Ephesos 12
Hero von Alexandria 214
Herschel, William 171
Hershey, Alfred 101
Hertz, Heinrich 284
Higgs-Boson 21, **21**
Higgs, Peter 21
Hindenburg-Unglück 223, **223**
Hippokrates 125, **125**, 140
Hippokratische Medizin 125
Hippokratischer Eid 125
HIV *siehe* Humaner Immundefizienz-Virus
HIV-Impfstoff 121
Hochgeschwindigkeitszug 219
Holonyak, Nick 61, 257
Holz
Bauten aus Holz 238
Energie 260, 264
Sperrholz 255, **255**
Hooke, Robert 110
Hookes Mikroskop **110**
Hoover Dam 264, **264**
Hubble, Edwin 206
Hubble, Weltraumteleskop 27, 168
Hughes, Howard 224
Humaner Immundefizienz-Virus (HIV) 121
Huskisson, William 215
Hutton, James 192
Huygens, Christian 51
Hyperraum 70, **70–71**

I

Immuntherapie 143
Impfung **134**, 134–135
Inflation des Universums **206–207**, 207
Insekten 200, **200**
Insulin 112, **112**
Integrierter Schaltkreis 247, **247**
Intelligente Materialien 250, **250–251**
Inter City Express 219
International Harvester 270
International Linear Collider 22
International Thermonuclear Experimental Reactor (ITER) 29, **29**
Internet 249, 251, 291
Ionische Bindung 34
Isolator 56
Isotop 25, 27, 27, 28, 29, 150
ITER *siehe* International Thermonuclear Experimental Reactor

J

Janssen, Zacharias 49
Jeddah Tower 242, **242–243**
Jenner, Edward 135
Jupiter 50, 167, 170, 172, 182, **182**, 183, **183**, 184, 202
Jupiter Icy Moon Explorer (JUICE), Sonde 183, **183**

K

Kambrium 84, 88
Kampfflugzeug 227, **229**
Karavelle 233
Kartoffel 269, **272–273**, 273, 274
Katastrophismus 192, 197
Kathodenstrahlen 14
Keilschrift **278**
Keimtheorie der Krankheit
  Antibiotikum 130–131
  Cholera 129
  Mikrobielle Welt 128
  Pasteur, Louis 128, **128**, 157
  Wasserpumpe in der Broad Street 129
Kepler-Weltraumteleskop 202, **202**, 203, 203
Kernenergie 264
Kernfusion 27, 29, 166
Kernfusionsreaktor 29
Kernphysik
  Entdeckung der Radioaktivität 24
  Isotop 25, 27, 27, 28, 29, 150
  Kernfusion 27, 29, 166
  Kernfusionsreaktor 29
  Kernspaltung 28
  Radioaktiver Zerfall 25, 190
  Superschwere Elemente 29
Kernreaktor 28, **28**, 69, 261, 264
Kernspaltung 28
Kilby, Jack 247
Kleinhirn 161
Klima 199
Klimaanlage 241
Klimawandel 201
Klinische Studien 135
Klipper 232
Klonen 105
Knoll, Max 52
Koch, Robert 129
Kohle **34–35**, 260, **260**
Kohlenstoff
  Nanoröhren 46, **46–47**, 258, **258**
  Reiner Kohlenstoff 45, 258
Kolumbianischer Austausch 273
Kolumbus, Christoph 233
Kommunikation
  Druck mit beweglichen Lettern 278, 279, **279**
  E-Mail 288, **288–289**
  Erweiterte Realität 293
  Fernsehen 285, **285**
  Glasfasern 290, **290**
  GPS **286–287**, 287
  Radio 284, **284**
  Schrift 278
  Soziale Medien 291, **291**
  Telefon **282–283**, 283
  Telegraf **280**, 280–281, **281**
  Virtuelle Realität **292–293**, 293
Kondensator 266, **266–267**
Kopernikus, Nikolaus 166
Kosmologie
  Dunkle Energie 208–209, 210
  Dunkle Materie 208, 210
  Erste Sekunden 207
  Multiversum 210, **210–211**
  Schicksal des Universums 210
  Urknall 206, **206–207**
Kovalente Bindung 34–35
Krankenhaus
  Entwicklung moderner Krankenhäuser 133
  Pennsylvania Hospital 133, **133**
Krankheit *siehe auch* Keimtheorie der Krankheit
  Alzheimer-Krankheit 138, 163, **163**
  Parkinson-Krankheit 138, 163
Krebs, Hans A. 82
Krebs
  Überblick 140–141
  Zellteilung 140–141, 142, **140–141**
Krebsbehandlung, konventionell
  Bestrahlung 143
  Chemotherapie **142**, 142–143
  Immuntherapie 143
  Operation 142, **142–143**
Krebsbehandlung
  Genom nutzen 144
  Resistenz von Tumoren gegen das Immunsystem überwinden 144
Krebszyklus 82
Kreidezeit 91
Kreisläufe der Erde
  Atmosphärische Zirkulation, Wetter und Klima 199
  Gesteinskreislauf 198–199
  Wasserkreislauf 199
Kroto, Harold 45, 258
Kuiper, Gerard 176
Kuipergürtel 167, 175, 176, **176–177**, **188–189**, 189
Künstliche Intelligenz **252–253**, 253
Künstliches Leben 83
Künstliches Ohr **138–139**
Kunststoff 33, 36, 56, 254
Kupferdraht **34–35**

L

Lagrange, Joseph-Louis 31
Landsteiner, Karl 148
Landwirtschaft
  CRISPR 276
  Dünger und landwirtschaftliche Chemikalien 271, **271**, 274
  Erfindung 268–269
  Grüne Revolution 274, 275
  GVO 275–276, **276–277**
  Kolumbianischer Austausch 273
  Landwirtschaftliche Technik 270–271
  Pestizide 274, 275
  Sojabohnenernte **270–271**
Laparoskopische Chirurgie 158
Laplace-Hypothese (Nebularhypothese) 166
Laplace, Pierre-Simon 166, **166**
Large Hadron Collider 17, 20–21, **20–21**, 22, 61, 69, 210
Laser-Interferometer-Gravitationswellen-Observatorium (LIGO) **68**, 70
Lavoisier, Antoine-Laurent 13, 31, **31**
Lawrence, Ernest Orlando 16, 17
Le Verrier, Urbain 173
Leavitt, Henrietta 206
Leben klassifizieren 114–115
Leben, Ursprung *siehe auch* Evolution
  Bausteine des Lebens 81
  Entstehung 80
  Künstliches Leben 83
  RNS-Welt oder Stoffwechsel? 82
Leben
  Geschichte des Lebens 87–89
  Klassifikation des Lebens 114–115
  Künstliches Leben 83
  Leben auf erdähnlichen Planeten 203–204
LED *siehe* Leuchtdiode
Leiter 56
Lepton 18, 20
Leuchtdiode (LED) 61, **61**, **63**, 257, **256–257**, 259, **258–259**, 285
  Organische Leuchtdiode (OLED) 259, 259
Leukozyten *siehe* Weiße Blutkörperchen
Lewis, Gilbert 34
Licht
  Lichttheorien 51
  Lichtwellen-Datenspeicher 64, **64**
  Neonatom, Lichtspektrum 13, **13**
LIGO *siehe* Laser-Interferometer-Gravitationswellen-Observatorium
Linné, Carl von 114

Linsen und Brillengläser 48, **48**
Lippershey, Hans 50
Lister, Joseph 128, 157
Liverpool and Manchester Railway 215
Lockheed Constellation 224, 226
Loewi, Otto 162
Long, Crawford 156
Luftschiffe 223, **223**
Lyell, Charles 192

M

Magellan, Ferdinand 233
Magellans Schiffe **233**
Magnet
  Dauermagnet 58, **58**, **61**
  Magnetschwebetechnik **58–59**
  Supraleitender Magnet 61, 154
Magnetismus *siehe* Elektrizität und Magnetismus
Magnetresonanztomografie (MRT)
  Funktionelle Magnet-resonanztomografie 163, **163**
  Gehirn 154, **154**, **161**, 163, **163**
  Magnetresonanztomograf 61, **61**, 149, 154
  Strukturelle Magnetresonanztomografie 163
  Überblick 154
Magnetschwebebahnen 220, **220–221**
Mais 273, 275, **275**
Marconi, Guglielmo 284
Mars 167, 175, 180, **180–181**
Massenaussterben 91, 201
Materialeigenschaften
  Absoluter Nullpunkt 41
  Aggregatzustände 38
  Bose-Einstein-Kondensat 46
  Elektrische Eigenschaften von Materialien 56–57
  Fulleren 36, 45, 44–45, 46, 258
  Ideales Gasgesetz 40
  Kohlenstoffnanoröhre 45, 46, **46–47**, 258, **258**
  Stahl **42**, 43
  Verflüssigung von Gasen 44
Materie
  Aggregatzustände 38
  Antimaterie 18
  Dunkle Materie 208, 210
McCormick, Cyrus 270
McPhee, John 199
Medikament 36, 46, 108, 130, 131, 135, **135**, 136, 142, 144, 156, 163
Medizin im Islam 126
Mendel, Gregor 94, 98–99, **99**
Mendelejew, Dmitri Iwanowitsch 32
Menschenähnliche Roboter **252–253**
Merkur 69, 167, **184–185**, 185
Messenger, Raumsonde **184–185**, 185
Messerschmitt 262, Flugzeug 227
Metallische Bindung 35
Miescher, Friedrich 100
Mikrobielle Welt 128
Mikroskop
  Elektronenmikroskop 52, **52**
  Hookes Mikroskop **110**
  Optisches Mikroskop 49, **49**
  Rastertunnelmikroskop 53, **53**
Milchstraße **204–205**
Miller, Stanley 81
Mitochondriale DNS 105
Mitochondriale Eva 105, 105
Mitochondrium 111
Mobiltelefon 283
Moderne Medizin
  Blutkreislauf 132, **132**
  Entwicklung moderner Krankenhäuser 133
  Gewebezüchtung 137, **137**, 138, **138–139**
  Impfung **134**, 134–135
  Klinische Studien 135
  Organtransplantation 136, **136–137**
  Regenerative Medizin 137, 138
Molekulare Technologie
  Antibabypille 116, **116**
  Genetischer Fingerabdruck 118, **118–119**
  Gentechnik 117
Mond
  Erde **178**, 179, **179**, **198**
  Jupiter 182–183, **183**
  Pluto 186–**187**
  Saturn **184**, 184–185
Montgolfier, Jacques Étienne 222
Montgolfier, Joseph Michel 222
Moore, Gordon 62
Mooresches Gesetz 62
  Ende der Gültigkeit 64
Morgan, Thomas Hunt 100, 101
Morse, Samuel **280**, 281
Morton, William T. G. 156
Multiversum 210, **210–211**
Myon 18, 68

N

Nanotechnologie 259
Natürliche Selektion 82, 84, 87, 93, 94
Neandertaler 92, 96, **96–97**
Nebelkammerbilder **18**
Nebularhypothese *siehe* Laplace-Hypothese
Neddermeyer, Seth 18
Neonatom, Lichtspektrum 13, **13**
Neptun 167, 171, 173, **173**
Neue Materialien 36
  Flüssigkristalle 63, 256–257, 256–257, 285
  Fulleren 36, 45, 44–45, 46, 258
  in der Geschichte 254
  Kohlenstoffnanoröhre 45, 46, **46–47**, 258, **258**
  Leuchtdiode (LED) 61, **61**, **63**, 257, **256–257**, 259, **258–259**, 285
  Nanotechnologie 259
  Organische Leuchtdiode (OLED) 259, 259
  Verbundwerkstoff 230, 255, 256, **256**, **258**
Neuron 149, 160, 161, 162, **162**, 163
New Horizons, Raumsonde 174–175, 175, 187, **187**, **188–189**, 189
Newcomen, Thomas 214
Newton, Isaac 50, 51, 53, 62, 67, 68, 74, 75, 110, 227
Nightingale, Florence 133
Nirenberg, Marshall 103, **103**

O

Ökologie 200
Ökostrom 266
Ökosysteme 200
OLED *siehe* Organische Leuchtdiode
Onnes, Heike Kamerlingh 44, 59, 61
Optik *siehe auch* Wellen und Optik
  Adaptive Optik 53
  Faseroptik 290
Optischer Telegraf 280–281
Optisches Mikroskop 49, **49**
Organelle 105, 111, 162
Organische Leuchtdiode (OLED) 259, 259
Organtransplantation 136, **136–137**
Osborne 1, tragbarer Computer 247
Otis, Elisha 241
Otto, Nikolaus 216

P

Pääbo, Svante 92
Pacini, Filippo 129
Pangaea 194, **194**
Papathanasopoulis, Maria **121**
»Papyrus Edwin Smith« 124, 140
Parkinson-Krankheit 138, 163
Parmenides 12
Pasteur, Louis 126, 128, **128**, 157
Penizillin 120, 130, 131
Pennsylvania Hospital 133, **133**
Penzias, Arno 206
Periodensystem der Elemente 32, **32**
Personal Computer **248**, 249
Personalisierte Medizin 155
Pestizid 274
Pferd
  Evolution 88, **88–89**
  Kolumbianischer Austausch 273
Piazzi, Giuseppe 172, **172**
Pilz 130, **130**
Planck, Max 72
Plasma 29, 38
Platon 12
Plattentektonik 187, 194–195, **195**
Pluripotenz 112, 113, **113**
Pluto 167, **174–175**, 175, 176, **186–187**, 187, 189
Podolsky, Boris 75
Polare Bindung 35
Postoperative Infektion 157
Priestley, Joseph 156
Problem des Bewusstseins 160
Prokaryoten 86
Puricelli, Piero 219

Q

Qualia 160
Quantenmechanik 16, 32, 35, 41, 46, 51, 52, 53, 72, 73, 74, 75

Geburt der Quantenmechanik 72
Mechanische Quantenwelle **72**
Quantencomputer 76, 253
Quantenpunkt 76
Quantenteleportation 76
Quantenverrücktheit 74–75
Unschärfe 73
Wellenfunktion 73
Quarkmodell 19, **19**
Quasikristall **74–75**

R

Radialgeschwindigkeitsmessung 202
Radio 284, **284**
Tragbares Radio **33**
Radioaktive Strahlung 25
Radioaktive Tracer 150, **150–151**
Radioaktiver Zerfall 25, 190
Radioaktivität, Entdeckung 24
Ramón y Cajal, Santiago 162
Rastertunnelmikroskop 53, **53**
»Red Flag Act« 216
Redi, Francesco 128
Regenerative Medizin 137, 138
Reiner Kohlenstoff 45, 258
Reinitzer, Friedrich 256
Relativität
Allgemeine Relativitätstheorie 67, 68, 69, 287
Experimentelle Überprüfung 68, 69
Gravitationswellenastronomie 70
Spezielle Relativitätstheorie 66, 68–69, 287
Theorie von allem 70
Warp-Antrieb 70, **70–71**
»Rennen von Rainhill« 215
Rind 268, **269**
RNS 103
RNS und Viren 120
RNS-Moleküle 82, **82**
RNS-Welt 82
Roboter
Menschenähnliche Roboter **252–253**, 253
Roboterchirurgie 158, **158**, 159, **159**
Rochen **94–95**
Rohrer, Heinrich 53
Römer 239
Röntgen, Wilhelm 24, 146
Röntgenstrahlen 24, 25, 146, 152, 154, 154
Röntgenbild **24**
Rosen, Nathan 75
Rosinenbrotatom 15, **15**
Rover Curiosity 180, **180–181**
Rubin, Vera 208, **209**
Ruska, Ernst 52, 53
Rutherford, Ernest 15, **15**, 17, 25, 27

S

Salamanderembryonen **94**
Saturn 167, **184**, 184–185
Sauerstoffatom 15, 31, 35, 102
Schanghai, Magnetschwebebahn 220, **220–221**
Schiff
Altägyptisches Schiff 232
Containerschiff 235
Dampfschiff 232, **234–235**, 235
Dieselmachine 235
Drohnenschiff 236, **236–237**
Klipper 232, 235
Magellans Schiffe **233**
Segelschiff 232, **232**, 233, **233**
Wikinger 232, **232**, 233
Schimpanse 95, **95**
Schleiden, Matthias 110, 162
Schlüssellochchirurgie 158
Schrieffer, John Robert 59
Schrift 278
Schrödinger, Erwin 73
Schwann, Theodor 110, 162
»Science-in-fiction« 116
Segelschiff 232, **232**, 233, **233**
Seltsame Teilchen 18
Sequenzierung des menschlichen Genoms 106, **106–107**, 144, **144–145**, 155
Shockley, William 60
Sidereus Nuncis (Sternenbote) 170
Siemens, Werner von 215
Silizium 43, 56, 57, 247
Silizium-Wafer **57**
Smalley, Richard 45, 258
Smart Highways 220
Smartphone 230, 249, 250, 256–257, 291, 293
Erweiterte Realität 293
Snow, John 129
Sojabohnenernte **270–271**
Solarzelle 36, **36–37**, 265, **265**, 266
Sonnenenergie 220, 260, 265, 266
Sonnensystem, Erforschung
Asteroidengürtel 167, 172, 176
Cassini, Raumsonde 184–185
Ceres 172, **172**
Erdenmond **178**, 179, **179**
Europa, Jupitermond 182–183, **183**
Galileo, Raumsonde 182
Galileos Teleskop 170, **170**
Jupiter 50, 167, 170, 172, 182, **182**, 183, **183**, 184, 202
Kuipergürtel 167, 175, 176, **176–177**, **188–189**, 189
Mars 167, 175, 180, **180–181**
Merkur 69, 167, **184–185**, 185
Messenger, Raumsonde **184–185**, 185
Neptun 167, 171, 173, **173**
New Horizons, Raumsonde 174–175, 175, 187, **187**, **188–189**, 189
Pluto 167, **174–175**, 175, 176, **186–187**, 187, 189
Saturn 167, **184**, 184–185
Titan, Saturnmond **184**, 184–185
Uranus 167, 171, **171**, **173**
Venus 167, 170, 179, **179**
Sonnensystem
Carinanebel **168–169**
Computermodelle 168
Curiosity, Rover 180, **180–181**
JUICE, Sonde 183, **183**
Nebularhypothese (Laplace-Hypothese) 166
Überblick 167, **167**
Soziale Medien 291, **291**
Speichermedien für digitale Daten 62, **62**
Spektroskopie 13
Sperrholz 255, **255**
Spezielle Relativitätstheorie 66, 68–69, 287
Experimentelle Überprüfung 68–69
Spontanzeugung 128
Stahl
Eigenschaften **42**, 43
Gebäude 239–241, **240–241**
Stammzellen 112, 113, 137
Standardmodell 20, 21
Star Trek 76, **76–77**, 128
Steinbauten 238, 239, **239**
Stephenson, George 215
Sternenhaufen **27**
Stethoskop 147, **147**
Stoffwechsel zuerst 82
Stringtheorie 22, **22–23**
»Stromkrieg« 263
Struktur der Materie
Beschleuniger auf dem Zeichenbrett 22
Bohrsches Atommodell 16, **16**
Entdeckung des Atomkerns 15
Entdeckung des Elektrons 14, **14**
Entdeckung des Neutrons 17, **17**
Entwicklung der 16–17
Griechisches Atom 12
Higgs-Boson 21, **21**
Large Hadron Collider 17, 20–21, **20–21**, 22, 61, 69, 210
Moderne Atomtheorie 13
Neonatom, Lichtspektrum 13, **13**
Neue Teilchen 18
Quarkmodell 19, **19**
Rosinenbrotatom 15, **15**
Spektroskopie 13
Standardmodell 20, 21
Stringtheorie 22, **22–23**
Supersymmetrie 22
Teilchenzoo 18
Strukturelle Magnetresonanztomografie 163
Sumerische Mauer, Keilschrift **278**
Sunway TaihuLight, Computer 249
Superman 172
Supernova vom Typ Ia 208
Superschwere Elemente 29
Supersymmetrie 22
Supraleitende Scheibe **58–59**
Supraleitender Magnet 61, 154
Supraleiter 59
Raumtemperatur-Supraleiter 64
Synchrotron 17
Synthetische Biologie 108

T

Tabakpflanze **114**, 275
Tafelsalz 34, **35**
Tarnkappentechnik **228–229**, 229
Teilchen
Neue Teilchen 18
Seltsame Teilchen 18
Teilchenzoo 18
Welle-Teilchen-Dualismus 74

Telechirurgie 159, **159**
Telefon **282–283**, 283
Telegraf **280**, 280–281, **281**
Teleskop **27**, 48, 49, 50, 53, **53**, 54, **54**, **168**, 170, 171, 175, **202**, 203, **203**, 204, 206
Adaptive Optik 53
Extremely Large Telescope 54
Galileos Teleskop 170, **170**
Hubble, Weltraumteleskop 27, 168
Observatorium 50, **50**, **175**
Teleskop auf Hawaii 50, **53**
Tesla, Nikola 263
TESS, Satellit 204
Thales von Milet 38, **38**
»The Rocket«, Lokomotive **214**, 215
Theorie der verborgenen Variablen 75
Theorie von allem 70
Thomson, Joseph John 14
Thomson, William, Baron Kelvin 41
Tiere
DNS 115, **115**
Zellen **111**
Tilt, Fluss 192, **192–193**
Titan, Saturnmond **184**, 184–185
Tomate 273
Tombaugh, Clyde 175
Transistor 60, 247, **247**
Transport an Land
Automobile mit Verbrennungsmotor 217
Autonomes Fahren 220
Dampfmaschine 214, **214**, 215
Hochgeschwindigkeitszug 219
Magnetschwebebahn 220, **220–221**
Smart Highways 220
Verbrennungsmotor 216
Transport auf dem Wasser
Containerschiff 235
Dampfschiff 232, **234–235**, 235
Drohnenschiff 236, **236–237**
Entdeckungsreisen 232–233, **233**
Segelschiff 232, **232**, 233, **233**
Transport in der Luft
Ballistische Flugzeuge 230
Ballons 222, **222**
Brüder Wright 224, **224–225**
Drohnen 230, **230–231**
Düsentriebwerk 227, **227**
Flughäfen der Zukunft 230
Kommerzieller Flugverkehr 226
Luftschiffe 223, **223**
Tarnkappentechnik **228–229**, 229
Verformbare Tragflächen 230
Transport *siehe*
Transport auf dem Land
Transport auf dem Wasser
Transport in der Luft
Trevithick, Richard 215
Turing-Maschine 245, **245**, **246**
Turing-Test 253
Turing, Alan 245, 253

U

Ultraschall 152, **152**
Universum *siehe auch* Kosmologie
Dunkle Seite des Universums 208–209
Geschichte des Universums 207, **207**
Inflation 207, 207
Schicksal des Universums 210
Unschärfe 73
Uranus 167, 171, **171**, 173
Urey, Harold 81
Urknall 206, **206–207**
Ursuppe 81, **81**
US-amerikanische Energiebilanz 264

V

Vakuumröhre 14, 246, 247
Van der Waals, Johannes 35
Van Gogh, Vincent 272–273
Van Leeuwenhoek, Antoni 49
Van-der-Waals-Kräfte 34, 35
Vasco de Gama 233
Venter, Craig 106, **106**, 108
Venus 167, 170, 179, **179**
Verbrennungsmotor 216
Automobil 217
Schiff 235
Verbundwerkstoffe 255, **256**
Verformbare Tragfläche 230
Verschränkung 74, 75, **75**, 76
Virchow, Rudolf 110
Virtuelle Realität **292–293**, 293
Virus 120, **120**, 121, **121**, 134
Einsatz von Viren in der Gentherapie 121
HIV-Impfstoff 121

W

Warp-Antrieb 70, **70–71**
Wasser
Wasser auf dem Jupitermond Europa 182
Wasser auf dem Mars 180
Wasserkreislauf 199
Wasserkraft 264, **264**
Wasserpumpe in der Broad Street 129
Wasserstoffballon 223
Watson, James 102
Watson, Thomas J., 249
Watt, James 214, 215, 260
Wechselstrom 263
Wegener, Alfred 194
Weiße Blutkörperchen **131**, 134, 148
Weißer Zwerg 208
Weizen 268, 274
Welle-Teilchen-Dualismus 74
Wellen und Optik
Adaptive Optik 53
Elektronenmikroskop 52, **52**
Extremely Large Telescope 54, **54**
Lichttheorien 51
Linsen und Brillengläser 48, **48**
Mikroskop 49, **49**, 52, **52**, 53, **53**, 110, **110**
Rastertunnelmikroskop 53, **53**
Teleskop **27**, 48, 49, 50, 53, **53**, 54, **54**, **168**, 170, 171, 175, **202**, 203, **203**, 204, 206
Wellenfunktion 73, 75
Wernicke, Carl 161
Westinghouse, George 263
Wetter 199, 250
Wikinger 232, **232**, 233
Wilson, Robert 206
Wind
Winddruck auf Wolkenkratzer 240–241
Windkraft 265, 266
Woese, Carl 115
Wolkenkratzer 240–241, **240–241**
Jeddah Tower 242, **242–243**
World Wide Web 249

Z

Zellen
DNS 112
Eukaryoten 86, **86–87**
Pluripotente embryonale Stammzellen 113, **113**
Prokaryoten 86
Tierische Zellen **111**
Weiße Blutkörperchen 131, **131**, 134
Zellkern 86, 100, 105, 111, 115
DNS im Zellkern 111
Zellteilung 112, **112**
Krebs 140–141, 142, **140–141**
Zelltheorie
Entwicklung von Zellen 112
Pluripotenz 112, 113
Stammzellen 111, 112, 113, 137
Zellen 110
Zellstruktur 111
Zheng He 233
Ziegelbauten 238, 239
Zug
Dampflokomotive **214**, 215
Hochgeschwindigkeitszug 219
Magnetschwebebahn 220, **220–221**
Zweig, George 19
Zyklotron 16, **16–17**